计算机系列教材

刘莉 李梅 姜志坚 编著

# C#程序设计教程

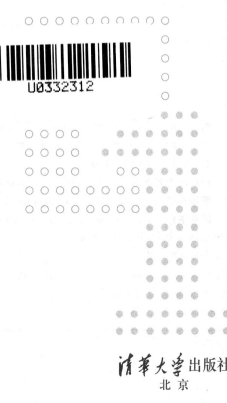

清华大学出版社
北京

## 内 容 简 介

本书从理论与实践相结合的角度出发，通过实用的案例由浅入深地讲解C♯程序设计的方法，语言简洁，案例典型，系统地介绍了如何使用C♯语言实现项目开发。

全书共13章，主要内容包括C♯语言基础、面向对象编程、数组与集合、泛型、WinForm窗体的应用、多线程、文件、ADO.NET和数据库、网络编程、GDI+图形编程以及Windows应用程序的部署等内容。本书共享所有电子课件和案例源程序，读者可以通过清华大学出版社网站下载。

本书是为刚涉足.NET的程序员编写的，具有很强的引导性和应用性，可以帮助读者利用C♯语言掌握创建综合项目的基本技能。本书可以作为应用型高等院校计算机科学与技术、电子工程、电气工程、自动化等专业的程序设计课程的教材和参考书，也可以用于高职类院校相关专业的程序设计课程教学。

本书封面贴有清华大学出版社防伪标签，无标签者不得销售。
版权所有，侵权必究。举报: 010-62782989, beiqinquan@tup.tsinghua.edu.cn。

**图书在版编目(CIP)数据**

C♯程序设计教程/刘莉，李梅，姜志坚编著. —北京: 清华大学出版社，2014(2023.1重印)
计算机系列教材
ISBN 978-7-302-37640-8

Ⅰ. ①C… Ⅱ. ①刘… ②李… ③姜… Ⅲ. ①C语言—程序设计—高等学校—教材 Ⅳ. ①TP312

中国版本图书馆CIP数据核字(2014)第186389号

责任编辑: 白立军　薛　阳
封面设计: 常雪影
责任校对: 白　蕾
责任印制: 丛怀宇

出版发行: 清华大学出版社
网　　址: http://www.tup.com.cn, http://www.wqbook.com
地　　址: 北京清华大学学研大厦A座　　　邮　编: 100084
社 总 机: 010-83470000　　　　　　　　邮　购: 010-62786544
投稿与读者服务: 010-62776969, c-service@tup.tsinghua.edu.cn
质量反馈: 010-62772015, zhiliang@tup.tsinghua.edu.cn
课件下载: http://www.tup.com.cn, 010-62795954

印 装 者: 三河市龙大印装有限公司
经　　销: 全国新华书店
开　　本: 185mm×260mm　　　印　张: 22　　　字　数: 537千字
版　　次: 2014年12月第1版　　　　　　　　　印　次: 2023年1月第7次印刷
定　　价: 59.00元

产品编号: 059762-03

## 计算机系列教材 编委会

主　　任：周立柱
副 主 任：王志英　李晓明
编委委员：（按姓氏笔画为序）
　　　　　汤志忠　孙吉贵　杨　波
　　　　　岳丽华　钱德沛　谢长生
　　　　　蒋宗礼　廖明宏　樊晓桠
责任编辑：马瑛珺

EDITORS

## 《C# 程序设计教程》 前言

在计算机专业中,程序设计是学生必须掌握的课程之一,C#语言凭借其强大的操作能力、优雅的语法风格、创新的语言特性和便捷的面向组件编程,成为.NET开发的首选语言。

本书以通俗易懂的语言、生动有趣的案例来讲解 C#程序设计各方面的知识。开发环境使用 Visual Studio 2010,数据库选用 SQL Server 2008。通过阅读此书,读者不仅能够掌握 C#程序设计中的数据类型、运算符、数组、面向对象、泛型等知识,还能够创建包括多线程、文件和流、数据库的操作以及实现网络编程和图形编程的项目。书中列出的典型实例,可以帮助读者深入了解 C#的实际应用性,掌握创建综合项目的基本技能,为后续从事 C#编程工作以及 ASP.NET 网站建设打下坚实的基础。

全书共分为13章,主要内容包括 Microsoft .NET 简介和 C#概述,C#语言基础,C#面向对象编程(接口、继承、多态、集合与索引器、委托与事件、结构和枚举、操作符重载等),数组与集合、泛型的声明、使用等,创建控制台应用程序和 Windows 窗体应用程序的方法,多线程的使用以及文件和流的操作,数据库的访问及使用,C#进行网络编程和图形编程的相关技术。

本书是为刚涉足 .NET 的程序员和想学习 C#的程序员而编写的。本书旨在让读者尽快学会使用 C#完成编程任务,进而提高编程效率。根据这种想法我们组织编写了这本 C#程序设计教材,通过对相关知识点进行简要的介绍,采用大量的例题,并且对给出的例题进行了详细的分析,帮助读者在逐步掌握 C#编程技术的基础上,利用 C#语言解决现实中的问题,对提高读者的编程能力进行强化训练。本教材全面概述了 C#语言,重点是如何通过 C#语言解决实际问题,适用于应用型高校计算机类专业的程序设计课程教学,也可以用于高职类计算机相关专业的程序设计课程教学。

本书主要由刘莉、李梅和姜志坚编著。其中,刘莉编写了第 1、8、10、12 和 13 章,李梅编写了第 5~9 章,姜志坚编写了第 2~4 章,陶强、刘广明、高文卿编写了第 11 章,全书由刘莉统稿,刘莉和李梅校稿。另外,本书在编写过程中还得到了张小峰、宋丽华、孙丽、岳峻、韩婷婷、雷鹏、高洪江、张振兴、周春姐等的支持和帮助,在此表示衷心的感谢!

作为本书的编者,我们虽然有多年的计算机语言编程的教学与工程应用经验,但也深知,在这一领域我们仍有许多技术或知识尚未融会贯通并正确运用,所以,尽管在编写此书的过程中,虚心请教了多位同行教师或专业人士,广泛征求了学生的建议,并参考了多部相关教材和参考书,但由于水平所限,书中不妥与疏漏之处仍在所难免,殷切希望广大读者批评指正。

为了便于读者测试和分析书中示例,随书提供了书中所有示例的源程序;同时为了便于教师进行多媒体课堂教学,随书还提供了相应的 PPT 电子教案。

编 者
2014 年 10 月

《C# 程序设计教程》 目录

第 1 章 Microsoft .NET 简介和 C♯ 概述 /1
  1.1 Microsoft .NET 简介 /1
    1.1.1 .NET 组成 /1
    1.1.2 .NET Framework 概述 /1
    1.1.3 .NET Framework 的特点 /2
  1.2 C♯ 概述 /4
    1.2.1 C♯ 的发展历程 /4
    1.2.2 C♯ 与 .NET 的关系 /5
    1.2.3 C♯ 的特点 /5
  1.3 Visual Studio 集成开发环境 /6
    1.3.1 Visual Studio 集成开发环境介绍 /6
    1.3.2 熟悉 Visual Studio 2010 开发环境 /6
  1.4 C♯ 程序调试 /9
  小结 /10

第 2 章 C♯ 语言基础 /11
  2.1 C♯ 程序的基本组成 /11
    2.1.1 类型 /12
    2.1.2 命名空间 /12
    2.1.3 C♯ 注释 /14
    2.1.4 Main 方法 /14
    2.1.5 控制台输入和输出 /14
  2.2 变量和常量 /15
    2.2.1 局部变量的声明 /16
    2.2.2 局部变量的初始化和作用域 /16
    2.2.3 常量的初始化和作用域 /17
  2.3 数据类型 /17
    2.3.1 预定义数据类型 /18
    2.3.2 值类型和引用类型 /20
    2.3.3 类型分类 /22
    2.3.4 字符串表示 /22
    2.3.5 格式化输出 /25
    2.3.6 类型转换 /26

2.4 运算符和表达式 /28
  2.4.1 运算符 /28
  2.4.2 表达式 /31
2.5 控制流语句 /31
  2.5.1 条件语句 /31
  2.5.2 循环 /35
  2.5.3 跳转语句 /39
2.6 异常处理 /40
  2.6.1 异常处理机制 /40
  2.6.2 抛出异常 /42
小结 /43

## 第 3 章 C#面向对象编程 /44

3.1 类的基本概念 /44
  3.1.1 类的声明 /44
  3.1.2 类成员 /44
3.2 字段、属性和索引器 /48
  3.2.1 静态字段、实例字段、常量和只读字段 /48
  3.2.2 属性 /50
  3.2.3 索引器 /52
3.3 方法 /54
  3.3.1 方法的声明和调用 /54
  3.3.2 方法的参数 /56
  3.3.3 方法的重载 /59
  3.3.4 静态方法和实例方法 /59
3.4 构造函数和析构函数 /61
  3.4.1 实例构造函数 /61
  3.4.2 静态构造函数 /63
  3.4.3 析构函数 /64
3.5 类的继承 /65
  3.5.1 派生类的声明 /65
  3.5.2 基类的重写 /66

        3.5.3 派生类和基类之间的转换 /68
        3.5.4 抽象类和抽象方法 /68
        3.5.5 密封类和密封方法 /69
        3.5.6 静态类 /69
        3.5.7 嵌套类 /69
        3.5.8 分部类 /69
    3.6 接口 /70
        3.6.1 接口的声明 /70
        3.6.2 接口的实现 /71
        3.6.3 接口的继承 /73
    3.7 委托与事件 /74
        3.7.1 委托 /74
        3.7.2 事件 /77
    3.8 结构与枚举 /80
        3.8.1 结构 /80
        3.8.2 枚举 /82
    3.9 运算符重载 /84
        3.9.1 运算符重载概述 /84
        3.9.2 重载运算符 /85
小结 /86

## 第4章 数组与集合 /87

    4.1 数组 /87
        4.1.1 一维数组 /87
        4.1.2 二维数组 /90
        4.1.3 交错数组 /92
        4.1.4 Array 类 /92
        4.1.5 数组接口 /95
    4.2 集合 /96
        4.2.1 列表集合 /96
        4.2.2 队列集合 /98
        4.2.3 栈集合 /99
        4.2.4 有序表集合 /100

            4.2.5　其他集合类　/102

        小结　/102

   第5章　泛型　/103
       5.1　泛型概述　/103
       5.2　泛型约束　/108
       5.3　泛型集合　/117
            5.3.1　List<T>　/117
            5.3.2　Queue<T>和Stack<T>　/120
            5.3.3　SortedList<T,V>　/123
            5.3.4　HashsSet<T>　/126
       小结　/129

   第6章　WinForm用户界面　/130
       6.1　窗体控件和组件　/130
            6.1.1　窗体　/130
            6.1.2　常用控件　/134
       6.2　菜单　/156
            6.2.1　MenuStrip 控件和下拉式菜单　/157
            6.2.2　ContextMenuStrip 控件和弹出式菜单　/159
            6.2.3　ToolStrip 控件和工具栏　/159
            6.2.4　StatusStrip 控件和状态栏　/160
       6.3　对话框设计　/165
            6.3.1　消息对话框　/166
            6.3.2　文件对话框　/166
            6.3.3　字体对话框　/167
            6.3.4　颜色对话框　/168
            6.3.5　打印对话框　/169
       小结　/172

   第7章　窗体的高级应用　/173
       7.1　高级控件　/173

7.1.1　RichTextBox　/173
7.1.2　CheckedListBox　/178
7.1.3　TabControl　/179
7.1.4　ImageList　/182
7.1.5　ListView　/183
7.1.6　MonthCalendar　/187
7.1.7　DateTimePicker　/189
7.1.8　TreeView　/190
7.2　Windows 窗体的调用　/193
7.2.1　添加窗体与设置启动窗体　/194
7.2.2　模式窗体和非模式窗体　/194
7.2.3　多文档界面 MDI　/198

小结　/202

## 第 8 章　多线程　/203

8.1　多线程的概念　/203
8.1.1　进程　/203
8.1.2　线程　/207
8.1.3　多线程　/207
8.2　线程状态　/210
8.2.1　线程控制　/210
8.2.2　线程开发实例　/212
8.3　线程同步　/215
8.3.1　使用 lock 关键字　/216
8.3.2　使用 Monitor 关键字　/218
8.3.3　使用 Mutex 关键字　/219
8.4　线程池　/221
8.5　窗体控件的跨线程访问　/223

小结　/229

## 第 9 章　文件　/230

9.1　文件和流概述　/230
9.2　磁盘的基本操作　/231

9.3 文件和文件夹操作 /233
    9.3.1 DirectoryInfo 类 /233
    9.3.2 Directory 类 /234
    9.3.3 FileInfo 类 /238
    9.3.4 File 类 /240
9.4 读写文件 /245
    9.4.1 FileStream 类 /245
    9.4.2 StreamReader 类和 StreamWriter 类 /250
    9.4.3 StringReader 类和 StringWriter 类 /254
小结 /256

## 第 10 章 ADO.NET 和数据库 /258

10.1 ADO.NET 操作数据库 /258
    10.1.1 Connection 对象 /258
    10.1.2 Command 对象 /261
    10.1.3 DataReader 对象 /263
    10.1.4 DataAdapter 对象和 DataSet 对象 /265
10.2 DataGridView 数据库绑定控件 /269
10.3 数据库关联综合项目 /273
小结 /279

## 第 11 章 TCP/UDP 网络编程 /280

11.1 网络编程简介 /280
    11.1.1 TCP/IP /280
    11.1.2 UDP/IP /281
    11.1.3 套接字——Socket 类 /281
11.2 TCP 网络编程 /286
    11.2.1 TcpClient 类和 TcpListener 类 /286
    11.2.2 基于 TCP 的网络通信 /290
11.3 UDP 网络编程 /297
    11.3.1 UdpClient 类 /297
    11.3.2 基于 UDP 的网络通信 /299
小结 /302

## 第12章 GDI＋图形编程 /303

12.1 图形对象 /303

  12.1.1 Graphics 类 /303

  12.1.2 Pen 类和 Brush 类 /305

  12.1.3 Font 类 /306

  12.1.4 Bitmap 类 /306

12.2 图形的绘制 /307

  12.2.1 直线的绘制 /307

  12.2.2 曲线的绘制 /308

  12.2.3 矩形的绘制 /309

  12.2.4 椭圆的绘制 /310

  12.2.5 圆弧的绘制 /310

  12.2.6 文本的绘制 /311

  12.2.7 图像的绘制 /312

  12.2.8 画刷填充图形 /313

12.3 C♯图像处理基础 /317

  12.3.1 C♯图像处理概述 /317

  12.3.2 图像的输入和保存 /318

  12.3.3 彩色图像处理 /320

小结 /325

## 第13章 Windows 应用程序的部署 /326

13.1 应用程序部署概述 /326

  13.1.1 Visual Studio 2010 提供的应用程序部署功能 /326

  13.1.2 ClickOnce 部署和 Windows Installer 部署的比较 /326

13.2 使用 ClickOnce 部署应用 /327

  13.2.1 将应用程序发布到 Web 服务器 /327

  13.2.2 将应用程序发布到共享文件夹 /329

  13.2.3 将应用程序发布到 CD-ROM 光盘 /329

13.3 使用 Windows Installer 部署应用程序 /330

13.3.1 使用"安装向导"制作安装程序 /330
13.3.2 部署应用程序 /334
13.3.3 卸载应用程序 /335
小结 /336

**参考文献** /337

# 第1章 Microsoft.NET简介和C♯概述

C♯是微软公司推出的语法简洁、类型安全的面向对象编程语言，被普遍认为是最现代和最富有特性的语言。开发人员可以通过它编写在.NET Framework上运行的各种安全可靠的应用程序。

本章介绍C♯语言的运行环境、Visual Studio 2010开发工具，以及C♯程序的创建、编译和运行过程。

## 1.1 Microsoft.NET简介

Microsoft.NET框架是微软公司面向下一代移动互联网、服务器应用和桌面应用的基础开发平台，是微软为开发者提供的基本开发工具，包含许多有助于互联网应用迅捷开发的新技术，它定义了一种支持高度分散的、基于组件的应用程序开发和执行的环境。同时，Microsoft公司还为该平台设计了新的面向对象程序开发语言——C♯。

### 1.1.1 .NET组成

.NET分成以下三个主要部分。

（1）.NET战略。该战略是基于网络的，即将来所有的设备都会通过一个全球宽带网（即Internet）连接在一起成为一个网络，该战略的目的是为该网络提供服务。

（2）.NET Framework。它是指像ASP.NET这样可使.NET更加具体的新技术。该架构提供了具体的服务和技术，以便于开发人员创建应用程序，以满足如今连接到Internet上的用户的需要。

（3）Windows服务器系统。它是指像SQL Server 2000和BizTalk Server 2000这样的由.NET Framework应用程序使用的服务器产品，不过目前它们并不是使用.NET Framework编写的。这些服务器产品将来的版本都将支持.NET，但它们都不必使用.NET重新编写。

### 1.1.2 .NET Framework概述

Microsoft.NET框架是微软公司推出的一个平台，功能非常丰富，可开发、部署和执行分布式应用程序。C♯本身只是一种语言，它并不是.NET的一部分。.NET支持的一些特性C♯并不支持，而C♯语言支持的另一些特性，.NET也不支持（如运算符重载）。.NET中各种语言的使用比例如图1.1所示。

.NET Framework的平台体系结构如图1.2所示，它具有两个主要组件——公共语言运行库（Common Language Runtime，CLR）和.NET Framework类库（Framework Class Library，FCL）。

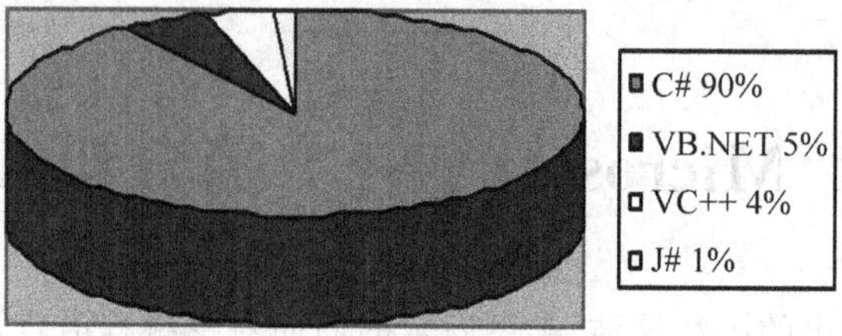

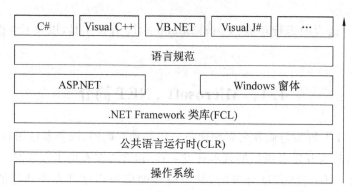

图 1.1 .NET 中各种语言使用比例

```
┌─────┬──────────┬────────┬──────────┬─────┐
│ C#  │Visual C++│ VB.NET │Visual J# │ ... │
└─────┴──────────┴────────┴──────────┴─────┘
┌─────────────────────────────────────────┐
│              语言规范                    │
└─────────────────────────────────────────┘
┌──────────────┐      ┌──────────────────┐
│   ASP.NET    │      │   Windows 窗体    │
└──────────────┘      └──────────────────┘
┌─────────────────────────────────────────┐
│      .NET Framework 类库(FCL)           │
└─────────────────────────────────────────┘
┌─────────────────────────────────────────┐
│         公共语言运行时(CLR)              │
└─────────────────────────────────────────┘
┌─────────────────────────────────────────┐
│              操作系统                    │
└─────────────────────────────────────────┘
```

图 1.2 .NET Framework 体系结构

其中，公共语言运行时为托管代码提供各种服务，如跨语言集成、代码访问安全性、对象生存期管理、调试和分析支持。有了公共语言运行库，就可以很容易地设计出能够跨语言交互的组件和应用程序，使用不同语言编写的对象可以互相通信，并且它们的行为可以紧密集成。

基于公共语言运行时的语言编译器和工具使用由公共语言运行时定义的通用类型系统（Common Type System，CTS），而且遵循公共语言运行时关于定义新类型以及创建、使用、保持和绑定到类型的规则。CLR 的执行步骤如下。

(1) 将源代码编译成托管代码。
(2) 将托管代码合并成程序集。
(3) 加载公共语言运行时。
(4) 执行程序集的代码。
(5) 生成本地代码。

由.NET Framework 类库提供的内容构成了.NET 应用程序的核心功能，通过这些类库构建 WinForm 应用程序、ASP.NET 应用程序以及 ADO.NET 应用程序等，如图 1.3 所示。

### 1.1.3 .NET Framework 的特点

对开发人员而言，狭义的.NET 包含两方面的内容：.NET Framework 和 Visual Studio .NET 开发工具。.NET Framework 和 Visual Studio .NET 自发布以来都以极快的速度更新发展，主要版本的更新发布情况如表 1.1 所示。

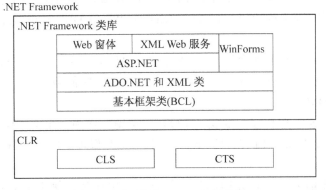

图 1.3 .NET Framework 的组件

表 1.1 .NET Framework 和 Visual Studio .NET 的发布更新情况

| 主版本 | 框架版本号 | 发布日期 | VS 版本 |
|---|---|---|---|
| 1 | 1.0.3705.0 | 2002/2/13 | Visual Studio .NET |
| 1.1 | 1.1.4322.573 | 2003/4/24 | Visual Studio .NET 2003 |
| 2 | 2.0.50727.42 | 2005/11/7 | Visual Studio 2005 |
| 3 | 3.0.4506.30 | 2006/11/6 | |
| 3.5 | 3.5.21022.8 | 2007/11/19 | Visual Studio 2008 |
| 4 | 4.0.30319.1 | 2010/4/12 | Visual Studio 2010 |
| 4.5 | 4.5.40805 | 2011/9/13 | Visual Studio 11(预览版) |
| 4.5 | 4.5 | 2012/3/6 | Visual Studio 11(测试版) |

本书以 Microsoft .NET Framework 4 和 Visual Studio 2010 环境进行应用程序开发。

与以前的 Windows 编程环境相比，.NET Framework 为程序员带来了相当大的改进。其主要特点如下。

**1．面向对象的开发环境**

CLR、BCL 和 C#被设计得完全面向对象，并形成良好的集成环境。

系统为本地程序和分布式系统都提供了一致的、面向对象的编程模型。它还为桌面应用程序、移动应用程序和 Web 开发提供了软件开发接口，涉及的目标范围很广，从计算机服务器到手机。

**2．自动垃圾收集**

CLR 有 GC(Garbage Collector，垃圾收集)服务，能自动管理内存。

(1) CG 自动从内存中删除程序不再访问的对象。

(2) GC 使程序员不再操心许多以前必须执行的任务，比如释放内存和检查内存泄漏。

**3．互操作性**

.NET Framework 专门考虑了不同的 .NET 语言、操作系统或 Win32 DLL 和 COM 之间的互操作性。

(1) .NET 语言的互操作性允许使用不同的 .NET 语言编写的软件模块无缝地交互。

（2）.NET 提供一种称为平台调用（Platform Invoke，P/Invoke）的特性，允许.NET 的代码调用并使用非.NET 的代码。它可以使用标准 Win32 DLL 导出的纯 C 函数的代码，比如 Windows API。

（3）.NET Framework 还允许与 COM 进行互操作。.NET Framework 软件组件能调用 COM 组件，而且 COM 组件也能调用.NET 组件，就像它们是 COM 组件一样。

**4. 不需要 COM**

.NET Framework 使程序员摆脱了 COM 的束缚。作为一个 C#程序员，不需要使用 COM，因而也不需要以下内容：IUnKnown 接口、类型库、引用计数、HRESULT 和注册表。

尽管现在不太需要编写 COM 代码了，但是系统中还是在使用很多 COM 组件，C#程序员有的时候需要编写代码来和那些组件交互。C# 4.0 引入了几个新的特性，用来简化这个工作。

**5. 简化的部署**

部署为.NET 框架编写的程序比以前容易得多，原因如下。

（1）.NET 程序不需要使用注册表注册，这意味着在最简单的情形下，一个程序只需要被复制到目标机器上就可以运行。

（2）.NET 提供一种称为并行执行的特性，允许一个 CLL 的不同版本在同一台机器上存在。这意味着每个可执行程序都可以访问程序生成时使用的那个版本的 DLL。

**6. 类型安全性**

CLR 检查并确保参数及其他数据对象的类型安全，即使是在不同编程语言编写的组件之间。

**7. 基类库**

.NET Framework 提供了一个庞大的基类库（Base Class Library，BCL），包括以下几类。

（1）通用基础类：这些类提供了一组极为强大的工具，可以应用到许多编程任务中，比如文件操作、字符串操作、安全和加密。

（2）集合类：这些类实现了列表、字典、散列表以及位数组。

（3）线程和同步类：这些类用于创建多线程程序。

（4）XML 类：这些类用于创建、读取以及操作 XML 文档。

## 1.2 C# 概 述

C#作为微软公司针对.NET 平台开发的最新的面向对象编程语言，其语法风格源自 C/C++家族：继承了 C 的过程化编程语言和 C++强大的面向对象思想，同时融合了 Visual Basic 的高效，具有易上手、功能强大的特性，一经推出便深受世界各地程序员的好评和喜爱。

### 1.2.1 C#的发展历程

自从微软 2000 年提出.NET 战略（.NET 的目的就是将互联网作为新一代操作系统的基础，对互联网的设计思想进行扩展，使用户在任何地方、任何时间、利用任何设备都能访问所需要的信息、文件和程序)后,.NET Framework 版本不断升级,作为.NET 开发的首选语言,C♯语言也越来越受到人们的青睐,C♯的优点也同时被人们所认同。C♯的发展经历了 C♯ 1.0,C♯ 2.0,C♯ 3.0,C♯ 4.0。

(1) C♯ 1.0 完全是模仿 Java,并保留了 C/C++的一些特性如 struct,新学者很容易上手。

(2) C♯ 2.0 加入了泛型,对泛型类型参数提出了"约束"的新概念,并体现在语言中。增加了匿名方法,用来取代一些短小的并且仅出现一次的委托,使得语言结构更加紧凑。

(3) C♯ 3.0 加入了一些语法,并在没有修改 CLR 的情况下引入了 Linq,非常适合小型程序的快速开发,减轻了程序员的工作量,也提高了代码的可读性。

(4) C♯ 4.0 增加了动态语言的特性。

### 1.2.2　C♯与.NET 的关系

C♯是一种相当新的编程语言,C♯的重要性体现在以下两个方面。

(1) 它是专门为与 Microsoft 的.NET Framework 一起使用而设计的。.NET Framework 是一个功能非常丰富的平台,可以开发、部署和执行分布式应用程序。

(2) 它是一种基于现代面向对象设计方法的语言,在设计它时,Microsoft 还吸取了其他类似语言的经验,这些语言是近二十年来面向对象规则得到广泛应用后才开发出来的。

有一个很重要的问题要弄明白:C♯就其本身而言只是一种语言,尽管它是用于生成面向.NET 环境的代码,但它本身不是.NET 的一部分。.NET 支持的一些特性,C♯并不支持。而 C♯语言支持的另一些特性,.NET 却不支持(例如运算符重载)。

但是,因为 C♯语言是和.NET 是一起使用的,所以如果要使用 C♯高效地开发应用程序,理解 Framework 就非常重要。

### 1.2.3　C♯的特点

C♯语言主要有生成中间代码、垃圾回收机制等几个特点,这些特点使得 C♯语言能够开发出经久耐用的应用程序。C♯的几大技术特点如下。

(1) 生成中间代码。使用 C♯语言开发的程序,在生成机器代码的过程中,首先会生成汇编代码,只有当它们运行的时候,才会最终生成本地计算机上的可执行代码,这样便使得该语言编写程序的安全性得到了极大的提高。

(2) 垃圾回收机制。可以释放不再使用的对象所占用的内存。

(3) 在命名空间中声明相关类。当使用 C♯语言创建一个应用程序的时候,会在一个已经定义好的命名空间中创建一个或者多个类,或者在这个命名空间定义某些结构体或者变量,以便提供给其他的命名空间进行引用,这样便形成了一种模块化结构,从而提高了操作效率。

(4) 异常处理机制。如果程序出现错误,C♯提供了异常处理机制,这使得进行错误检测和恢复变得非常容易。

(5) 数据类型丰富:C♯语言拥有丰富的数据类型,如 bool、byte、ubyte、short、ushort、int、uint、long、ulong、float、double 和 decimal 等,众多的数据类型使其处理数据变得得心应手。

（6）参数传递。在C♯中，方法的参数可以是可变数目。默认的参数传递都是通过基本数据类型进行值传递。可以通过 ref 关键字修饰参数，使参数采用引用方式传递。也可以通过 out 关键字修饰参数，以声明引用传递过程。与 ref 不同的地方是，它指明的这个参数并不需要初始值。

（7）存在两个基本类可供调用：在C♯语言中，Object 类是所有其他类的基类，任何对象都能用 Object 类提供的方法。同时，string 类也像 Object 一样是这个语言的一部分。这种语言处理机制使得所有类型都共享一组通用操作，而且所有类型的值都可以以相同的方式进行存储、转换等操作，从而大大提高了工作效率。

（8）索引下标。一个索引与属性不使用属性名来引用类成员，而是用一个方括号中的数字来匿名引用（就像数组下标一样）。

（9）委托和事件。一个委托包括访问一个特定对象的特定方法所需的信息。只要把它当成一个聪明的方法指针就行了，委托可以被移动到另一个地方，然后可以通过访问它来对已存在的方法进行类型安全地调用。一个事件方法是委托的特例。Event 关键字用在事件发生的时候被当成委托调用的方法声明。

总之，C♯是一种先进的、面向对象的开发语言，并且能够方便快捷地在 Windows 网络平台建立各种应用和能够在网络间相互调用的 Web 服务。从开发语言的角度来讲，C♯可以更好地帮助开发人员避免错误，提高工作效率，同时也具有 C/C++/Java 的强大功能。

## 1.3　Visual Studio 集成开发环境

Visual Studio 是一个功能齐备的集成开发环境（Integrated Development Environment，IDE），用于生成 ASP.NET Web 应用程序、XML Web Services、桌面应用程序和移动应用程序，并提供了在设计、开发、调试和部署 Web 应用程序、XML Web Services 和传统的客户端应用程序时所需的工具。Visual Basic、Visual C++、Visual C♯和 Visual J♯都使用这个相同的 IDE，利用此 IDE 可以共享工具且有助于创建混合语言解决方案。核心包括代码编辑器、语言编译器（支持 Visual Basic、C♯和 F♯）和调试工具。

### 1.3.1　Visual Studio 集成开发环境介绍

执行"开始"→"程序"→Microsoft Visual Studio 2010→Microsoft Visual Studio 2010 命令，进入 Microsoft Visual Studio 2010 开发环境。图 1.4 是 Visual Studio 2010 集成开发环境的起始页。

### 1.3.2　熟悉 Visual Studio 2010 开发环境

对.NET Framework、C♯和 Visual Studio 集成开发环境有了初步了解以后，下面通过C♯创建控制台应用程序和 Windows 窗体应用程序来体验C♯的编程过程。

**1. 控制台程序**

例 1.1　编写一个输出"Hello World!"的控制台应用程序。

（1）在 Visual Studio 菜单栏选择"文件"→"新建项目"命令，打开"新建项目"对话框。

图 1.4　Visual Studio 2010 集成开发环境起始页

（2）在"新建项目"对话框左侧选择 Windows 选项，在右侧选择"控制台应用程序"选项，在"名称"栏输入 HelloCS，并选择一个保存路径，如图 1.5 所示。

图 1.5　"新建项目"对话框

（3）项目创建成功以后，程序会自动创建一个 Program.cs 文件，在 Program.cs 文件中的 Main 方法中添加相关代码，如图 1.6 所示。

（4）生成解决方案。在菜单栏中选择"生成"→"生成 HelloCS"选项。如果错误列表窗口中没有显示错误和警告，Visual Studio 状态栏会显示"生成成功"的提示。

（5）调试。在菜单栏中选择"调试"→"启动调试选项"或单击工具栏上的 ▶ 按钮，即可

图 1.6 编辑程序文件

得到程序的运行结果,如图 1.7 所示。

**2. Windows 窗体应用程序**

**例 1.2** 在 Windows 窗口中设计一个按钮,当单击该按钮时,弹出信息框,内容为"Hello World!"。

(1) 在 Visual Studio 菜单栏选择"文件"→"新建项目"命令,打开"新建项目"对话框。

图 1.7 例 1.1 程序运行结果

(2) 在"新建项目"对话框左侧选择 Windows 选项,在右侧选择"Windows 窗体应用程序"选项,在"名称"栏输入 HelloForm,并选择一个保存路径。

(3) 项目创建成功以后,程序会自动创建一个 Form1 窗体,从"工具箱"中选择 Button 按钮控件并拖到 Form1 窗体中,如图 1.8 所示。

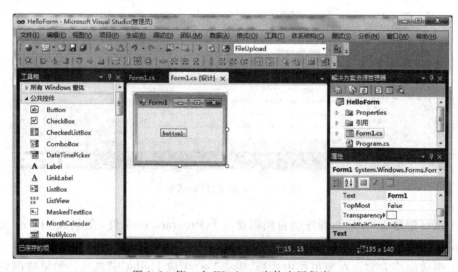

图 1.8 第一个 Windows 窗体应用程序

(4) 双击 button1 进入代码编辑器,写入相关代码,如图 1.9 所示。在菜单栏中选择"生成"→"生成 HelloForm"选项。如果错误列表窗口中没有显示错误和警告,Visual Studio 状态栏会显示"生成成功"的提示。

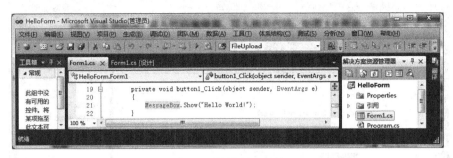

图 1.9 编写程序文件

(5) 调试。在菜单栏中选择"调试"→"启动调试选项"或单击工具栏上的 ▶ 按钮,就会产生程序的运行结果,如图 1.10 所示。

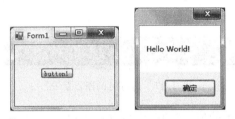

图 1.10 例 1.2 运行效果

## 1.4 C♯程序调试

当程序运行时,可以使用 Debug 类的方法来生成消息,以监视程序执行顺序、检测故障或提供性能度量信息。默认情况下,Debug 类产生的消息显示在 Visual Studio 集成开发环境的"输出"窗口中。

该代码示例使用 WriteLine 方法生成后面带有行结束符的消息。当使用此方法生成消息时,每条消息在"输出"窗口中均显示为单独的一行。

选择"调试"菜单,主要命令有开始(或继续)执行、重新启动、暂停执行、停止执行、逐句执行、逐过程执行、跳出等。

(1) 逐句(Step Into):即一行一行地运行,遇到方法则进入方法内单步执行。

(2) 逐过程(Step Over):即一行一行地运行,方法被当作一条语句执行,不进入方法内部。

(3) 跳出(Step Out):执行完方法内剩余的部分,跳转到该代码块外,返回调用位置。

另外,还有一个常用的功能就是断点功能。希望程序执行到某行停止,则可以给该语句添加断点。方法是将光标定位到希望加断点的语句,按 F9 键即可添加断点,或再按 F9 键则删除断点。

**例 1.3** 用控制台应用程序求两个整数相加的和,输出该结果。加入断点及局部变量的窗口如图 1.11 所示。

在调试过程中主要涉及"局部变量"窗口(用于查看局部变量的值)、监视窗口(可以监视

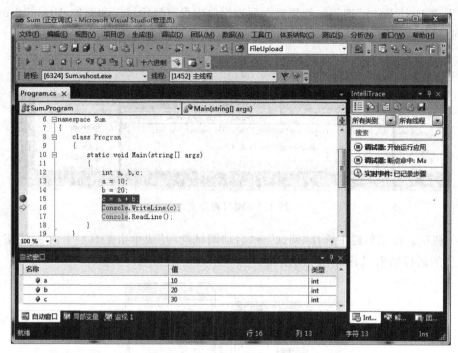

图 1.11　运行时的断点状态

某个变量在程序运行过程中的值)、"即时窗口"(用于执行语句,例如输入"?变量名")、"命令窗口"("视图"菜单的子菜单,用于执行命令),如图 1.12 所示。

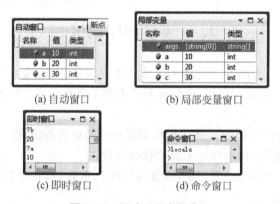

(a) 自动窗口　　　　　　(b) 局部变量窗口

(c) 即时窗口　　　　　　(d) 命令窗口

图 1.12　调试过程中的窗口

## 小　　结

通过本章的学习,需要掌握的知识点和难点如下。
(1) C♯运行的平台以及.NET Framework 4 框架的基本结构。
(2) C♯语言的产生、特点以及与.NET 的关系。
(3) C♯集成开发环境以及创建和编写应用程序的过程。
(4) C♯应用程序常用的调试方法。

# 第 2 章 C♯语言基础

C♯语言继承了C语言的语法风格,同时又继承了C++、Java等语言的面向对象特性,基础语法上有很多一致性。本章介绍C♯语言的最基本语法,包括程序的基本结构、数据类型、变量、运算符、各种流程控制语句以及异常处理等方面的知识。

本章将从一个简单的程序开始,分析C♯程序的基本组成。C♯可以建立很多类型的应用程序,在开始阶段以学习C♯语法为主,因此主要创建控制台应用程序,把注意力放到C♯的核心内容上。

## 2.1 C♯程序的基本组成

C♯源程序可用记事本等文本编辑器进行编辑,保存为.cs文件(例如 SimpleWelcome.cs),在命令行使用csc命令对其进行编译。当然通常可以在 Visual Studio 2010 .NET 集成开发环境中创建应用程序,使用集成开发环境提供的强大功能,可以更方便地进行程序的编辑和调试。

Visual Studio .NET 以项目形式组织应用程序,创建应用程序时,会自动产生一些文件,文件中包含一些初始代码。

**例 2.1** 创建项目名为 SimpleWelcome 的控制台应用程序。

(1) 代码编写如下:

```
//简单的程序 SimpleWelcome
using System;                           //引用命名空间
namespace SimpleWelcome                 //声明命名空间
{
    class Program                       //声明 Program 类
    {
        static void Main(string[] args) //为 Program 类声明 Main 方法
        {
            //方法体,编写方法所要执行的代码
            Console.WriteLine("Welcome to C# Programming!");   //输出相应信息到显示器
            Console.ReadLine();          // 等待用户输入,这样可以观察运行结果
        }
    }
}
```

(2) 运行结果如图 2.1 所示。

上述代码保存在文件 Program.cs 中,除了注释和与 Console 有关的两个语句外,其他都是 Visual Studio .NET 平台创建控制台应用程序时自动创建的。

图 2.1 例 2.1 运行结果

有几点先说明一下：

（1）系统产生的程序文件名为Program.cs，系统产生的类名为Program，该类是一个用户自定义的类型，文件名和类名并没有限制，可以改名，并不影响程序运行。

（2）可以添加新的用户自定义类型，默认会产生同名的C♯代码文件（.cs文件），但是语法上文件名和类型名并不要求同名，一个文件也可以包含很多用户自定义的类型。

（3）C♯会为每个代码文件添加默认命名空间声明，以项目名作为命名空间名。

（4）虽然Visual Studio平台默认会为每个用户自定义类型声明创建一个文件，但为了代码简洁，本书很多例子将不同的用户自定义类型放置在Program.cs文件中。

### 2.1.1 类型

C♯程序是由一组类型定义组成的，这些类型定义可以存储在不同的.cs文件中，也可以多个类型定义存储在同一个文件中。

class Program 即是一个类型声明，class 表示定义的是一个类，名称是 Program。在其后的{}括起的部分是 class Program 的具体定义。

类是C♯中最重要的类型，类的定义中包含属性、方法等成员，这里声明了 Program 类的一个名为 Main 的方法。方法由一个命名的代码块组成，由方法的声明 static void Main(string[] args)引入，其后的{}包含该方法的多条语句，C♯中以分号来标识一条语句的结束，每条语句包含的代码将执行一个或多个行为。一个类可以包含很多方法。对于可执行程序来说，类型声明中必须有一个包含 Main 方法的类，C♯程序是从 Main 方法开始执行的（注意 Main 的大小写）。从程序的具体执行的角度来看，可以简单地认为C♯程序由类型组成，类型由方法等成员组成，方法由语句组成。

### 2.1.2 命名空间

由于.NET类库提供了一万多个自定义类型，每个用户也可以自己定义类型，管理如此繁多的类型，需要有效的组织方式。命名空间提供了一种组织相关类型的方式。与文件或组件不同，命名空间是一种逻辑组合，而不是物理组合。在C♯中定义类型时，可以把它包含在某个命名空间中。

.NET类库将类型分布在不同的命名空间，可在 Visual Studio 2010 中选择"视图"→"对象浏览器"命令，打开对象浏览器，查看.NET类库及命名空间。

表2.1列出了常用的命名空间。

表2.1 常用命名空间

| 命名空间 | 描述 |
| --- | --- |
| System | 最重要的命名空间，包含基本类型、类型转换、数学计算、程序调用以及环境管理的定义 |
| System.Collections | 包含用于处理对象集合的类型。集合通常采取列表或者字典形式的存储机制 |
| System.Collections.Generics | 包含泛型集合定义，用于处理依赖于泛型的强类型集合 |
| System.IO | 包含用于处理文件和目录的类型，并提供了文件的处理、加载和保持能力 |

续表

| 命 名 空 间 | 描 述 |
|---|---|
| System.Text | 包含用于处理字符串和各种文本编码的类型,并支持不同编码方式之间的转换 |
| System.Data | 包含对数据库中存储的数据进行处理的类型 |
| System.Drawing | 包含用于操作显示设备和进行图形处理的类型 |
| System.Threading | 包含启用多线程的类型 |
| System.NET | 包含可为当前网络上的多种协议提供简单的编程接口的类型 |
| System.Windows.Forms | 包含用于创建 Windows 窗体应用程序的图形用户界面以及其中的各种组件的类型 |
| System.Web.UI | 包含用于创建 Web 应用程序的图形用户界面以及其中的各种组件的类型 |

命名空间也是.NET 避免类型名称冲突的一种方式。在不同的命名空间中,可以定义同名的类型。命名空间是数据类型的一种组合方式,命名空间中所有数据类型的完整名称都会自动加上该命名空间的名字作为其前缀,这样即使类型名称相同,由于处于不同的命名空间,就可以认为是不同的类型。命名空间还可以相互嵌套,例如 System.Windows.Forms。把一个类型放在命名空间中,可以有效地给这个类型指定一个较长的名称,该名称包括类型的命名空间,后面是句点"."和类的名称。

另一方面,命名空间越长,输入起来越烦琐,有时命名空间可能嵌套多层,采用这种方式指定某个类型就很麻烦。因此,可以在文件的顶部使用 using 关键字引入该类型所在命名空间,这样仅使用类型名称就可以引用类型了,例如,使用 Visual Studio 2010 创建控制台应用程序就会自动引用如下的命名空间:

```
using System;
using System.Collections.Generic;
using System.Linq;
using System.Text;
```

许多重要的类型都包含在 System 命名空间中,这也是为什么几乎所有的代码文件都引入该命名空间,这样在程序代码中用到该命名空间中的类型,就可以不写命名空间前缀了。例 2.1 中的 Console 类就是 System 命名空间中的类。反之,如果没有引入 System 命名空间,则该类必须写为 System.Console。

用户也可以自己声明命名空间,使用 namespace 关键字声明命名空间。在 Visual Studio 2010 中创建项目时,会自动将项目名声明为命名空间。namespace SimpleWelcome,即声明了一个命名空间,在该命名空间定义的类 Program 的全名则是 SimpleWelcome.Program。每个新创建的 cs 文件也会自动添加该声明,文件中的用户自己定义的类型都会包含在该命名空间中。在同一个命名空间的类型,不需要 using 引入该命名空间,就可以直接引用其他类型。引用其他命名空间中的类型,或者在文件开始部分用 using 引入该命名空间,或者用包含命名空间的类型全名。虽然默认在一个项目中的用户自己定义的类型属于同一个命名空间,但是在较复杂的程序中,用户可以将自己定义的类型分属不同的命名空间,用户也可以声明嵌套的命名空间,以更好地组织自己定义的类型。如果用户没有显式声明命名空间,类型就会添加到一个没有名称的命名空间中,有时会看到某个类型不属于任何命名空间,其实同一个项目中的所有这些类型属于一个隐式的命名空间。就是说在一个项目中,所有没声明命名空间的类型组成了一个无名的命名空间。

如果 using 指令引用的两个命名空间包含同名的类型,使用该类型就必须使用完整的名称确保编译器知道访问哪个类型。

命名空间的嵌套表示的是逻辑组织关系,并不表示包含关系,例如,System 和 System.Text 是两个独立的命名关系,在编写代码时也有体现,StringBuilder 是 System.Text 中的类型,该类型完整名称是 System.Text.StringBuilder,如果引入了 System 命名空间,不能用 Text.StringBuilder 表示该类,必须用完整名称 System.Text.StringBuilder 来表示。也就是说,在引入命名空间的前提下可以只用类型名,否则只能用完整类型名称,当然使用完整类型名称在任何情况下总是正确的。

### 2.1.3 C#注释

在程序中提供注释不会改变程序的执行,但会使程序的代码具有更好的可读性,是一种良好的编程习惯。Visual Studio 2010 中的注释会是绿色文字显示,便于区分。通过例 2.1 总结得到:

(1) C#中常用的单行注释方式,由//分隔符开始,到该行结束为止。还有一种块注释的方式,始于/*,结束于*/,可以是分布于多行的字符流。

(2) 还有对应的两种 XML 注释,分别是///单行 XML 注释和/**XML 块注释**/。XML 注释可生成相应的 XML 文档文件,可作为程序开发的参考文档。

### 2.1.4 Main 方法

方法是一个命名的代码块,这个代码块由方法声明和其后由{ }括起的方法体组成。

C#程序是从方法 Main()开始执行的。Main()方法的声明有两个地方可以改变,一个是返回值可以是 void 和 int,另一个是参数,string[] args 参数的主要作用是在命令行下执行该程序时,会接受用户在可执行文件名后输入一些字符串作为参数,也可以不带参数。

C#没有全局函数或全局变量等概念,所有这些声明都必须包含在类型中。方法是类型的一种成员,Main()方法必须是类或结构的静态方法。使用 Visual Studio 2010 创建控制台应用程序时,会在 Program 类中自动创建该方法,其实可以在其他任何类或结构中声明该方法,本书的控制台应用程序的例子统一都在 Program 类中声明 Main()方法。

方法体中则可以包含一条或多条语句,它们的组合形成了一个有序的处理步骤,用在计算机中执行操作。大多数的逻辑实现都是由类似于方法的类型成员完成。

附带说明一下,在 C#语句中,不允许再以逗号分隔语句,如 a=1,b=2;这种 C 语言中的形式在 C#中会出现错误。

### 2.1.5 控制台输入和输出

编写程序需要考虑和用户的交互,控制台应用程序通过控制台实现与用户的交互。

System.Console 类是编写控制台应用程序中最常用的类,该类有几个静态方法用来输入输出数据。

要从控制台窗口中读取一行文本,可以使用 Console.ReadLine()方法,它会从控制台窗口中读取一个输入流(在用户按下回车键时停止),并返回输入的字符串。大多数例子中 Main()方法的最后一条语句是 Console.ReadLine(),这里并不是为了得到用户输入的字符串,只是为了调试方便,让程序停止在这里等待用户输入,以便观察结果。否则调试程序时执行到最后会关闭运行窗口。

写入控制台有两个对应的方法:

(1) Console.Write()方法将指定的值写入控制台窗口。

(2) Console.WriteLine()方法与 Console.Write()类似,但在输出结果的最后添加一个换行符。

这两个方法可以直接输出各种类型的值。如:

```
Console.Write(7894.56);
Console.WriteLine(123);
```

如果要将多个数据输出在一起,不必多次调用上述方法,可以使用格式字符串方式,将各个数据项组合到格式字符串中。在格式字符串中可以包含用{0},{1}等形式表示的索引占位符,还允许同一个索引占位符出现多次。第一个参数是格式字符串外,后面还要插入参数,也称为数据项,按照与索引值对应的顺序排列在格式字符串后面,数据项个数必须为最大索引号+1,执行时会将这些数据项按索引序号替换索引占位符。以下是一些示例:

```
Console.WriteLine("姓名={0},年龄={1},欢迎{0}","Li Jun",35);
//同一占位符可以出现多次,结果为:姓名=Li Jun,年龄=35,欢迎 Li Jun
Console.WriteLine("姓名={1},年龄={0},欢迎{1}", 35, "Li Jun");
//没有问题,在格式字符串中{0}并非一定在{1}之前
Console.WriteLine("姓名={0},年龄={2},欢迎{0}","Li Jun",35);
//错误,虽然只有两个索引占位符,但最大索引号为 2,需要三个数据项,增加一个参数则是可以的。
Console.WriteLine("姓名={0},年龄={1},欢迎{0}","Li Jun");
//错误,最大索引号为 1,需要两个数据项。
```

## 2.2 变量和常量

在 C#程序中需要对数据进行存取,可以通过声明变量来实现。

**例 2.2** 编写一个用于输出变量的输出操作"VariableOperation"的控制台应用程序。

(1) 代码编写如下:

```
//变量操作 VariableOperation
using System;
namespace VariableOperation
{
    class Program
    {
        static void Main(string[] args)
        {
            int number1=10;              //int 为数据类型,number1 为变量名称
```

```
        int number2,sum;                            //一个语句声明多个同类型变量
        Console.Write("请输入 number2 的值:");        //输出提示信息
        number2=int.Parse(Console.ReadLine());       //读入字符串,转换为 int 类型
        sum=number1+number2;
        Console.WriteLine("{0}+{1}={2}",number1,number2,sum);
        //输出变量及运算信息到显示器
        Console.WriteLine("The Sum is {0}",sum);     //输出相应信息到显示器
        Console.ReadLine();                          //等待用户输入,这样可以观察运行结果
      }
    }
}
```

(2) 运行结果如图 2.2 所示。

图 2.2　例 2.2 运行结果

### 2.2.1　局部变量的声明

程序中有些数据需要保存,可以声明变量,实际上变量是一个内存存储地址的符号名称,可供程序员以友好方式访问内存。可以按照标识符的规则来命名,程序以后可以对这个存储位置进行数据的存入和取出操作。在方法中声明的变量也称为局部变量。

基于不同类型数据的存储方式和大小都不同,所以在声明变量时,必须指定类型,以便在内存中分配合适大小的空间,按照相应的方式进行数据存储。变量的类型一旦声明就不能改变。

在例 2.2 的 Main 方法中声明了三个变量,每个变量都声明为 int 类型。

声明变量的基本格式为:

类型名称　变量列表;

以下是声明变量的不同形式:

```
int number1;
```

也可以在声明的同时为变量赋值:

```
int number1=10;
```

还可以同时声明多个同类型的变量,各变量由逗号分隔,也可以同时为其中的某些变量赋值:

```
int number2=10, sum;
```

要声明类型不同的变量,需要使用单独的语句。在多个变量的声明中,不能指定不同的数据类型:

```
int x=10, bool y=true;        //错误!
```

### 2.2.2　局部变量的初始化和作用域

变量的初始化是 C# 强调安全性的一个例子。C# 编译器需要用某个初始值对变量进

行初始化,之后才能在操作中引用该变量。如果没有初始化而引用了该变量,C#编译器将把它当作错误来看待。方法中的局部变量必须在代码中显式初始化,在后面的语句中才能使用它们的值。编译器会检查所有可能的路径,如果检测到在未赋值时就使用了局部变量的值,就会产生"用了未赋值的局部变量×××"的错误提示。在编程时要特别注意,局部变量在声明后没有默认值,这和C/C++语言不同。

变量的作用域是可以访问该变量的代码区域。一般情况下,确定作用域有以下规则。

(1) 局部变量的作用域存在于声明该变量的块语句中,从该变量的声明语句开始,到块语句结束为止。块语句也可称为代码块,即由{}括起的一组语句序列。

(2) 在 for、while 或类似语句中声明的局部变量存在于该循环体内。如:

```
for(int i=0; i<10; i++)
{ 循环体,也是一个代码块,i 变量在这里有效 }
```

大型程序在不同部分声明同名变量是很常见的。只要变量的作用域是程序的不同部分,就不会有问题,也不会产生模糊性。但要注意,同名局部变量不能在同一代码块内声明两次。同时,在某个代码块内声明了局部变量,在该代码块嵌套的代码块内也不能再次声明同名局部变量,这也是与 C/C++ 不同的地方,在 C/C++ 中,会自动隐藏外层代码块的同名变量。

### 2.2.3 常量的初始化和作用域

顾名思义,常量是其值在使用过程中不会发生变化的数据。在声明和初始化常量时,与声明变量不同的是要在前面加上关键字 const,就可以指定为一个常量,例如:

```
const double PI=3.14;        //PI 的值不会改变
```

常量具有如下特征。

(1) 常量必须在声明时初始化。指定了其值后,就不能再修改了。

(2) 常量的值必须能在编译时用于计算。因此,不能用从一个变量中提取的值来初始化常量。

需要注意的是,编译器不会为常量分配内存空间,在编译时编译器会用常量值替换所有该常量标识符出现的地方。因此不难理解以上常量的特征。

在程序中使用常量至少有以下三个好处。

(1) 常量用易于理解的名称替代了含义不明确的数字或字符串,使程序更易于阅读。

(2) 常量使程序更易于修改。例如,将 π 值改为 3.1416 只需改动这一处即可。

(3) 常量更容易避免程序出现错误。如果在声明之后再给常量赋值,编译器就会报错误。

在代码中,经常直接出现一些数据,如 35、"计算机"等,通常也将它们称为常量,为了区分,将前面形式的常量称为命名常量,将直接出现的数据称为字面值、硬编码等。

## 2.3 数据类型

前面介绍了如何声明变量和常量,本节将详细讨论 C# 中的数据类型。与其他语言相比,C# 对其可用的类型及其定义有更严格的描述。

数据类型可以想象成用来创建数据结构的模板。模板本身并不是数据结构,但它说明了该模板构建的对象应具有的特征。

### 2.3.1 预定义数据类型

C♯中存在着大量的类型,有几种类型非常简单,可以作为创建其他所有类型的基础。这些类型称为预定义数据类型,也称为基本数据类型,C♯中共有 15 个基本数据类型。C♯中的基本数据类型都有关键字和它们的名称相关联,同时,它们也具有内置于. NET Framework 中的 CTS(Common Type System,通用类型系统)类型名称。CTS 是. NET Framework 中的通用类型系统,在平台中的任何语言中都是一致的。例如,在 C♯中声明一个 int 类型的数据时实际上是声明. NET Framework 中的 System. Int32 的一个实例,int 类型是 C♯语言对应于 System. Int32 的关键字,在 C♯中两者都可以使用,int 关键字更为简洁,也和 C 语言等的类型名称相一致,所以使用更普遍。

**1. 整型**

C♯支持 8 个预定义整数类型,如表 2.2 所示。

表 2.2 整数类型

| 名称 | CTS 类型 | 说明 | 范围 |
|---|---|---|---|
| sbyte | System. SByte | 8 位有符号的整数 | $-128 \sim 127 (-2^7 \sim 2^7-1)$ |
| short | System. Int16 | 16 位有符号的整数 | $-32\ 768 \sim 32\ 767 (-2^{15} \sim 2^{15}-1)$ |
| int | System. Int32 | 32 位有符号的整数 | $-2^{31} \sim 2^{31}-1$ |
| long | System. Int64 | 64 位有符号的整数 | $-2^{63} \sim 2^{63}-1$ |
| byte | System. Byte | 8 位无符号的整数 | $0 \sim 255 (0 \sim 2^8-1)$ |
| ushort | System. Uint16 | 16 位无符号的整数 | $0 \sim 65\ 535 (0 \sim 2^{16}-1)$ |
| uint | System. Uint32 | 32 位无符号的整数 | $0 \sim 2^{32}-1$ |
| ulong | System. Uint64 | 64 位无符号的整数 | $0 \sim 2^{64}-1$ |

字面常量也是有类型的,如果对于一个整数常数没有任何显式的声明,则该数默认为 int 类型。如果超过了 int 类型的表示范围,则依次属于 unit,long 和 ulong 中第一个能够表示其值的类型。如果都超出了这些类型的表示范围,会发生编译错误。如果要表示更大的整数值,可以使用 decimal 类型。

为了把输入的值指定为其他整数类型,可以在数字后面加上 U 或 L 后缀,或者两者的组合 UL(LU 也可以),分别表示无符号、长整数(64 位)、无符号长整数,如:

1234U,1234L,1234UL

整数常数也可以用十六进制表达,要加前缀 0x,如:

0x3AA, 0xfffL

也可以使用小写字母 u 和 l,但后者会与整数 1 混淆,一般不要使用。

**2. 浮点类型**

C♯提供了许多整型数据类型,也支持浮点类型,如表 2.3 所示。

表 2.3　浮点数类型

| 名称 | CTS 类型 | 说明 | 有效数字 | 范围(大致) |
|---|---|---|---|---|
| float | System.Single | 32 位单精度浮点数 | 7 | $\pm 1.5 \times 10^{-45} \sim \pm 3.4 \times 10^{38}$ |
| double | System.Double | 64 位双精度浮点数 | 15/16 | $\pm 5.0 \times 10^{-324} \sim \pm 1.7 \times 10^{308}$ |

float 数据类型表示范围较小,它的精度也较低。double 数据类型比 float 数据类型表示范围大,精度也大一倍(15 位)。

如果没有对某个浮点数指定类型,则该数默认为 double 类型。如果想指定该值为 float,可以在其后加上字符 F(或 f),如果表示较大或较小的浮点数,使用字符 E(或 e)表示会比较方便,如:

12.3F,3.5522226666F,3.25E30,9.5E-123

9.5E-123 表示 $9.5 \times 10^{-123}$。

超过精度范围的数字会按二进制的舍入处理。

### 3. decimal 类型

另外,C♯提供了一种专用类型进行财务计算,这就是 decimal 类型。

decimal 类型表示精度更高的浮点数,如表 2.4 所示。

表 2.4　decimal 类型

| 名称 | CTS 类型 | 说明 | 位数 | 范围(大致) |
|---|---|---|---|---|
| decimal | System.Decimal | 128 位高精度十进制数表示法 | 28 | $\pm 1.0 \times 10^{-28} \sim \pm 7.9 \times 10^{28}$ |

浮点数在计算机内部基于二进制表示,用其表示十进制数字有可能带来舍入误差。decimal 是基于十进制的浮点数表示,用来表示精确的十进制数字,但应注意,decimal 类型计算时会产生额外的性能开销,运算速度会慢一些。

要把数字指定为 decimal 类型,而不是 double、float 或整型,可以在数字的后面加上字符 M(或 m),如:

123456.7890000123M

除非超出范围,否则 decimal 表示的数值都是完全精确的。decimal 在形式上类似于浮点数,但用其表示整数也是没问题的,它可以表示范围更大的整数,如:

12345678901234567890M

### 4. bool 类型

C♯的 bool 类型的 CTS 名称为 System.Bool,有两个值 true 或 false,bool 值和整数值不能相互隐式转换。如果变量(或函数的返回类型)声明为 bool 类型,就只能使用值 true 或 false。如果试图使用 0 表示 false,非 0 值表示 true,就会出错。这与 C/C++不同。

### 5. 字符类型

为了保存单个字符的值,C♯支持 char 数据类型,表示一个 16 位的(Unicode)字符。

char 类型的字符是用单引号括起来的,例如'A'。如果把字符放在双引号中,编译器会把它看作是字符串,从而产生错误。如果单引号中超过一个字符或没有字符,如" ",'AB',也都是错误的。

有些字符不能直接输入到源代码,需要用转义字符表示,如表 2.5 所示。

表 2.5 转义字符

| 转义字符 | 说　明 | 转义字符 | 说　明 |
| --- | --- | --- | --- |
| \' | 单引号 | \f | 换页 |
| \" | 双引号 | \n | 换行 |
| \\ | 反斜杠 | \r | 回车 |
| \0 | 空 | \t | 水平制表符 |
| \a | 警告 | \v | 垂直制表符 |
| \b | 退格 | | |

另外,还可以用 4 位十六进制的 Unicode 值(例如'\u0041')或十六进制数('\x0041')表示字符。

**6. 字符串类型**

C♯有 string 关键字,其 CTS 类型名就是 System. String。有了它,像字符串连接和字符串复制这样的操作就很简单了,例如:

```
string str1="Hello ";
string str2="World";
string str3=str1+str2;         //字符串连接
```

**7. object 类型**

许多编程语言都为类结构提供了根类型,层次结构中的其他对象都从它派生而来,C♯也不例外。在 C♯中,object 类型就是最终的基类型,其 CTS 类型名是 System. Object,所有内置类型和用户定义的类型都直接或间接地从它派生而来。这是 C♯的一个重要特性,所有的类型都隐含地最终派生于 object 类,这样,object 类型就可以用于以下两个目的。

(1) 可以使用 object 引用绑定任何子类型的对象。

(2) object 类型执行许多一般用途的基本方法,包括 Equals()、GetHashCode()、GetType()和 ToString()。

### 2.3.2 值类型和引用类型

所有类型都可以划分为两类:值类型和引用类型。这两种类型的数据存储在内存的不同地方:值类型将其数据存储在栈中,而引用类型将其引用地址存放在栈中,数据存储在托管堆上。在使用过程中的区别在于它们的复制方式,当将一个变量赋值于另一个变量时,复制只在栈中进行,值类型总是值被复制,引用类型总是引用地址被复制。

**例 2.3** 值类型和引用类型的区别。

(1) 代码编写如下:

```
//值类型和引用类型的区别 ValueAndReferenceType
```

```csharp
using System;
namespace ValueAndReferenceType
{
    class Vertex
    {
        public int value=0;
    }
    class Program
    {
        static void Main(string[] args)
        {
            int x1=0;
            int x2=x1;
            Vertex v1=new Vertex();
            Vertex v2=v1;
            //重新对 x2,v2.value 赋值
            //观察对 x1 和 v1 的影响,也可以对 x1 和 v1.value 赋值来观察 x2 和 v2。
            x2=123;
            v2.value=123;
            Console.WriteLine("x1:{0},x2:{1}",x1,x2);
            Console.WriteLine("v1:{0},v2:{1}",v1.value,v2.value);
            Console.Read();
        }
    }
}
```

(2) 运行结果如图 2.3 所示。

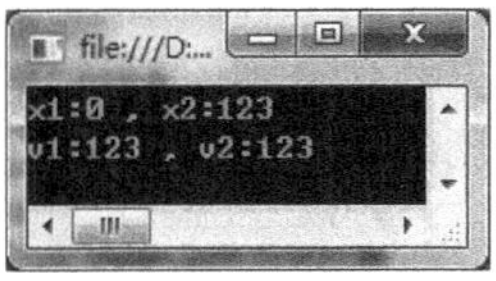

图 2.3 例 2.3 运行结果

值类型直接在栈中存储值。因此,将第一个变量 x1 赋值给第二个变量 x2 会在栈中创建新变量 x2,将 x1 的数据复制到 x2。在此以后,更改某个变量的值,并不影响另一个变量。引用类型的实际数据存储在堆中,在栈中存储的是一个引用地址,指向数据在堆中的存放位置。将第一个变量 v1 赋值给第二个变量 v2 时,实际上是把 v1 的引用地址赋值给 v2,这样 v1 和 v2 的引用相同,指向堆中的同一位置。在此以后,更改某个变量,另一个也会改变。本质上这两个变量的实际数据在堆中的同一个位置。

大多数复杂的 C# 数据类型,包括最重要的数据类型:类,都是引用类型。它们分配在堆中,其生存期可以跨多个方法调用,可以通过一个或几个别名来访问。CLR 执行一种精细的算法,来跟踪哪些引用对象仍是可以访问的,哪些引用对象已经不能访问了。CLR 会定期删除不能访问的对象,把它们占用的内存返回给操作系统。这是通过垃圾收集器实现的。

把占用存储空间少的类型(如 int 和 bool 等)规定为值类型,而把包含许多字段的较大类型规定为引用类型,这种设计可以得到较好的性能。

### 2.3.3 类型分类

C#中除了上面介绍的几种预定义类型,用户也可以自定义类型。所有的类型都可以分为两大类:值类型或引用类型。表2.6列举出了预定义类型和用户定义类型。

表2.6　C#中的所有类型及其分类

| 类　　型 | 值　　类　　型 | 引　用　类　型 |
|---|---|---|
| 预定义类型 | sbyte　byte　short　ushort　int　uint　long<br>ulong　float　double　decimal　char　bool | object　　string |
| 用户定义类型 | struct(结构)<br>enum(枚举) | class（类）<br>interface（接口）<br>delegate（委托）<br>array（数组） |

表中列出的用户定义类型只是大的分类,具体的类型需要用户定义.。NET类库中也提供了大量的用户定义类型,虽然.NET类库中的类型可以被直接使用,但它们不是预定义类型,属于用户自定义类型,只不过已经由.NET类库定义,例如前面用到的System.Console类。

### 2.3.4 字符串表示

string是C#的预定义引用类型,它的CTS名称是System.String。对string类型可以直接赋值,也可以相互赋值。

```
string s1="Hello";
string s2=s1;
s1="Welcome";
```

尽管这是一个值类型的赋值,但string是一个引用类型。String对象保留在堆上,而不是栈上。因此,当把一个字符串变量赋给另一个字符串时,会得到对内存中同一个字符串的两个引用。但是,string与引用类型在常见的操作上有一些区别。例如,修改其中一个字符串,另一个字符串没有改变。这是因为字符串对象的数据不能修改,重新赋值就会创建一个全新的string对象,该对象的引用地址也会指向新的对象。

换言之,改变s1的值对s2没有影响,这与引用类型正好相反。当用值"Hello"初始化s1时,就在堆上分配了一个新的string对象。在初始化string s2=s1时,s2的引用也指向这个对象,所以s2的值也是"Hello"。现在s1='Welcome'要为s1赋的值,堆上就会为新值分配一个新对象,而不是在原来的对象上替换值。s2变量仍指向原来的对象,所以它的值没有改变。这实际上是运算符重载的结果,这样,string类才能实现我们需要的直观的字符串赋值规则。

字符串常量要放在双引号中("..."),如果试图把字符串放在单引号中,编译器就会把它当作char,从而引发错误。C#字符串和char一样,可以包含转义字符,如果要在字符串中使用反斜杠字符,就需要用两个反斜杠字符\\来表示它:

```
string filepath="C:\\ProCSharp\\First.cs";
```

C#提供了另一种替代方式,可以在字符串常量的前面加上字符"@",在这个字符后的所有字符都看作是其原来的含义,不会解释为转义字符,这在包含大量"\"字符的字符串中非常方便。在这种形式中,如果字符串内部有双引号,则用两个双引号表示。上述字符串可表示为:

```
string filepath=@"C:\ProCSharp\First.cs";
```

string类有一个重要的属性Length,表示字符串中的字符个数。注意:不论中文还是英文字符都算一个。

string类提供了大量的方法,可以完成许多常见的字符串操作任务,如表2.7所示。

表2.7 string类的常用方法

| 方 法 | 作 用 |
| --- | --- |
| Compare | 比较字符串的内容,考虑文化背景(区域),确定某些字符是否相等,分别返回—1,0,1表示小于、等于、大于 |
| CompareOrdinal | 与Compare一样,但不考虑文化背景 |
| Concat | 把多个字符串实例合并为一个实例 |
| CopyTo | 把特定数量的字符从选定的下标复制到数组的一个全新实例中 |
| Format | 格式化包含各种值的字符串和如何格式化每个值的说明符 |
| IndexOf | 定位字符串中第一次出现某个给定子字符串或字符的位置 |
| IndexOfAny | 定位字符串中第一次出现某个字符或一组字符的位置 |
| Insert | 把一个字符串实例插入到另一个字符串实例的指定索引处 |
| Join | 合并字符串数组,建立一个新字符串 |
| LastIndexOf | 与IndexOf一样,但定位最后一次出现的位置 |
| LastIndexOfAny | 与IndexOfAny一样,但定位最后一次出现的位置 |
| PadLeft | 在字符串的开头,通过添加指定的重复字符填充字符串 |
| PadRight | 在字符串的结尾,通过添加指定的重复字符填充字符串 |
| Replace | 用另一个字符或子字符串替换字符串中给定的字符或子字符串 |
| Split | 在出现给定字符的地方,把字符串拆分为一个子字符串数组 |
| Substring | 在字符串中获取给定位置的子字符串 |
| ToLower | 把字符串转换为小写形式 |
| ToUpper | 把字符串转换为大写形式 |
| Trim | 删除首尾的空白 |

这张表并不完整,但可以认识到string类所提供的强大功能。

使用上述方法的时候要注意,若这些方法涉及对字符串进行修改,其结果并不用于修改原字符串,若需保存结果则需赋值,例如:

```
string s="abcdeabcde";
```

```
s.Replace("abc","123");           //s 的值并不变
s=s.Replace("abc","123");         //通过赋值将结果保存到 s
```

这些方法有的是静态方法,需要用类型名来引用,有的是实例方法,可以用该类型的变量引用,也可以用常量引用。

例如,Compare 是一个静态方法,CompareTo 则是一个实例方法,实现类似的功能,用法有所不同:

```
string.Compare(s, "abc");
s.CompareTo("abc");
"123".CompareTo("abc");
```

一个方法名可能有很多重载,Compare 就有 9 个重载方法,以实现不同形式的比较。有关方法的重载将在以后的章节介绍。

由于对 string 类型对象的每次赋值都会在内存中分配新的空间,如果重复多次,则系统的相关开销可能会比较大。为了解决这个问题,.NET 提供了 System.Text.StringBuilder 类。StringBuilder 不像 string 那样支持非常多的方法。在 StringBuilder 上可以进行的处理仅限于替换和添加或删除字符串中的文本。但是,它的工作方式非常高效。

StringBuilder 通常分配的内存会比需要的更多,为了便于扩展,可以选择显式指定 StringBuilder 要分配多少内存,但如果没有显式指定,存储单元量在默认情况下就根据 StringBuilder 初始化时的字符串长度来确定。它有以下两个主要的属性。

(1) Length 指定字符串的实际长度;

(2) Capacity 是字符串占据存储单元的最大长度。

对字符串的修改就在赋予 StringBuilder 实例的存储单元中进行,这就大大提高了添加子字符串和替换单个字符的效率。删除或插入子字符串仍然效率低下,因为这需要移动随后的字符串。只有执行扩展字符串容量的操作,才需要给字符串分配新内存,才可能移动包含的整个字符串。在添加额外的容量时,从经验来看,StringBuilder 如果检测到容量超出,且容量没有设置新值,就会使自己的容量翻倍。表 2.8 是 StringBuilder 类的常用方法和作用。

表 2.8 StringBuilder 类的常用方法

| 名 称 | 作 用 |
| --- | --- |
| Append() | 给当前字符串添加一个字符串 |
| AppendFormat() | 添加特定格式的字符串 |
| Insert() | 在当前字符串中插入一个子字符串 |
| Remove() | 从当前字符串中删除字符 |
| Replace() | 在当前字符串中,用某个字符替换另一个字符,或者用当前字符串中的一个子字符串替换另一个字符串 |
| ToString() | 把当前字符串转换为 System.String 对象(在 System.Object 中被重写) |

通常,特别是要对字符串进行频繁连接时,用 StringBuilder 就特别合适,其他场合一般用 string 就可以了。

## 2.3.5 格式化输出

**例2.4** 编写控制台应用程序,实现格式化输出效果。

(1) 代码编写如下:

```
//格式化字符串 FormatString
using System;
namespace ConsoleInputOutput
{
    class Program
    {
        static void Main(string[] args)
        {
            Console.WriteLine("{0,-15}{1,-40}{2,-7}","姓名","专业","成绩");
            Console.WriteLine("{0,-15}{1,-40}{2,7:F2}",
                "Zhang San","Public Management",85);
            Console.WriteLine("{0,-15}{1,-40}{2,7:F2}",
                "Li Si","Mechanical Engineering and Automation",76.5);
            Console.WriteLine("{0,-15}{1,-40}{2,7:F2}",
                "Liu XiaoLong","Automation",83.6);
            Console.ReadLine();
        }
    }
}
```

(2) 运行结果如图2.4所示。

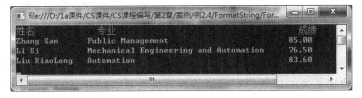

图2.4 例2.4运行结果

使用System.Console类的Write或WriteLine方法进行输出时,如果不进行字符串格式等设计,很难输出比较理想的效果。在格式字符串中除了可以包含用{0},{1}等形式的索引占位符外,还可以对每个占位符进行相关的设置。

可以为每个占位符指定宽度,调整文本在该宽度中的位置,正值表示右对齐,负值表示左对齐。为此可以使用格式{n,w},其中n是参数索引,w是宽度值。例如:

`Console.WriteLine("{0,-15}{1,-40}{2,-7}","姓名","专业","成绩");`

分别占15,40,7个字符位置,并且都是左对齐。

还可以添加一个格式字符串和一个可选的精度值。用于预定义类型的主要格式字符串如表2.9所示。

表 2.9　主要格式字符串

| 字符串 | 说　　明 |
|---|---|
| C | 本地货币格式 |
| D | 十进制格式,把整数转换为以 10 为基数的数,如果给定一个精度说明符,就加上前导"0" |
| E | 科学计数法(指数)格式。精度说明符设置小数位数(默认为 6)。格式字符串的大小写("e"或"E")确定指数符号的大小写 |
| F | 固定点格式,精度说明符设置小数位数,可以为 0 |
| G | 普通格式,使用 E 或 F 格式取决于哪种格式较简单 |
| N | 数字格式,用逗号表示千分符,例如 32,767.44 |
| P | 百分数格式 |
| X | 十六进制格式,精度说明符用于加上前导 0 |

**注意**:格式字符串都不需要考虑大小写,除 e/E 之外。

如果要使用格式字符串,应把它放在给出参数个数和字段宽度的标记后面,并用一个冒号把它们分隔开。例如:

```
int i=200;
double t=12345.6789;
Console.WriteLine("{0:x5}--{0,5}--{1,-10:f2}--{1:e4}",i,t);
```

运行结果如图 2.5 所示。

也可以使用 string 类的 Format 方法来格式化字符串。

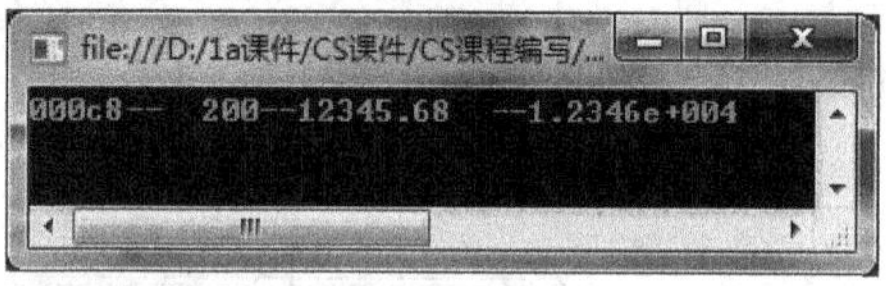

图 2.5　格式字符串作用

### 2.3.6　类型转换

C#拥有丰富的数据类型,所以类型之间的相互转换至关重要。因为不同的数据类型,表示数据的范围都有不同,所以在进行转换的过程中有可能造成数据丢失的现象。有可能造成丢失数量级的任何转换和引发异常的转换都需要执行显式转换。

**1. 显式转换**

在 C#中,可以使用转型运算符来执行转换。为了执行显式转换,要在()中指定希望转成的类型。显式转换可能会导致数据溢出或精度下降,也可能无法转换,导致一个异常。
例如:

```
long number1=555;
int number2=(int) number1;
```

这里由表示范围大的类型向表示范围小的类型转换,一定要用显式转换,否则会发生编译错误。在使用显式转换时,首先要确保数据能够转换成功,或者提供错误处理代码来处理不成功的情况。

**2. 隐式转换**

在某些情况下,比如从 int 类型转换成 long 类型时,绝对不会发生数据溢出,不会产生异常,而且转换后的数据不会发生根本性的改变,这时的转换无须使用转型运算符。

例如:

```
int number2=5555555;
long number1=number2;
```

这种情况只允许在表示范围小的类型向表示范围大的类型转换时发生。当然在不确定的时候也可以加上转型运算符。

上述显式转换和隐式转换只和数据类型有关,编译器通常并不考虑具体的值,例如:

```
int a=300U;
```

虽然 a 能够表示 300,但 int 类型表示范围并不能完全包含 uint 类型表示范围,所以该语句也不能通过编译。

**3. Parse 和 ToString**

每个基本数值类型都有 Parse 静态方法,可以将字符串转换成对应的数值类型。

**例 2.5** 输入圆的半径,求面积。

(1) 代码编写如下:

```
//求圆面积 AreaofCircle
using System;
namespace AreaofCircle
{
    class Program
    {
        static void Main(string[] args)
        {
            const double PI=3.14;
            double r,s;
            string t;
            Console.Write("请输入圆的半径:");
            t=Console.ReadLine();
            r=double.Parse(t);
            s=PI * r * r;
            Console.WriteLine("面积为{0}",s);
            Console.Read();
        }
    }
}
```

(2) 运行结果如图 2.6 所示。

由 Console.ReadLine()得到的是字符串,如果要转换成其他类型,通常使用 Parse()方法。另外,如果担心用户输入无效数值而引发异常,可以先使用 TryParse()方法,一旦转换失败,TryParse()方法不会引发异常。上述程序部分代码可用如下代码替换:

图 2.6 例 2.5 运行结果

```
if (double.TryParse(t,out r))
{
    s=3.14 * r * r;
    Console.WriteLine("和为{0}",s);
    Console.Read();
}
else
    Console.WriteLine("您输入的数据无效");
```

由于 ToString 方法是类 object 定义的可重写的方法，所有类型都支持 ToString() 方法，可以将任意类型转换成它的字符串表示。如果派生类没有重写该方法，则返回类型名称；对于各种预定义类型，ToString() 会返回值的字符串表示，C♯类库中也有些类型重写了该方法，返回相应值的字符串形式。当然用户可以为自己定义类型重写基类的 ToString 方法。

System.Convert 类提供了将一个基本数据类型转换为另一个基本数据类型的功能，它有很多进行转换的静态方法，但要依据实际情况进行转换，并且一定要注意异常处理问题。

例如：

```
string s="567";
int a=Convert.ToInt32(s);
bool b=Convert.ToBoolean(9898.9586);
```

## 2.4 运算符和表达式

C♯拥有丰富的运算符，用于在表达式中对一个或多个操作数进行计算并返回结果。表达式则是由操作数、运算符和圆括号按一定规则组成。表达式通过运算后产生运算结果，运算结果的类型由操作数和运算符共同决定。

### 2.4.1 运算符

C♯运算符按照类型分，有算术运算符、逻辑运算符、关系运算符、位运算符、赋值运算符等；按照操作数个数分，有一元运算符、二元运算符、三元运算符。使用运算符还要注意它们的优先级，其中一元运算符的优先级最高，赋值运算符的优先级最低。可以使用()来改变运算顺序。

**1．算术运算符**

算术运算符的符号及使用如表 2.10 所示。

表 2.10　算术运算符

| 运算符 | 说　明 | 表　达　式 | 结　果 |
| --- | --- | --- | --- |
| ＋ | 一元＋，没有影响 | ＋5 | 5 |
| － | 一元－，取反 | －5 | －5 |
| ＋ | 用于执行加法运算 | 1＋2 | 3 |

续表

| 运算符 | 说 明 | 表 达 式 | 结 果 |
|---|---|---|---|
| − | 执行减法运算 | 5−3 | 2 |
| * | 执行乘法运算 | 2*3 | 6 |
| / | 执行除法运算取商 | 8/3 | 2 |
| % | 获得除法运算的余数 | 7%5 | 2 |
| ++ | 一元增量 | i=3; j=i++; | 运算后,i的值是4,j的值是3 |
| ++ | 一元增量 | i=3; j=++i; | 运算后,i的值是4,j的值是4 |
| −− | 一元减量 | i=3; j=i−−; | 运算后,i的值是2,j的值是3 |
| −− | 一元减量 | i=3; j=−−i; | 运算后,i的值是2,j的值是2 |

**注意:**

优先级:一元运算的优先级最高,其次是*,/,%,其次是+,−。

/运算的结果:如果两个操作数都是整型,则结果也是整型,如8/3的结果是2,否则是浮点型。

++、−−运算:只能操作于变量,并会对变量进行增1或减1赋值,不能操作于常量或表达式。如果该运算包含在更大的表达式内部,要注意其前置和后置形式对整个表达式运算结果的影响。

**2. 赋值运算符**

表2.11列举了赋值运算符及其应用。

表2.11 赋值运算符及其应用

| 运算符 | 说 明 | 表 达 式 | 结 果 |
|---|---|---|---|
| = | 给变量赋值 | int a, b; a = 1; b = a; | 运算后,b的值为1 |
| += | 操作数1与操作数2相加后赋值给操作数1 | int a, b; a = 2; b = 3; b += a; | 运算后,b的值为5 |
| −= | 操作数1与操作数2相减后赋值给操作数1 | int a, b; a = 2; b = 3; b −= a; | 运算后,b的值为1 |
| *= | 操作数1与操作数2相乘后赋值给操作数1 | int a, b; a = 2; b = 3; b *= a; | 运算后,b的值为6 |
| /= | 操作数1与操作数2相除后赋值给操作数1 | int a, b; a = 2; b = 6; b /= a; | 运算后,b的值为3 |
| %= | 操作数1与操作数2相除取余赋值给操作数1 | int a, b; a = 2; b = 7; b%= a; | 运算后,b的值为1 |

**注意:**

赋值运算符的优先级总是最低。

赋值运算符是二元右结合运算符。

复合赋值运算符会使表达式书写更简洁,两个符号之间不要有空格。注意在复合赋值运算中,右边的表达式是作为整体参与运算的。

x*=y+z;    //等价于 x=x*(y+z),而不是 x=x*y+z。

**3. 关系运算符**

关系运算符的符号及使用如表 2.12 所示。

表 2.12  关系运算符及其应用

| 运算符 | 说　明 | 表达式 | 结　果 |
|---|---|---|---|
| > | 检查一个数是否大于另一个数 | 6>5 | true |
| < | 检查一个数是否小于另一个数 | 6<5 | false |
| >= | 检查一个数是否大于等于另一个数 | 6>=4 | true |
| <= | 检查一个数是否小于等于另一个数 | 6<=4 | false |
| == | 检查两个数是否相等 | 5==10 | false |
| != | 检查两个数是否不等 | 5!=6 | true |

注意:

关系运算符的优先级比算术运算符低,比赋值运算符高。

关系运算符的运算结果是 bool 型。

相等比较运算符是==,=是赋值运算符。

**4. 逻辑运算符**

逻辑运算符的表示及使用如表 2.13 所示。

表 2.13  逻辑运算符及其应用

| 运算符 | 说　明 | 表　达　式 | 结果 |
|---|---|---|---|
| && | 执行逻辑运算,检查两个表达式是否为真 | int a=5;(a<10 && a>5) | false |
| \|\| | 执行逻辑运算,检查两个表达式是否至少有一个为真 | int a=5;(a<10 \|\| a>5) | true |
| ! | 执行逻辑运算,检查特定表达式取反后是否为真 | bool result=true;!result; | false |

注意:

逻辑运算符!是一元运算,其优先级按一元运算符的优先级。

逻辑运算符‖和!的优先级比关系运算符低,比赋值运算符高。

**5. 其他运算符**

C#提供的字符串运算符只有一个+,可用于连接两个字符串,只要两个操作数中任一个是字符串,就会自动将另一个操作数用 ToString 方法转换为字符串再进行字符串的连接。

typeof()用于获取类型的名称。

sizeof()用于获取值类型的占用内存字节大小。

条件运算符是唯一的一个三元运算符,由"?"和":"组成,其形式为:

逻辑表达式?表达式 1:表达式 2

首先计算逻辑表达式的值,如果为 true,则运算结果为表达式 1,否则为表达式 2。例如,将 a,b 中较大的数赋值给 max:

max=(a>b) ? a: b

C#中还有一些运算符,在此不一一列出。

### 2.4.2 表达式

表达式由运算符和操作数组成。表达式的运算符指示对操作数适用什么样的运算,操作数包括各种字面常量、局部变量、字段和方法等类型成员。表达式既可以非常简单,也可以非常复杂。当表达式包含多个运算符时,运算符的优先级和结合性控制各运算符的运算顺序。可以用()将某些运算括起以使其优先运算。

表达式可以是单独的语句,当表达式最终的运算是赋值运算时,有时也称该表达式为赋值语句。表达式也可以作为方法的参数。

表达式书写时一定要遵循 C#语法规则的要求,要和数学习惯相区分。

## 2.5 控制流语句

前面介绍的各例子中,C#中的语句按照各语句出现的先后次序执行,C#语言也提供了控制程序流的语句,它们不是按代码在程序中的排列位置顺序执行的。

### 2.5.1 条件语句

条件语句可以根据条件是否满足或根据表达式的值控制代码的执行分支。C#有两个控制代码分支的结构:if 语句,用于测试特定条件是否满足;switch 语句,用于比较表达式和许多不同的值。

**1. if 语句**

对于条件分支,C#继承了 C 和 C++的 if…else 结构。对于用过程语言编程的人来说,其语法是非常直观的,例如:

```
if (condition)
    statement(s);
else
    statement(s);
```

如果在条件中要执行多个语句,就需要用花括号"{…}"把这些语句组合为一个块(这也适用于其他可以把语句组合为一个代码块的 C#结构,例如 for 和 while 循环)。

**例 2.6**  产生两个 100~200 之间的随机整数,按由小到大输出这两个数。

(1) 代码编写如下:

```
//比较大小 MaxOfTwoNumber
using System;
namespace MaxOfTwoNumber
{
```

```
class Program
{
    static void Main(string[] args)
    {
        int a,b;
        Random rnd=new Random();
        a=rnd.Next(100,201);
        b=rnd.Next(100,201);
        if (a >b)
            Console.WriteLine("升序值：{0},{1}",a,b);
        else
            Console.WriteLine("升序值：{0},{1}",a,b);
        Console.ReadLine();
    }
}
```

(2) 运行结果如图 2.7 所示。

图 2.7 例 2.6 运行结果

如果在条件中要执行多个语句，就需要用花括号{ }把这些语句组合为一个语句块(这也适用于其他可以把语句组合为一个语句块的 C# 结构，例如 for 和 while 循环)。还可以单独使用 if 语句，不加 else 语句。例 2.6 中的部分代码可修改为：

```
if (a>b)
{
    int temp=a;
    a=b;
    b=temp;
}
Console.WriteLine("升序值：{0},{1}",a,b);
```

也可以合并 else if 子句，测试多个条件。

**例 2.7** 将某门课程的百分制分数转换为等级。

(1) 代码编写如下：

```
//成绩转换 GradeTranslate
using System;
namespace GradeTranslate
{
    class Program
    {
        static void Main(string[] args)
        {
            double score;
            string grade;
            Console.Write("请输入成绩(0~100)：");
```

```
            score=double.Parse(Console.ReadLine());
            if (score >=90)
                grade="优";
            else if (score >=80)
                grade="良";
            else if (score >=70)
                grade="中";
            else if (score >=60)
                grade="及格";
            else
                grade="不及格";
            Console.WriteLine("您的成绩为{0},等级为{1}",score,grade);
            Console.ReadLine();
        }
    }
}
```

(2) 运行结果如图 2.8 所示。

图 2.8 例 2.7 运行结果

添加到 if 子句中的 else if 语句的个数没有限制。对于 if,要注意的一点是如果条件分支中只有一条语句,就无须使用花括号{}。但是,为了保持一致,许多程序员只要使用 if 语句,就加上花括号。

前面介绍的 if 语句还演示了用于比较数值的一些 C# 运算符。特别注意,与 C++ 和 Java 一样,C# 使用==对变量进行等于比较,此时不要使用=,=用于赋值。

在 if 语句中又包含一个或多个 if 语句成为 if 语句的嵌套,也可以进行多级的嵌套,上面程序的部分代码可改为：

```
if (score>=80)
    if (score>=90)
        grade="优";
    else
        grade="良";
else
    if (score>=60)
        if (score>=70)
            grade="中";
        else
            grade="及格";
    else
        grade="不及格";
```

这种嵌套使 if 语句的结构比较复杂,可读性较差,同时还要注意每个 else 和哪个 if 搭配,容易出现问题,应用时尽量避免。if…else if…形式其实也是一种嵌套,只是每次都将嵌套的 if 语句放置到 else 子句中,同时将 else if 移到一行,可读性比较好,不易出错。

在 C# 中,if 子句中的表达式必须等于布尔值。与 C++ 不同,C# 中的 if 语句不能直接测试整数(例如从函数中返回的值),而必须明确地把返回的整数转换为布尔值 true 或

false。

这个限制用于防止C++中某些常见的运行错误,特别是在C++中,当应使用==时,常常误输入=,导致不希望的赋值。在C#中,这常常会导致一个编译错误,因为除非在处理bool值,否则=不会返回bool。在for和while语句的条件部分,也应符合上述要求。

**2. switch 语句**

switch…case 语句适合于从一组互斥的分支中选择一个执行分支。其形式是switch参数的后面跟一组case子句,switch参数可以是整数类型,也可以是char和string以及枚举类型。如果switch参数中表达式的值等于某个case子句旁边的某个值,就执行该case子句中的代码,注意case的值必须是常量表达式,不允许使用变量。此时不需要使用花括号把语句组合到块中;只需使用break语句标记每个case代码的结尾即可。也可以在switch语句中包含一个default子句,如果表达式不等于任何case子句的值,就执行default子句的代码。

**例2.8** 使用switch语句测试计算每个月的天数(假设2月是28天)。

(1) 代码编写如下:

```csharp
//月份天数 DaysofMonth
using System;
namespace DaysofMonth
{
    class Program
    {
        static void Main(string[] args)
        {
            int days,month;
            Console.Write("请输入月份: ");
            month=int.Parse(Console.ReadLine());
            switch (month)
            {
                case 2:
                    days=28;
                    break;
                case 4:
                case 6:
                case 9:
                case 11:
                    days=30;
                    break;
                default:
                    days=31;
                    break;
            }
            Console.WriteLine("{0}月份有{1}天",month,days);
            Console.ReadLine();
```

            }
        }
}
```

(2) 运行结果如图2.9所示。

图2.9 例2.8运行结果

C和C++程序员应很熟悉switch…case语句,而C#的switch…case语句更安全。特别是每个case子句都必须包含break语句结束,否则编辑会出错。如果激活了块中靠前的一个case子句,后面的case子句就不会被激活,除非使用goto语句特别标记要激活后面的case子句。

### 2.5.2 循环

C#提供了4种不同的循环机制(for、while、do…while和foreach),在满足某个条件之前,可以重复执行代码块。for、while和do…while循环与C++中的对应循环相同。

**1. for循环**

C#的for循环提供的迭代循环机制是在执行下一次迭代前,测试是否满足某个条件,其语法如下:

```
for (initializer; condition; iterator)
    statement(s);
```

其中:

(1) initializer是指在执行第一次迭代前要计算的表达式(通常把一个局部变量初始化为循环计数器);

(2) condition是在每次迭代新循环前要测试的表达式(它必须等于true,才能执行下一次迭代);

(3) iterator是每次迭代完要计算的表达式(通常是递增循环计数器),当condition等于false时,停止迭代。

for循环是所谓的预测式循环,因为循环条件是在执行循环语句前计算的,如果循环条件为假,循环语句就根本不会执行。

for循环非常适合于一个语句或语句块重复执行预定的次数。下面的例子就是for循环的典型用法,这段代码输出九九乘法表。

嵌套的for循环非常常见,在每次迭代外部的循环时,内部循环都要彻底执行完毕。这种模式通常用于在矩形多维数组中遍历每个元素。最外部的循环遍历每一行,内部的循环遍历某行上的每个列。

**例2.9** 输出九九乘法表。

(1) 代码编写如下:

```
using System;
namespace Table99
{
    class Program
    {
        static void Main(string[] args)
```
```

```
        {
            for (int i=1; i<10; i++)
            {
                for (int j=1; j<10; j++)
                {
                    Console.Write("{0} * {1}={2,-3}",i,j,i * j);
                }
                Console.WriteLine();
            }
            Console.ReadLine();
        }
    }
}
```

(2) 运行结果如图 2.10 所示。

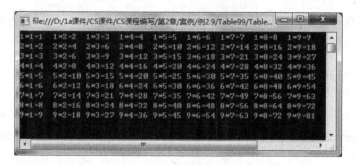

图 2.10　例 2.9 运行结果

在每次迭代外部的循环时,内部循环的计数器变量都要重新声明。这种语法不仅在 C♯ 中可行,在 C++ 中也是合法的。

尽管在技术上,可以在 for 循环的测试条件中计算其他变量,而不计算计数器变量,但这不太常见。也可以在 for 循环中忽略一个表达式(或者所有表达式)。但此时,最好考虑使用 while 循环。

**2. while 循环**

while 循环与 for 循环一样,也是一个预测试的循环。其语法是类似的,但 while 循环只有一个表达式:

```
while(condition)
    statement(s);
```

与 for 循环不同的是,while 循环最常用于下述情况:在循环开始前,不知道重复执行一个语句或语句块的次数。通常,在某次迭代中,while 循环体中的语句把布尔标记设置为 false,结束循环。

**例 2.10**　求 1+2+3+…,直到和等于或大于某个数为止。

(1) 代码编写如下:

```
using System;
```

```
namespace SumReach10000
{
    class Program
    {
        static void Main(string[] args)
        {
            int i=0,sum=0,reachnum;
            Console.Write("请输入要达到的数: ");
            reachnum=int.Parse(Console.ReadLine());
            while(sum<reachnum)
            {
                i++;
                sum+=i;
            }
            Console.WriteLine("i={0},sum={1}",i,sum);
            Console.ReadLine();
        }
    }
}
```

（2）运行结果如图2.11所示。

注意，如果输入0或者负数，上述循环一次也不执行。

图2.11 例2.10运行结果

**3. do…while 循环**

do…while 循环是 while 循环的后测试版本。它与 C++ 和 Java 中的 do…while 循环相同，该循环的测试条件要在执行完循环体之后执行。因此 do…while 循环适合于至少执行一次循环体的情况。

**例 2.11** 猜数游戏。产生一个随机数，用户猜数，提示大小，直到猜到为止。

（1）代码编写如下：

```
//猜数游戏 GuessNumber
using System;
namespace GuessNumber
{
    class Program
    {
        static void Main(string[] args)
        {
            int times=0,userNumber,guessNumber;
            Random rnd=new Random();
            guessNumber=rnd.Next(30);
            do
            {
                times++;
                Console.Write("请猜数(0~30): ");
```

```
            userNumber=int.Parse(Console.ReadLine());
            if (userNumber>guessNumber)
                Console.WriteLine("您猜大了");
            else if (userNumber<guessNumber)
                Console.WriteLine("您猜小了");
        }
        while (userNumber!=guessNumber);
        Console.WriteLine("userNumber={0},guessNumber={1},Times={2}",
            userNumber,guessNumber,times);
        Console.ReadLine();
        }
    }
}
```

(2) 运行结果如图 2.12 所示。

由于该循环至少需要执行一次,所以用这种形式编写比较方便。要注意:

```
while (userNumber!=guessNumber);
```

这里的分号是必须的。

图 2.12　例 2.11 运行结果

**4. foreach 循环**

foreach 循环是本书讨论的最后一种 C♯ 循环机制。其他循环机制都是 C 和 C++ 的最早期版本,而 foreach 语句是新增的循环机制,也是非常受欢迎的一种循环。

foreach 循环可以迭代集合中的每一项。集合的例子有 C♯ 数组、System.Collection 命名空间中的集合类,以及用户定义的集合类。第 4 章将介绍集合与数组。从下面的代码中可以了解 foreach 循环的语法,其中假定 arrayOfInts 是一个整型数组:

```
foreach (int nVariable in arrayOfInts)
{
    Console.WriteLine(temp);
}
```

其中,foreach 循环每次迭代数组中的一个元素。它把每个元素的值放在 int 型的变量 nVariable 中,然后执行一次循环迭代。foreach 循环的特点在于:不会出现计数错误,也不可能越过集合边界。

注意,foreach 循环不能改变集合中各项(上面的 nVariable)的值,所以下面的代码不会编译:

```
foreach (int nVariable in arrayOfInts)
{
    intVariable++;
    Console.WriteLine(nVariable);
}
```

如果需要迭代集合中的各项,并改变它们的值,就应使用 for 循环。

**例 2.12** 显示整数数组的内容。

(1) 代码编写如下：

```csharp
//显示数组值 DisplayArray
using System;
namespace DisplayArray
{
    class Program
    {
        static void Main(string[] args)
        {
            int[] arrayOfInts=new int[] { 10,20,30,40,50 };
            foreach (int nVariable in arrayOfInts)
            {
                //nVariable++;          //错误,不能为其赋值
                Console.WriteLine(nVariable);
            }
            Console.ReadLine();
        }
    }
}
```

图 2.13　例 2.12 运行结果

(2) 运行结果如图 2.13 所示。

### 2.5.3　跳转语句

C♯提供了许多可以立即跳转到程序中另一行代码的语句，在此，先介绍 goto 语句。

**1. goto 语句**

goto 语句可以直接跳转到程序中用标签指定的另一行(标签是一个标识符,后跟一个":"号)：

```csharp
goto Label1;
Console.WriteLine("This won't be executed");
Label1:
    Console.WriteLine("Continuing execution from here");
```

goto 语句有两个限制。不能跳转到像 for 循环这样的代码块中,也不能跳出类的范围,不能退出 try…catch 块后面的 finally 块。

由于 goto 语句可以灵活跳转,如果不加限制,会破坏结构化设计风格。而且,goto 语句经常带来错误或隐患。它可能跳过了某些对象的构造、变量的初始化、重要的计算等语句,所以在大多数情况下不允许使用它。但是有一个地方使用它是相当方便的,即在 switch 语句的 case 子句之间跳转,这是因为 C♯的 switch 语句在故障处理方面非常严格。

**2. break 语句**

前面简要提到过 break 语句,在 switch 语句中使用它退出某个 case 语句。实际上,break 也可以用于退出 for、foreach、while 或 do…while 循环,该语句会使控制流执行循环后

面的语句。

如果该语句放在嵌套的循环中,就执行最内部循环后面的语句。如果 break 放在 switch 语句或循环外部,就会产生编译错误。

**3. continue 语句**

continue 语句类似于 break,也必须在 for、foreach、while 或 do…while 循环中使用。但它只退出循环的当前迭代,开始执行循环的下一次迭代,而不是退出循环。

**4. return 语句**

return 语句用于退出类的方法,把控制权返回方法的调用者,如果方法有返回类型,return 语句必须返回这个类型的值,如果方法没有返回类型,应使用没有表达式的 return 语句。

## 2.6 异常处理

异常用来处理程序系统级的和应用程序级的错误状态。它是一种结构化的,类型安全的处理机制。在C#中,所有异常都由 System.Exception 类派生。System.Exception 类是所有异常类的基类。在C#中,.NET 类库为各种异常都定义了相应的异常类,使得对于代码出错的判断变得非常简单。在代码的执行过程中,如果代码的执行出现了一些意外的情况,使某些操作无法完成,这时系统就会抛出异常,用来提示程序开发人员问题可能出现在哪个地方。异常是一个判断代码逻辑问题的工具。

### 2.6.1 异常处理机制

C#中通过使用 try 语句来定义代码块,try 语句的作用是将认为可能出现问题的代码置于 try 块中,当问题发生时,代码的异常就会被捕捉到并进行处理,这样可以避免直接导致程序运行出错。

try 语句通常与 catch 语句或 finally 语句联合使用。下面是 try 语句的一般格式:

```
try
{
    //可能引发异常的语句
}
catch(异常类型 异常变量)
{
    //该类型异常发生时执行的代码
}
final
{
    //最终必须执行的代码,如释放资源等
}
Console.WriteLine("This won't be executed");
```

C#中通过使用 try 语句块对可能受到异常影响的代码分区,catch 语句是用来捕捉 try 语句抛出的异常,并可以使用一个语句块对异常进行处理。如果对 try 语句可能抛出哪类异常不熟悉,那么可以使用 Exception 类的一个变量来接收抛出的异常。因为 Exception 是所有异常类的基类,所有异常类都可以隐式转换到 Exception 类,使用 Exception 类型的变量可以捕捉所有异常。当代码可能产生不同的异常,而且应该对不同的异常进行处理时,需要明确需要捕捉的异常类型,然后在代码块中进行处理。C#有丰富的异常类型和层次结构,以下是常用的一些异常类型。

Exception:所有异常对象的基类。

SystemException:运行时产生的所有错误的基类。

IndexOutOfRangeException:当一个数组的下标超出范围时运行时引发。

ArithmeticException:出现算术上溢或者下溢。

DivideByZeroException:除零异常。

NullReferenceException:当一个空对象被引用时运行时引发。

InvalidOperationException:当对方法的调用对对象的当前状态无效时,由某些方法引发。

ArgumentException:所有参数异常的基类。

ArgumentNullException:在参数为空(不允许)的情况下,由方法引发。

ArgumentOutOfRangeException:当参数不在一个给定范围之内时,由方法引发。

一个 try 语句可以和多个 catch 语句搭配,处理不同类型的异常。用户也可以从已有异常类派生更为特殊的异常。如果对捕捉到的异常类型没有兴趣,而是只需要执行一些代码,那么这时可以使用不带任何参数的 catch 语句。这样的语句只能放在所有 catch 语句的最后面。

finally 语句也可以和 try 语句联用,它的意思是,无论 catch 语句是否捕捉异常,finally 语句的代码块中的语句是无论如何也要执行,这部分代码多用于释放在 try 块中占用的资源(如关闭文件、断开数据库连接等),避免继续占用资源导致系统性能下降。

**例 2.13**  新建或覆盖已有文件,并将文本写入到文件。如果用户对文件夹没有写权限,或已有同名文件为只读,则会产生异常。

(1) 代码编写如下:

```
//异常示例 SampleException
using System;
using System.IO;
namespace SampleException
{
    class Program
    {
        static void Main(string[] args)
        {
            StreamWriter write=null;
            try
            {
                //新建文本文件或覆盖已有文件,并写入文本
                write=File.CreateText(@ "C:\c#\welcome.txt");
```

```
            write.WriteLine("欢迎来到 C#World!");
        }
        catch (UnauthorizedAccessException e)
        {
            Console.WriteLine(e.Message);        //Message 属性描述当前异常的消息
        }
        finally
        {
            if(write!=null)
                write.Close();
        }
        Console.ReadLine();
    }
}
```

（2）运行结果如图 2.14 所示。

图 2.14  例 2.13 运行结果

### 2.6.2 抛出异常

前面介绍过的语句都是用来捕获和处理异常，throw 语句却用于引发一个异常。也就是说，一个异常的产生可以由 throw 语句抛出，抛出的异常必须被捕捉处理，否则程序执行会出错。throw 语句主要用于程序的测试，有时难以设计出某种异常发生的测试用例，这时可用 throw 语句模拟产生一种异常，观察这种异常对系统的影响，以及是否能够正确处理这种异常。

**例 2.14**  throw 语句抛出异常示例。程序调试完成后可将其注释或删除。

（1）代码编写如下：

```
//抛出异常示例 ThrowException
using System;
namespace ThrowException
{
    class Program
    {
        static void Main(string[] args)
        {
            int m,t=123,s=0;
            Console.Write("请输入 m:");
            m=int.Parse(Console.ReadLine());
            try
            {
                s=s+100/(m * 6+t / m-m * m);
                //throw new DivideByZeroException("尝试除以零!");
            }
            catch (DivideByZeroException e)
            {
```

```
            Console.WriteLine(e.Message);
        }
        Console.WriteLine("m={0},s={1}",m,s);
        Console.ReadLine();
    }
  }
}
```

(2) 运行结果如图 2.15 所示。

在编程中应当尽量避免为预料之中的情况或者正常的控制流引发的异常。比如,编程者应该预料到用户可能在输入数据时输入了不符合要求的数据,导致数据不能转换为需要的类型,这时应该在转换之前对数据进行检查。由 string 类型转换为其他基本类型可以尽量用 TryParse 的转换代替 Parse,这样就不会导致异常。本书中很多例子为了代码简洁,通常对这种情况没有处理,但如果是一个应用型的系统,则必须考虑这些情况。

图 2.15　例 2.14 运行结果

异常通常用来跟踪例外的、不可预见的问题,或在使用外部资源时可能会面临不可控制的问题。

## 小　结

本章主要介绍 C#语法的基础知识,涉及的内容比较多,但如果学习过 C/C++ 以及 Java 语言,就会发现很多知识基本一致,但相对于 BASIC 语言,则有较大差异,学习过程中要特别注意。学习本章后读者应当:

(1) 掌握 C#程序的基本组成。
(2) 理解命名空间的概念和作用。
(3) 掌握变量和常量的声明与使用。
(4) 掌握 C#中的各种数据类型,以及值类型和引用类型的区别,类型转换的方法。
(5) 掌握 C#中的运算符和表达式。
(6) 掌握 C#中的主要控制流语句。
(7) 了解 C#中的异常处理机制。

# 第3章　C♯面向对象编程

C♯语言是一种现代、面向对象的语言。面向对象程序设计方法提出了一个全新的概念——类，它的主要思想是将数据(数据成员)及处理这些数据的相应行为(函数成员)封装到类中，类的实例则称为对象，也就是常说的封装性。同时类也支持继承和多态性，通过派生类来进行扩展。本章还将介绍接口、委托、结构、枚举等用户自定义类型的设计。

通过本章的学习，读者应掌握.NET中面向对象编程的主要自定义类型的设计实现。

## 3.1　类的基本概念

类是最基础的C♯类型。类是一个数据结构，将状态(字段)和操作(方法和其他函数成员)组合在一个单元中。类为动态创建的类实例提供了定义，实例也称为对象。当定义类的时候，实际上是定义了一种数据结构的模板，程序员可以使用这个模板创造出类的实例。这个实例位于内存的堆中，而引用地址位于内存的栈中，它指向了堆中的实例。

### 3.1.1　类的声明

类声明可以创建新类，每一个新创建的类都是一个新的自定义类型。类声明以一个声明头开始，先指定类的属性和修饰符，然后是类的名称，接着是基类(如有)以及该类实现的接口：

```
[类修饰符] class 类名称 [:基类或接口]
```

声明头后面跟着类体，它由一组位于一对大括号{和}之间的成员声明组成。

下面是一个类的最简单的声明：

```
class Employee
{
    //类体,可声明各种类成员
}
```

该类目前不包含任何成员。类是一个用户新定义的数据类型，由它可以生成Employee类的实例，也称作对象。类的实例使用new运算符创建，该运算符为新的实例分配内存，调用构造函数初始化该实例，并返回对该实例的引用。下面的语句创建两个Employee对象：

```
Employee emp1=new Employee();
Employee emp2=new Employee();
```

当不再使用对象时，该对象占用的内存将自动收回。

### 3.1.2　类成员

类是一个能存储数据并执行代码的数据结构，它包含以下两部分内容。

数据成员：它存储与类或类的实例相关的数据。数据成员通常模拟该类所表示的现实世界事物的特性，包括字段、常量和事件。

函数成员：提供了操作类中的数据的功能，包括方法、属性、构造函数和析构函数、运算符、索引器等。

表 3.1 列举出了类的成员。

表 3.1 类的成员

| 成 员 | 说 明 |
| --- | --- |
| 常量 | 与类关联的常数值 |
| 字段 | 类的变量 |
| 方法 | 类可执行的计算和操作 |
| 事件 | 可由类生成的通知 |
| 属性 | 与读写类的命名属性相关联的操作 |
| 索引器 | 与以数组方式索引类的实例相关联的操作 |
| 运算符 | 类所支持的转换和表达式运算符 |
| 构造函数 | 初始化类的实例或类本身所需的操作 |
| 析构函数 | 在永久丢弃类的实例之前执行的操作 |
| 类型 | 类所声明的嵌套类型 |

**1. 数据成员**

数据成员包含类的数据，即字段、常量和事件。数据成员可以是静态数据（与整个类相关）或实例数据（类的每个实例都有它自己的数据副本）。通常类成员总是实例成员，除非用 static 进行了显式的声明。

字段是与类相关的变量。在声明类的字段时，可以同时赋初值。

```
class Employee           //类的定义,class 是保留字,表示定义一个类,Employee 是类名
{
    public string name;      //类的字段(数据)声明
    public int age=30;       //类的字段(数据)声明,可以同时赋初值
}
```

一旦实例化了 Employee 对象，就可以使用"对象名.字段名"来访问这些字段。例如：

```
Employee emp1=new Employee();
emp1.name="李明";
emp1.age=20;
```

使用 const 关键字来声明常量，在声明的同时必须赋值，否则会出现编译错误。

常量与类的关联方式同字段与类的关联方式不同。常量属于类，不属于类的实例，所以在该类的外部访问，须使用"类名.字段名"来访问常量，且不能对其赋值。

```
class Employee
```

```
    {
        public int id;
        public string name;
        public int age=20;
        public const int minAge=18;        //类的常量(数据)声明,必须同时赋值
    }
```

声明了类的实例 emp1 后,不能通过 emp1.minAge 访问类的常量,须通过 Employee.minAge 来访问。

事件是类的成员,在发生某些行为(例如改变类的字段或属性,或者进行了某种形式的用户交互操作)时,它可以让对象通知调用程序。客户可以包含所谓"事件处理程序"的代码来响应该事件。

**2. 函数成员**

函数成员提供了操作类中数据的某些功能,包括方法、属性、构造函数和析构函数、运算符以及索引器。

方法是与某个类相关的函数,它们可以是实例方法,也可以是静态方法。实例方法处理类的某个实例,静态方法提供了更一般的功能,不需要实例化一个类(前面频繁使用的 Console.WriteLine()方法,即是 Console 类的一个静态方法)。

```
class Employee
{
    public int id;
    public string name;
    public int age=20;
    public void Display()            //类的方法(函数)声明,显示姓名和年龄
    {
        Console.WriteLine("工号:{0},姓名:{1},年龄: {2}",id,name,age);
    }
}
```

属性是一种函数成员,但其访问方式与访问类的公共字段类似。C#为读写类的属性提供了专用语法,所以不必使用那些名称中嵌有 Get 或 Set 的类似于 GetName、SetAge 等的方法。

构造函数是在实例化对象时自动调用的函数。它们必须与所属的类同名,且不能有返回类型。构造函数用于初始化字段的值。

析构函数类似于构造函数,但是在 CLR 检测到不再需要某个对象时调用。它们的名称与类相同,但前面有一个~符号。析构函数在 C#中比在 C++中用得少得多,因为 CLR 会自动进行垃圾收集,另外,不可能预测什么时候调用终结器。

运算符执行的最简单的操作就是+和-。在对两个整数进行相加操作时,严格地说,就是对整数使用+运算符。C#还允许指定把已有的运算符应用于自己的类(运算符重载)。

索引器允许对象以数组或集合的方式进行索引。

**3. 静态成员和实例成员**

前面例子中的大多数成员是属于每个实例的,因此它是实例成员。还有一种成员是

属于类的,这种成员叫作静态成员。什么时候需要实例成员以及什么时候需要静态成员,要看代码编写的需要。如果一个成员在这个类的每个实例中都存在,而且可能各不相同,每个实例都有对它进行设置或应用的需要,那么它就应该定义成一个实例成员。如果一个成员是类的各个实例共同的特点或应用,不是针对具体实例,则这个成员需要设置成静态成员。当定义成静态成员之后,每个实例对它的改动和设置,都会影响其他的实例使用该成员。

如果程序创建的员工实例都属于同一个公司,可为员工类设置共同的字段 companyName,则可以设置静态字段:

```
public static string companyName;              //类的字段(数据)声明
```

类的方法、属性、事件等也可声明为静态成员。声明静态成员只需在实例成员的基础上添加关键字 static。

在该类的内部,比如类的某个方法内,静态成员和实例成员都可以直接使用成员名称来引用。另外,为了与局部变量更易区分,同时更好地利用 VS.NET 平台的智能感知功能,实例成员还可以使用"this.成员名称"来引用,静态成员则可以使用"类名.成员名称"来引用。

在该类的外部,主要是在其他类中,比如在 class Program 的 Main 方法中,实例成员必须先创建类的实例,然后必须使用"对象名.成员名称"来引用,静态成员不需创建类的实例,必须使用"类名.成员名称"来引用,否则都会出现编译错误。

**4. 成员的访问修饰符**

在类的内部,任何函数成员都可以使用成员的名称访问类中任意的其他成员。

访问修饰符是成员声明的可选部分,可添加到每个成员声明的最前面。有 5 种访问控制,最常用的是私有访问(private)和公有访问(public)。表 3.2 列举出了常用的访问修饰符。

表 3.2 访问修饰符

| 修饰符 | 应用 | 说明 |
| --- | --- | --- |
| public | 所有的类型或成员 | 任何代码均可以访问 |
| private | 所有的类型或成员 | 只能在它所属的类型中访问 |
| protected | 类型和内嵌类型的所有成员 | 只有派生的类型能访问 |
| internal | 类型和内嵌类型的所有成员 | 只能在包含它的程序集中访问 |
| protected internal | 类型和内嵌类型的所有成员 | 只能在包含它的程序集和派生类型的代码中访问 |

私有访问是类的成员的默认访问级别,如果一个成员在声明时不带访问修饰符,那它则是私有成员。私有成员只能从声明它的类的内部访问,其他的类不能看见或访问它们。如果将相应的字段设置为私有 private,则在类的外部,比如另一个类 Program 的 Main 方法中,则不可访问该字段。

公有成员可以被程序中的其他对象访问,必须使用 public 访问修饰符指定公有访问。

## 3.2 字段、属性和索引器

一般把类或结构中定义的变量和常量叫字段。属性不是字段,本质上是定义修改字段的方法,由于属性和字段的紧密关系,把它们放到一起叙述。索引器则可以简化大量数据的访问。

### 3.2.1 静态字段、实例字段、常量和只读字段

字段是在类中声明的成员变量,用来存储描述类特征的值。字段可以被该类中声明的成员函数访问,根据字段的访问控制,也可以在其他类中通过该类或该类的实例进行访问。字段可以是任意变量类型。

字段和局部变量的声明在形式上相似,但是本质上是不同的。局部变量是在类型的函数成员中加以声明,是为了编程需要而声明的临时性变量,根据局部变量的类型,值类型变量存储在栈中,引用类型则将引用地址存放在栈中,实际数据存放在堆中。注意,在类的函数成员内部声明的变量都是局部变量,不是类的字段,它们不属于该类的数据结构中的一部分,所以与类的数据在存储上并没有什么关系。字段则是在类的声明部分加以声明,是类的数据结构的组成部分,实例字段存储在类的实例所在堆中的存储区内。

修饰符 static 声明的字段为静态字段。不管包含该静态字段的类生成多少个实例或根本无实例,该字段都能引用,静态字段不能被撤销。在类的外部必须采用如下方法引用静态字段:"类名.静态字段名"。如果类中定义的字段不使用修饰符 static,该字段为实例字段,每创建该类的一个对象,在对象内创建一个该字段实例,创建它的对象被撤销,该字段对象也被撤销,在类的外部,实例字段采用如下方法引用:"实例名.实例字段名"。如果类的所有实例都共享同一个数据,则需将该数据设置为静态字段。

用 const 修饰符声明的字段为常量,常量只能而且必须在声明中初始化,以后不能再修改。常量在引用时类似于静态字段,也属于类的所有实例的共享数据,必须用"类名.常量名"来引用。常量与静态字段的区别在于必须在声明中初始化且在其他任何场合只能应用它,并且不能改变它的值,而静态字段是可以改变的。另外,常量只能是基本类型。注意:常量无须也不能加 static 修饰符。

用 readonly 修饰符声明的字段为只读字段,只读字段是特殊的实例字段,它只能在字段声明中或构造函数中重新赋值,在其他任何地方都不能改变只读字段的值。虽然和常量类似,只读字段可以是实例只读字段,每个创建的实例都有这样一个成员,所以实例只读字段通常都需在构造函数中初始化,在类的其他函数成员中不能改变其值,比如在 Employee 中,每个员工的工号字段 id 如果不需修改,则将可以设置为只读字段,同时由于每个员工的工号是不同的,需要设置为实例只读字段,它们通常在构造函数中初始化。

在类本身或类的所有实例共享同一个只读数据,则可以加上 static 修饰符变为静态只读字段,它的功能和常量比较类似。在具体设计时要选择用常量还是静态只读字段。静态只读字段除了在声明中赋值,还可以在构造函数中赋值,另外,它可以是任意已声明的类型。如果该数据在编码时不确定,需要在构造函数中设置其值,或者该数据不是基本类型,则只能使用静态只读字段。

例 3.1 创建用户自定义员工类 Employee,包含实例字段、静态字段、常量和只读字

段,并在 Program 类中创建 Employee 的实例 emp1,对 emp1 中的字段进行访问。

(1) 代码编写如下:

```csharp
//类的数据成员 EmployeeDataMember.cs
using System;
namespace EmployeeDataMember
{
    class Employee              //类的定义,class 是保留字,表示定义一个类,Employee 是类名
    {
        public readonly int id;                 //类的只读字段声明
        public string name;                     //类的字段声明
        public int age=20;                      //类的字段声明,可以在声明同时赋值,
        public const int minAge=18;             //类的常量声明,必须同时赋值,不可改变
        public static string companyName;       //类的静态字段(数据)声明
        public void Display()                   //类的方法(函数)声明,显示姓名、年龄和公司
        {
            Console.WriteLine("姓名:{0},年龄:{1},公司:{2}",
                name,age,companyName);
                //this.name,this.age,Employee.companyName;可以这种形式访问
        }
    }
    class Program
    {
        static void Main(string[] args)
        {
            Employee.companyName="ABC";              //静态字段须用类名来引用
            Employee emp1=new Employee();
            emp1.name="李明";
            emp1.age=25;
            //emp1.id=1001; 错误,只读字段只能在声明时或构造函数中赋值
            Employee.companyName="ABC";              //类的静态字段须用类名来引用
            if (emp1.age<Employee.minAge)            //常量须用类名来引用
                Console.WriteLine("不符合最低年龄要求");
            else
                Console.WriteLine("姓名:{0},年龄:{1},公司:{2}",
                    emp1.name,emp1.age,Employee.companyName);;
            Employee emp2=new Employee();
            emp2.Display();                          //调用类的方法
            Console.ReadLine();
        }
    }
}
```

(2) 运行结果如图 3.1 所示。

图 3.1 例 3.1 运行结果

**说明:**

(1) 如果类的字段没有赋值,则会自动赋默认初值,数值型为 0,字符串型为空字符串,这点和局部变量有明显区别,局部变量必须赋值后才能引用。

(2) 在类的内部和外部访问类的成员的方式不同。

(3) 实例成员和静态成员的方式不同。

(4) 将实例中的某个字段的访问控制 public 去掉或改为 private，则会产生编译错误。

### 3.2.2 属性

在前例中类的数据成员的访问修饰符都设置为 public，这样在类的外部都能直接访问类的成员。面向对象编程的封装性原则一般要求不能直接访问类中的数据成员。属性不是字段，但通常和类中的某个或某些字段相联系，属性提供了读取和修改相联系的字段的方法。为了解决封装型和外部访问的矛盾，C♯通常使用属性来提供对数据成员的访问。

**1. 属性的声明和访问**

C♯中的属性更充分地体现了对象的封装性：不直接操作类的数据内容，而是通过访问器进行访问，借助于 get 和 set 方法对字段的值进行读写。访问属性值的语法形式和访问一个字段基本一样，使访问属性就像访问字段一样方便，符合习惯。

例 3.2  将封装类 Employee 中的字段的访问控制都改为 private，对外提供属性访问方式。

(1) 代码编写如下：

```csharp
//类的属性 AttributeTest.cs
using System;
namespace AttributeTest
{
    class Employee
    {
        private string name;
        private int age;
        private double salary=3000;
        public string Name
        {
            get { return name; }
            set { name=value; }
        }
        public int Age
        {
            get { return age; }
            set { age=Math.Abs(value); }
        }
        public double Salary
        {
            get { return salary; }
        }
    }
    class Program
    {
```

```csharp
        static void Main(string[] args)
        {
            Employee ps=new Employee();
            //ps.name="李明";           //错误,为私有访问控制,不能从类的外部访问
            //ps.age=25;                //错误,为私有访问控制,不能从类的外部访问
            ps.Name="李明";
            ps.Age=-25;                 //set 访问器会将其求绝对值,赋值给 salary 字段
            //ps.Salary=4000;           //错误,该属性没有 set 方法,不能在外部赋值
            Console.WriteLine("姓名:{0},年龄:{1},工资:{2}",
                ps.Name,ps.Age,ps.Salary);
            Console.ReadLine();
        }
    }
}
```

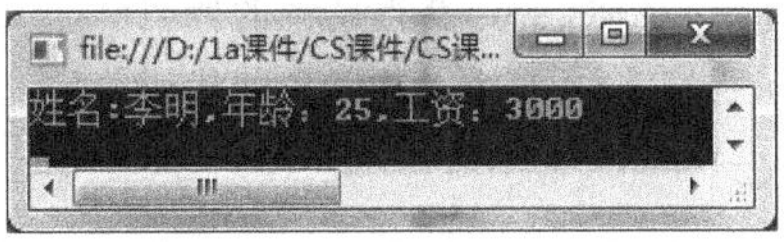

(2) 运行结果如图 3.2 所示。

图 3.2　例 3.2 运行结果

在例 3.2 中,属性和字段一一对应,只是首字母大小写不同。这只是较普遍采用的命名方式,并非 C♯ 语法的要求。属性在外部类(类 Program)中使用感觉和字段很相似,但要注意,一个属性实际上对应着 get 和 set 两个方法。当读取属性值时执行 get 方法,所以 get 方法一定要有 return 语句,返回值要和属性类型一致。当为属性赋值时,执行 set 方法,值会以 value(相当于参数)传递。虽然不是必需,但从意义上讲一个属性通常都需要和一个或多个字段相关联,至于如何关联,则需要在 get 和 set 方法中编码实现,所以说属性和字段的关联并非依靠名称,完全靠编码实现。在 get 和 set 方法中还可以编写更多的代码以进行逻辑处理,对数据进行验证、计算等,Age 属性的 set 方法则将传来的 value 值求绝对值后赋值给 age 字段。

属性能够比字段提供更丰富的访问控制。如例 3.2 中的 Salary,属性还可以只设置 get 或 set 方法,则该属性改变为只读属性或只写属性。如果设置了只读或只写属性,并不影响在类的内部对实际字段的读写引用。属性实际上是提供了对相应字段的读写方法,但在使用时又和字段的使用一样方便,符合习惯。

还可以单独对 set 方法或 get 方法进行访问控制,使属性的访问控制更加灵活。

**2. 自动实现的属性**

如果属性访问不需要其他额外逻辑时,使用自动实现的属性声明会非常简洁。

```csharp
class Employee
{
    public string Name
    {
        get;
        set;
    }
}
```

这时会自动创建一个私有的匿名字段,作为该属性操作相关联的实际字段,自动创建的属性必须同时有 get 和 set 方法。在很多类的设计中,如果字段比较简单,通常都用自动属

性进行设置。可以为 get 或 set 方法设置 private 访问控制,则该属性对外只写或只读。如果该属性只供类内部使用,将属性的访问控制改为 private 即可。

### 3.2.3 索引器

C#中的类成员可以是任意类型,包括数组和集合。当一个类包含数组和集合成员时,索引器将大大简化对数组或集合成员的存取操作。

定义索引器的方式与定义属性有些类似,其一般形式如下:

```
[修饰符]类型 this[参数表]
{
    get { //获得属性的代码 }
    set { //设置属性的代码 }
}
```

类型是表示将要存取的数组或集合元素的类型。

索引器类型表示该索引器使用哪一类型的索引来存取数组或集合元素,可以是整数,可以是字符串;this 表示操作本对象的数组或集合成员,可以简单地把它理解成索引器的名字,因此索引器不能具有用户定义的名称。

通过索引器可以存取类的实例的索引成员,操作方法和数组相似,一般形式如下:

对象名[索引]

其中,索引的数据类型必须与索引器的索引类型相同。

**例 3.3** 为类添加索引器,使类的实例能以数组的形式访问类的内部各级成员。

(1) 代码编写如下:

```
using System;
namespace Indexer
{
    class SampleIndex
    {
        //可容纳 5 个整数的整数集
        private double[] arr=new double[5]{1,2,3,4,5};
        public double this[int index]              //声明索引器
        {
            get
            { //检查索引范围
                if (index<0 || index>=5)
                {
                    return 0;
                }
                else
                {
                    return arr[index];
                }
```

```
            }
            set
            {
                if (index>=0 && index<5)
                {
                    arr[index]=value;
                }
            }
        }
    }
    class Program
    {
        static void Main(string[] args)
        {
            SampleIndex smpIndex=new SampleIndex();
            smpIndex[3]=3.5;
            //smpIndex[5]=17.5;                    //错误,索引超出范围
            for (int i=0; i<6;i++)
            {
                Console.WriteLine("smpIndex[{0}]={1}",i,smpIndex[i]);
                //不使用索引器需这样访问：smpIndex.arr[i].
            }
            Console.ReadLine();
        }
    }
```

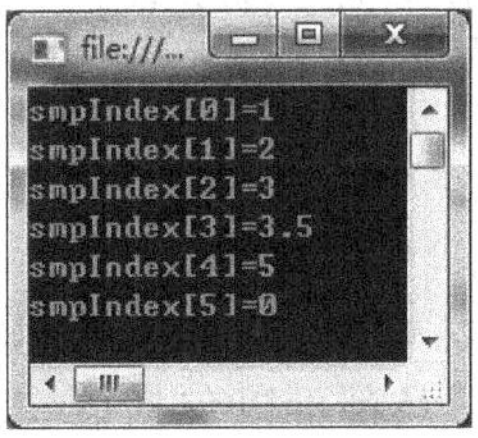

（2）运行结果如图3.3所示。

类的索引器需要为数据读写建立 get 和 set 方法。在 get 方法中,通过代码控制超过数组范围的索引,返回 0,因此对于 smpIndex[5]的读取操作,仍然可以正常执行,如果在 get 方法中没有 if 语句,直接 return arr[index];,则对于 smpIndex[5]的读取操作也会出现错误。

图3.3 例3.3运行结果

索引器并不是只能对应数组和集合字段,对于同类型的多个字段也可以加到同一个索引器中,甚至和数组混杂在一起,只需要设计好索引器的 get 和 set 方法。可参考如下代码：

```
    class Employee
    {
        private string name;
        private string companyName;
        private string address;
        public string this[int index]            //声明索引器,类型为 string
        {
            get
            {
                if (index==0)
```

```
            return name;
        else if (index==1)
            return companyName;
        else if (index==2)
            return address;
    }
    set
    {
        if (index==0)
            name=value;
        else if (index==1)
            companyName=value;
        else if (index==2)
            address=value;
    }
}
```

这样如果创建一个 Employee 的实例 emp1,则可以用 emp1[0]来访问 name 字段。

与属性一样,索引器也可以只有 get 和 set 方法中的一个,也可以单独设置 get 和 set 方法的访问控制。索引器参数表中必须至少声明一个参数。因为索引器的签名包含参数表,索引器也可以重载。

## 3.3 方　　法

方法也叫作函数,它表示类的行为,是能够完成一定功能的语句块。在 C# 中,类的很多成员都可以包括语句块,比如前面介绍的属性和索引器,其实它们从本质上讲也是方法,但它们又有其独特的特点。方法是类的最普通并且最常用的函数成员。

### 3.3.1　方法的声明和调用

在 C# 中,定义方法的语法与 C 风格的语言相同。所有的 C# 方法都必须在类的声明中声明。可执行程序中必须在某个类中声明一个静态的 Main 方法作为程序执行的起点。

在 C# 中,方法的定义包括方法的修饰符(例如方法的可访问性)、返回值的类型,然后是方法名、输入参数的列表和方法体:

```
[方法修饰符] 返回类型 方法名([形参列表])
{
    方法体
}
```

方法具有一个参数列表或空列表,它代表可以传递给方法的值或变量引用。在定义时,它也叫作形参列表。调用时传递给方法的参数列表叫作实参列表。方法还有一个返回值,它是这个方法的计算结果,使用 return 语句返回结果。方法的返回类型指明返回值的类型,如果方法无返回值,则方法的返回类型需用 void 指定。每个方法都有一个签名,顾名思义,同每个人的签名一样,它唯一地代表这个方法。方法的签名由方法名称、参数的类型、参数的数量和修饰符组成,特别需要注意的是,方法的签名不包括方法的返回值类型。

方法的调用类似于字段的访问。在类的内部,可以直接使用方法名进行访问,或者根据是静态方法或实例方法,分别用类名和 this 引用方法。在类的外部有两种途径,一种是通过类名调用属于类的静态方法;另一种是通过类的实例调用实例方法。

方法的调用还必须提供与方法声明中个数、类型、位置都相一致的实参列表。

**例 3.4**　创建求两个整数和的实例方法,求两个整数最大值的静态方法。

(1) 代码编写如下:

```
using System;
namespace MethodTest
{
    class SimpleMath
    {
        public int Add(int x,int y)
        {
            return x+y;
        }
        public static int Max(int x,int y)
        {
            if (x>y)
                return x;
            else
                return y;
        }
    }
    class Program
    {
        static void Main(string[] args)
        {
            int a,b;
            Console.Write("请输入第一个数:");
            a=int.Parse(Console.ReadLine());
            Console.Write("请输入第二个数:");
            b=int.Parse(Console.ReadLine());
            SimpleMath smpMath=new SimpleMath();
            Console.WriteLine("两个数的和是{0}",smpMath.Add(a,b));
            //Add 为静态方法,所以必须创建类的实例,然后调用方法
            Console.WriteLine("两数的大数是{0}",SimpleMath.Max(a,b));
            //Max 为静态方法,所以要用类名调用方法
            Console.ReadLine();
```

            }
          }
        }

(2) 运行结果如图 3.4 所示。

### 3.3.2 方法的参数

**1. 形参和实参**

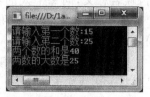

图 3.4 例 3.4 运行结果

方法的声明可以包含一个形参列表,而方法调用时则通过传递实参列表,将方法中需要的入口数据传递给形参,这样在方法体代码执行之前形参已经得到了相应值,形参在方法体中相当于已初始化的局部变量,其大部分的处理和局部变量一样。例 3.4 中 SimpleMath 类的 Add 方法中的 x,y 即该方法的形参,在方法头部的形参列表中必须描述每一个形参的类型。

当代码调用一个方法时,如 smpMath.Add(a,b)则提供与形参相对应的实参,实参不必说明类型,实参可以是一个表达式,但该表达式的计算结果的类型必须与形参一致,或者能自动转换为形参类型,否则需要强制转换。如果类型不匹配,则提示无法转换。

**2. 参数的类型**

C♯语言的方法可以使用如下 4 种参数(请注意和参数类型的区别)。

(1) 值参数,不含任何修饰符。

(2) 引用参数,以 ref 修饰符声明。

(3) 输出参数,以 out 修饰符声明。

(4) 数组参数,以 params 修饰符声明。

下面分别对这 4 种参数进行介绍。

1) 值参数

当用值参数向方法传递参数时,程序给实参在栈中存储的内容做一份拷贝,并且将此拷贝传递给该方法,被调用的方法不会修改实参的值,所以使用值参数时,可以保证实参的值是安全的。如果参数类型是引用类型,例如,是类的引用变量,则拷贝中存储的也是对象的引用,所以拷贝和实参引用同一个对象,通过这个拷贝,可以修改实参所引用的对象中的数据成员。采用值参数时,实参可以是变量,也可以是常量、表达式等。

2) 引用参数

有时在方法中,需要修改或得到方法外部的变量值,C 语言用向方法传递实参指针来达到目的,C♯语言用引用参数。当用引用参数向方法传递实参时,程序将把实参的引用,即实参在栈中的地址传递给方法的形参,方法通过实参的引用,不仅可以得到并且可以修改实参的值。实际上相当于形参和实参是同一个变量,指向栈中的同一位置。引用参数以 ref 修饰符声明。注意:形参必须是变量,不能是表达式,在使用前,形参变量要求必须被设置初始值。

3) 输出参数

为了把方法的运算结果保存到外部变量,因此需要知道外部变量的引用地址。输出参数用于向方法传递外部变量引用地址,所以输出参数也是引用参数,与引用参数的差别在于调用方法前无须对变量进行初始化,在方法中,则必须对输出参数赋值,以实现将方法中计算的值传递给调用方法。由于方法只能有一个返回值,当需要将多个值返回到调用方法时,就可以输出参数形式赋值。

**例 3.5** 值参数、引用参数和输出参数的使用。

(1) 代码编写如下:

```csharp
using System;
namespace ParameterTest
{
    class SampleParameter
    {
        public void Swap1(int x,int y)                //值参数
        {
            int z=x;
            x=y;
            y=z;
        }
        public void Swap2(ref int x,ref int y)        //引用参数
        {
            int z=x;
            x=y;
            y=z;
        }
        public void Add(int x,int y,out int sum)      //输出参数
        {
            sum=x+y;
        }
    }
    class Program
    {
        static void Main(string[] args)
        {
            int a,b,c;
            Console.Write("请输入第一个数:");
            a=int.Parse(Console.ReadLine());
            Console.Write("请输入第二个数:");
            b=int.Parse(Console.ReadLine());
            SampleParameter smpParameter=new SampleParameter();
            smpParameter.Swap1(a,b);
            Console.WriteLine("值参数交换结果是{0},{1}",a,b);
            smpParameter.Swap2(ref a,ref b);
            Console.WriteLine("引用参数交换结果是{0},{1}",a,b);
            smpParameter.Add(a,b,out c);
            Console.WriteLine("输出参数输出结果是{0}",c);
            Console.ReadLine();
```

        }
    }

（2）运行结果如图 3.5 所示。

图 3.5  例 3.5 运行结果

采用值参数时，如果传递的是引用类型，比如是类的一个实例，注意并不是将类的实例在堆上进行赋值，而是仅在栈上复制该实例的引用地址，所以形参和实参指向堆中的同一个对象，这可能和我们想象的不同。当然在方法中可以改变形参的引用地址，则形参和实参也可以指向不同的对象。如果是引用参数，类型也是引用类型，则在方法中即使改变了形参的引用地址，形参和实参也是指向了同一个对象。

4）数组参数

有时希望参数数量是可变的。比如设计一个字符串组合参数，它能将若干字符串组织在一起，但组合的字符串个数不定，则可以使用数组参数。数组参数由使用 params 说明。如果形参表中包含数组参数，那么它必须是参数表中最后一个参数，数组参数只允许是一维数组。比如 string[] 和 int[] 类型都可以作为数组型参数。最后，数组型参数不能再有 ref 和 out 修饰符。

**例 3.6**  值参数、引用参数和输出参数的使用。

（1）代码编写如下：

```
//数组参数传递 ArrayParameterTest.cs
using System;
namespace ArrayParameterTest
{
    class StringEx
    {
        public static string Combine(params string [] substrings)
        {
            string result=string.Empty;
            foreach (string substring in substrings)
                result +=substring;
            return result;
        }
    }
    class Program
    {
        static void Main(string[] args)
        {
            Console.WriteLine(StringEx.Combine("ABC","123"));
            Console.WriteLine(StringEx.Combine("I"," like"," C#!"));
            Console.ReadLine();
        }
```

　　　　　}
　　}

（2）运行结果如图3.6所示。

数组参数有以下一些值得注意的特征。

图 3.6　例 3.6 运行结果

（1）数组参数声明为一个数组，但是在调用时实参则是该类型的若干值，传递到形参后会将这些值组合成一个数组。

（2）调用者可以为参数数组指定零个参数，这会造成包含零个数据项的一个数组。

（3）数组参数不一定是方法的唯一参数，但必须是最后一个参数，且方法只能有一个数组参数。

（4）调用者也可以显式地使用一个数组，而不是以逗号分隔的参数列表。

可以查看 Console.Write 或 Console.WriteLine 方法的定义，它们都有一个重要的重载方法利用了数组参数：

```
public static void Write(string format, params object[] arg);
public static void WriteLine(string format, params object[] arg);
```

这就是为什么可以使用多个参数替换索引占位符。

### 3.3.3　方法的重载

每个类成员都有一个唯一的签名。在 C# 语言中，方法的签名由方法的名称及其参数的数目、参数的修饰符和类型组成。如果在同一个类中定义的方法名相同，而方法签名有所不同，则认为是不同的方法，这叫作方法的重载。仅返回值不同，不能看作不同方法。前边 SampleParameter 类中定义的 Swap1 方法和 Swap2 方法，由于参数修饰符不同，即使取相同的方法名 Swap，编译器也会认为这是两个方法，程序不会有任何问题。当方法调用时，会根据实参的数目、修饰符和类型自动定位到相匹配的方法。

```
int Add(int x, int y)
double Add(double x, double y)
int Add(int x,int y,int z)
```

不管是参数的类型不同，还是参数的个数不同，只要是不同的签名都属于方法的重载。如果调用 Add(10,20)，则会执行 int Add(int x, int y)方法，如果调用 Add(10,20.5)，则会执行 double Add(double x, double y)方法。但是要注意的是，形式参数的名称不同或方法的返回类型不同，都不会对方法签名有任何影响，不属于方法的重载，不能在同一个类中包含两个签名一样的方法。

### 3.3.4　静态方法和实例方法

用修饰符 static 声明的方法为静态方法，不用修饰符 static 声明的方法为实例方法。不管类是否创建实例，类的静态方法都可以被使用。静态方法只能使用该静态方法所在类的静态数据成员和静态方法。这是因为使用静态方法时，该静态方法所在类可能还没有创建实例，即使已创建实例，由于用类名方式调用静态方法，静态方法和具体的实例相联系，无法判定应访问哪个实例的数据成员。在类创建实例后，实例方法才能被使用，实例方法可以使用该方法所在类的所有静态成员和实例成员。静态方法多用于工具类，因为使用时不需要创建类的实例，使用起来非常方便，可以参考例3.4。

**例 3.7** 静态方法和实例方法对类的成员的访问示例。

(1) 代码编写如下：

```
using System;
namespace MethodTest
{
    class SimpleMath
    {
        private int nValue=10;
        private static int staticValue=20;
        public static void staticDisplay()
        {
            Console.WriteLine("静态方法调用");
            //Console.WriteLine("nValue的值为{0}",nValue);
            //错误,静态方法引用了非静态成员
            Console.WriteLine("staticValue的值为{0}",staticValue);
        }
        public void Display()
        {
            Console.WriteLine("实例方法调用");
            Console.WriteLine("nValue的值为{0}",nValue);
            Console.WriteLine("staticValue的值为{0}",staticValue);
            //没问题,实例方法可以引用静态成员
        }
    }
    class Program
    {
        static void Main(string[] args)
        {
            //SimpleMath.Display();        //错误,实例方法必须由实例调用
            SimpleMath.staticDisplay();
            SimpleMath smp=new SimpleMath();
            //smp.staticDisplay();         //错误,静态方法必须由类名调用
            smp.Display();
            Console.ReadLine();
        }
    }
}
```

(2) 运行结果如图3.7所示。

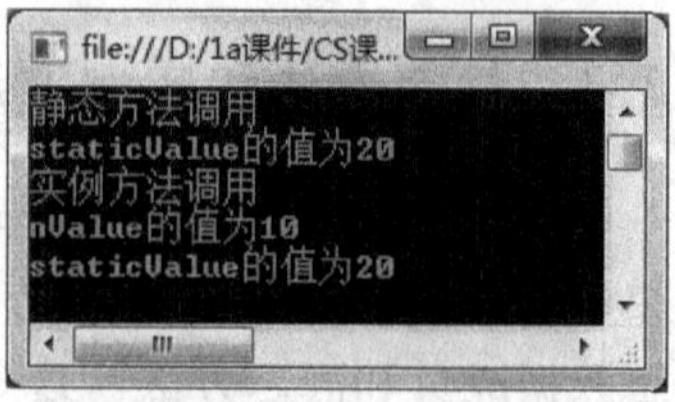

图3.7 例3.7运行结果

## 3.4 构造函数和析构函数

类的构造函数是类的函数成员的一种,是一种特殊的方法,它的作用是对类进行初始化操作。根据用于类的初始化还是类的实例的初始化,又分为静态构造函数和实例构造函数。

### 3.4.1 实例构造函数

类的实例构造函数在类的每个新实例创建的时候执行。实例构造函数可以实现重载,在创建类的实例时,可以显式指定不同的参数来调用重载的不同的实例构造方法。

构造函数声明的基本形式如下:

[修饰符] 类名([参数列表])
{
    构造函数方法体;
}

每个类都有构造函数,如果没有显式声明构造函数,编译器会自动生成一个默认的构造函数,该默认构造函数不带参数,它的方法体为空,在对类的实例进行初始化时,将未赋初值的字段设置为默认值。如果有显式声明任一构造函数,则默认的构造函数就自动失效,也可以显式定义无参数的构造函数。

构造函数具有以下特征。

(1) 构造函数的名称与类名相同。
(2) 构造函数不能声明返回类型,也不能使用 void,方法体内也不能有 return 语句。
(3) 实例构造函数通常总是声明为 public,否则不能在类的外部创建类的实例。
(4) 构造函数可以带参数,参数的语法和普通方法一致。
(5) 构造函数可以重载。

**例 3.8** 为 Employee 编写构造函数。

(1) 代码编写如下:

```
using System;
namespace Instance_Constructor
{
    class Employee
    {
        private string name;
        public int Age { get; set; }                    //自动属性
        private double salary=2000;
        public double Salary                            //为字段建立关联属性
        {
            get { return salary; }
            set { salary=value; }
        }
```

```csharp
        public Employee(string name)
        {
            this.name=name;
        }
        //可重载构造函数
        public Employee(string name,int age,double salary)
        {
            this.name=name;                    //类成员与参数同名,可加 this.引用类成员
            this.Age=age;
            this.salary=salary;
        }
        public void Display()
        {
            //Console.WriteLine("姓名:{0},年龄：{1},工资:{2}",name,age,salary);
            //自动属性 Age 会为类创建一个相关联的私有匿名字段,不能用 age 访问
            Console.WriteLine("姓名:{0},年龄：{1},工资:{2}",name,Age,salary);
        }
    }
    class Program
    {
        static void Main(string[] args)
        {
            //Employee emp1=new Employee();
            //错误,因为已有了显式的构造函数,则默认的构造函数失效
            Employee emp1=new Employee("李明");        //创建类的实例
            //没有设置年龄和工资,所以取默认值和初始值
            emp1.Display();
            Employee emp2=new Employee("王辉",25,4500);//创建类的实例
            emp2.Display();
            //Employee emp3=new Employee("李彤",25);     //错误,没有对应的构造函数
            //Employee emp4=new Employee("孙健") { Age=30,salary=5000 };
            //salary 为私有,不能访问
            Employee emp4=new Employee("孙健") { Age=30,Salary=5000 };
            emp4.Display();
            Console.ReadLine();
        }
    }
}
```

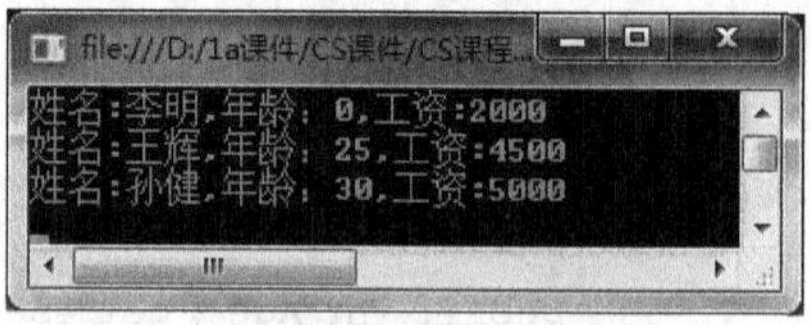

(2) 运行结果如图 3.8 所示。

构造函数的功能是创建并初始化对象,使对象的状态合法化。在程序中使用 new 创建类的实例时,就会执行构造函数。

图 3.8 例 3.8 运行结果

```csharp
public Employee(string name)
{
```

```
    this.name=name;
}
```

上述代码的 this 需要说明一下,它在类的内部代表类的实例,可以通过 this 来引用类的实例成员,当然也可以省略。在上面的代码中,类的函数成员的形式参数与类的字段相同,这是允许的。但是,如果在代码中类的同名成员必须用 this 引用。当然在编写代码应尽量避免同名。如果写成:

```
name=name;
```

则是对形式参数的再次赋值,不会改变字段 name 的值。

```
Employee emp4=new Employee("孙健") { Age=30,Salary=5000 };
```

上述创建类的实例 emp4,后面的大括号中可以包含对具有访问权限的字段和属性赋值,这部分结构称为对象初始化器。

如果有多个重载的构造函数,则可以从一个构造函数调用另一个构造函数。可通过 this 来调用,可以简化部分代码。上述第二个构造函数可修改为:

```
public Employee(string name,int age,double salary)
    :this(name)
{
    this.Age=age;
    this.salary=salary;
}
```

通过 this(name) 调用了第一个构造函数,所以在第二个构造函数中就不必要对 name 字段进行设置了。特别是对有大量重载的构造函数且对比较多的字段进行初始化时,可以形成构造函数的一个调用链,简化代码。

### 3.4.2 静态构造函数

构造函数也可以声明为 static。类的静态构造函数的作用是对类的静态成员进行初始化操作。通常,静态构造函数用于初始化类的静态字段,或用于执行仅需执行一次的特定操作。和静态方法类似,静态构造函数也只能访问类的静态成员。在创建类的第一个实例或引用任何静态成员之前,将自动调用静态构造函数。静态构造函数在程序中最多只能执行一次。

静态构造函数的格式如下:

```
static 类名()
{
    构造函数方法体;
}
```

静态构造函数只能有一个,不能有访问修饰符,也不能有参数。
在上例中可添加如下的静态构造函数。

```
static Employee()
```

```
{
    Console.WriteLine("欢迎来到员工管理系统");
}
```

运行结果如图3.9所示。

在创建emp1前,静态构造函数执行。

类既可以有实例构造函数也可以有静态构造函数,静态构造函数通常为静态字段提供初始值。但在程序

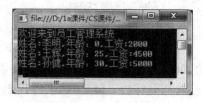

图3.9 静态构造函数的作用

中不能显式调用静态构造函数,它只会在如下两种情况下被系统自动调用。

(1) 在类的任何实例被创建之前。

(2) 在类的任何静态成员被引用之前。

### 3.4.3 析构函数

当类的实例在堆中进行分配的时候,实例会在堆中依次存放。这就使实例很容易进行下一次的堆内存分配。当对一个实例没有有效的引用时,垃圾回收器会回收实例占用的堆内存空间。有了垃圾回收器,程序员就不用再为内存的分配和回收费心,这些操作都由垃圾回收器去完成。但是对于一些特殊的非托管资源,比如文件句柄、网络连接和数据库连接,垃圾回收器不知道如何释放它们。因此对于这些不能自动释放的非托管资源,需要制定特殊的处理方法来释放它们。在C#中,有两种方案可以处理非托管资源:一是在类中定义一个析构方法;二是在类中实现System.IDisposable接口。

析构方法是用来销毁类的实例的成员,析构方法不带参数,不具有访问权限修饰关键字,没有返回值,不能显式调用。在垃圾回收期间会自动调用所涉及实例的析构方法,也就是说,析构方法的执行时间是由垃圾回收器决定的。析构方法通常用来释放非托管资源,例如数据库的连接、文件句柄、网络连接等。这些连接,如果不指定专门的语句进行释放,垃圾回收器是不知道如何释放这些资源的。所以,析构方法是释放这些资源的其中一种方式,但不一定是最好的方式。

析构函数的格式如下:

```
~static 类名()
{
    析构函数方法体;
}
```

析构函数具有以下特点。

(1) 析构函数只能有一个,不能带参数,也不能有访问修饰符。

(2) 析构函数只对类的实例起作用,没有静态析构函数。

(3) 不能在代码中显式调用析构函数,它是在垃圾回收期间系统自动调用,对程序员来说,具体调用时刻有不确定性。

如果不需要,就不要设计析构函数,它们会带来性能上的开销。

析构函数只应该释放对象拥有的外部资源。

析构函数不应该访问其他对象,因为不确定那些对象有没有被回收。

## 3.5 类的继承

对现有的类型进行扩展,以便添加更多的功能(如新的行为和数据)是十分普遍的做法,继承就是为了这个目的而设计的。已经定义了一个描述员工情况的类 Employee,如果需要再定义一个经理类,当然可以从头开始。但这样不能利用 Employee 类中已定义的函数和数据。比较好的方法是,以 Employee 类为基类,派生出一个经理类 Manager,经理类 Manager 继承了员工类 Employee 的数据成员和函数成员,Employee 类的数据成员和函数成员成为 Manager 类的成员。这个 Manager 类则是以 Employee 类为基类的派生类。一个基类可以派生出任意多的派生类,可以由 Employee 再派生出技术人员 Techenician,销售人员类 Salesman。当然 Manager 类也可以作为基类再派生出其他类。这样就形成了一个类的树状继承结构。C#用继承的方法,实现代码的重用。为了避免代码过于复杂带来的编程和理解的难度,C#不支持多重继承。

### 3.5.1 派生类的声明

派生类的声明须在类名后添加:基类名。

派生类的声明格式如下:

[属性] [类修饰符] class 派生类名[:基类名]
{
    类体
}

实际上所有的类型都直接或间接地派生自 object 类,如果不显式指定基类,则会认为该类派生自 object,当然也可以显式指定派生自 object,两种方式功能完全一致。

经理类 Manager 声明如下:

```
class Manager : Employee
{
    private double bonus;            //新增字段
    public double Bonus              //为该字段相对应地设置属性
    {
        get { return bonus; }
        set { bonus=value; }
    }
}
```

派生类可以访问基类的 public 成员,但不能访问基类的 private 成员。前面在设计 Employee 类时,将对外不公开的成员设置为 private。这样在它的派生类 Manager 中,也不可以访问这些类成员。在设计基类成员的访问控制时,除了考虑封装性,还需考虑继承,必须确定一个成员是否能被派生类访问。还可以设置为 protected 访问控制,则派生类可以访问相对应的类成员,但其他类则不可以访问,这样既保证了继承带来的代码复用,也维持了类的封装性,带来更灵活的封装控制。当然并不是所有的基类成员都需向派生类公开,要根据实际需要进行设计。

　　Manager 类继承了基类 Employee 的成员，即认为基类 Employee 的这些成员也是 Manager 类的成员，但不能继承构造函数和析构函数。请注意，虽然 Manager 类继承了基类 Employee 的 name 和 age，但由于它们是基类的私有成员，Manager 类中新增或覆盖的方法不能直接修改 name 和 age，只能通过基类的公共属性 Name 和 Age 访问。如果希望在 Manager 类中能直接修改 name 和 age，必须在基类中修改它们的属性为 protected。

### 3.5.2 基类的重写

　　一个基类的所有 public 和 protected 成员都会在派生类中继承。但在某些情况下，派生类可能需要有别于基类的实现。C#为派生类提供了重写基类方法的机制。

　　C#支持重写方法和属性，但不支持重写字段或任何静态成员。为了进行重写，需要在基类和派生类中都显式地指定。在基类中，需要将允许派生类重写的成员标记为 virtual，该方法称为虚方法，这样才允许派生类重写该成员。即使设置为 virtual，派生类并非必须重写该成员。

　　在派生类中，如果需要重写，要在相对应的成员中使用 override 关键字。

　　在 Employee 类中，Display()方法显示员工信息，在 Manager 类中，工资是 Salary 和 Bonus 的和，这样如果不想使用新的方法，就需要在 Manager 类中重写 Display()方法。

　　**例 3.9** 设计实现 Employee 类派生 Manager 类，进行 Display()方法的重写。为了简化代码，都由自动属性为类建立匿名字段。

　　(1) 代码编写如下：

```
using System;
namespace DerivedClass
{
    class Employee
    {
        public string Name { get; set; }
        public int Age { get; set; }
        public double Salary { get; set; }
        public Employee(string name,int age,double salary)
        {
            Name=name;
            Age=age;
            Salary=salary;
        }
        public virtual void Display()
        {
            Console.WriteLine("姓名:{0},年龄：{1},工资:{2}",Name,Age,Salary);
        }
    }
    class Manager : Employee
    {
```

```csharp
        public double Bonus { get; set; }
        public Manager(string name,int age,double salary,double bonus)
            :base(name,age,salary)
        {
            Bonus=bonus;
        }
        public override void Display()
        {
            Console.WriteLine("姓名:{0},年龄: {1},工资:{2}",Name,Age,Salary+Bonus);
        }
    }
    class Program
    {
        static void Main(string[] args)
        {
            Manager mng=new Manager("王军",45,4000,3758.26);
            mng.Display();
            Console.ReadLine();
        }
    }
}
```

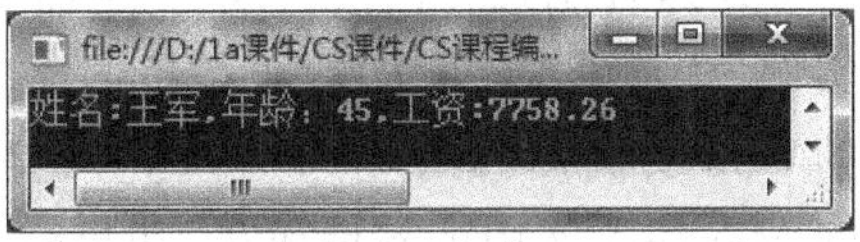

(2) 运行结果如图 3.10 所示。

图 3.10 例 3.9 运行结果

注意，只有实例成员才可以重写。并不是方法名相同就是重写，而是方法签名相同才需要重写。进行重写以后，派生类的对象引用该方法时就执行自己重写后的方法。重写方法时还可以用 new 关键字替代 override 关键字。new 方式具有不同的含义，在派生类中声明一个新方法，且不管基类中有没有同签名方法时，是否设置了 virtual 属性，这样会确保在修改基类时添加了一个和派生类相同的签名方法后，不会导致派生类编译时出错。

属性本身也雷同于方法，重写属性与方法相似。

即使进行了重写，派生类经常要调用基类的成员，base 关键字用于从派生类中访问基类成员，它有以下两种基本用法。

(1) 在定义派生类的构造函数中，指明要调用的基类构造函数。由于基类可能有多个构造函数，根据 base 后的参数类型和个数，指明要调用哪一个基类构造函数。如上例中 Manager 类的构造函数：

```csharp
public Manager(string name, int age, double salary, double bonus)
    : base(name, age, salary)
```

(2) 在派生类的方法中调用基类中被派生类重写的方法。

上述重写的 Display() 方法可以修改如下：

```csharp
public override void Display()
{
    base.Display();
```

```
Console.WriteLine("奖金:{0},总收入: {1}",Bonus,Salary+Bonus);
    }
```

运行结果如图 3.11 所示。

通过 base 关键字提供了派生类显式调用基类构造函数和方法的机制,一方面简化了派生类中代码的编写,另一方面当基类成员进行修改时,派生类调用时能够保持和基类一致。

图 3.11 派生类调用基类的成员

### 3.5.3 派生类和基类之间的转换

派生类和基类建立了一种从属关系,因此总是可以将一个派生类型直接赋值给一个基类型。在上例的 Main 方法中,可以执行如下代码:

```
Manager mng=new Manager("王军",45,4000,3758.26);
Employee emp=mng;
emp.Display();
```

上述这种隐式转换总会成功,不需要做任何处理,但要注意,这种方式不会创建一个新的实例,只是说现在它的功能是按照派生类来处理的,注意,虽然将其转换为 Employee 类型的 emp 实例,但是 emp.Display()仍然执行 Manager 类重写的 Display 方法。emp 不能访问 Manager 类中的新增成员,如果将 Display 方法的 override 修饰符改为 new,则 emp.Display()仍会执行 Employee 类的 Display 方法,如果引用 emp.Bonus,则会产生编译错误。

### 3.5.4 抽象类和抽象方法

抽象类表示一种抽象的概念,只是希望以它为基类的派生类有共同的函数成员和数据成员。抽象类使用 abstract 修饰符,对抽象类的使用有以下几点规定。

(1) 抽象类只能作为其他类的基类,它不能直接被实例化。
(2) 抽象类允许包含抽象成员,虽然这不是必需的。抽象成员用 abstract 修饰符修饰。
(3) 抽象类不能同时又是密封的。
(4) 抽象类的基类也可以是抽象类。如果一个非抽象类的基类是抽象类,则该类必须通过重写来实现所有继承而来的抽象方法,包括其抽象基类中的抽象方法,如果该抽象基类从其他抽象类派生,还应包括其他抽象类中的所有抽象方法。

例如,可以定义一个抽象类 Vehicle,表示交通工具。

```
abstract class Vehicle
{
    private double speed;
    public virtual void Stop()
    {
        //相关代码
    }
    public abstract double Accelerate();
}
```

抽象类不能实例化,但这只是抽象类的一个较次要的特征。抽象类主要作为其他类的基类出现,如果没有派生类继承它,则抽象类也没有意义。抽象类的最重要特征在于它包含由 abstract 修饰的抽象成员,抽象成员是不具有实现的一个方法或属性,其作用是强制所有派生类提供实现。这和由 virtual 修饰的虚成员有所区别。虚成员需要提供实现,而其派生类可以重写也可以不重写。

### 3.5.5　密封类和密封方法

有时候并不希望自己编写的类被继承。或者有的类已经没有再被继承的必要。C♯ 提出了一个密封类(Sealed Class)的概念,帮助开发人员来解决这一问题。

密封类在声明中使用 sealed 修饰符,这样就可以防止该类被其他类继承。如果试图将一个密封类作为其他类的基类,C♯ 编译器将提示出错。理所当然,密封类不能同时又是抽象类,因为抽象总是希望被继承的。

C♯ 还提出了密封方法(Sealed Method)的概念。若方法使用 sealed 修饰符,则称该方法是一个密封方法。在派生类中,不能重写基类中的密封方法。

将类和方法密封,强制禁止了相应的继承和重写,可以避免在以后的编程中由于各种原因出错。

### 3.5.6　静态类

有的类不包含任何实例成员,所以创建类的实例也是没有意义的。这样的类可以用 static 设置为静态类。静态类禁止包含任何非静态成员。设置为静态类有两方面意义。首先,它防止程序员实例化该类;其次,它防止在类的内部声明非静态字段或方法。C♯ 编译时会自动将静态类标记为 abstract 和 sealed,禁止静态类被继承和实例化。常用的一些工具类都是静态类,由于不需创建实例即可调用它的成员,使用起来比较方便,如 Console、Math 等。

### 3.5.7　嵌套类

在类的声明中除了声明类的成员外,还可以声明另一个类,在其他类内部声明的类称为嵌套类。

嵌套类和类的继承无关,大多数类都是独立声明的,不包含在任何类的声明内部,可称之为一般类。假设有一个类在它的包容类之外没有多大意义,这样的类更适合设计成嵌套类,与它的包容类耦合度更高,联系更加紧密,也更符合类的封装性原则。嵌套类的另一个特点是它能够访问其包容类的任何成员,包括包容类的私有成员。反之则不行,包容类不能访问嵌套类的私有成员。一般类的访问修饰符只能定义为默认的 internal 或者 public,而嵌套类就有比较多的选择,可以是 protected、internal、public 以及默认的 private,通常设置为 protected 或 private,能更好地体现嵌套类的意义。嵌套类一般很少使用。如果要设计成 internal、public 访问控制,设计成嵌套类就意义不大,而且容易造成混乱。需要说明的是,嵌套类和它的包容类之间不是继承关系。

### 3.5.8　分部类

分部类是一个类可以分成多个部分,分布在一个文件或多个文件中。这些部分合并成为一个完整的类。使用分部类的主要目的是将类的声明划分到多个文件中。对于 Windows 窗体和 ASP.NET Web 应用程序来说,使用可视化工具设计器自动生成类的部分代码,存放在一个文件中,用户编写的类的代码可以存放在另一个文件中,这样就使类的声明更加清晰。分部类的每个部分都需使用关键字 partial。以 Windows 窗体类的声明为例:

```
Form1.cs //用户编写的类代码文件
    public partial class Form1 : Form    //使用 partial 关键字,表明这是 Form1 类声明的一部分。
    {
        public Form1()
        {
            InitializeComponent();
        }
    }
```

窗体设计器生成的代码,则在文件 Form1.Designer.cs 文件中。类的声明头部是:

```
public partial class Form1
```

## 3.6 接　　口

接口的意义是定义由多个类提供共同遵守的一个协定,这样在调用时,不同的类就会采用相同的名称和方式,便于统一规范多个类的行为。如果只为一个类提供接口,则没有发挥接口的作用。类必须履行这个协定,提供接口成员的具体实现,才有意义。

例如,Employee 类可以派生出经理类 Manager,他们的收入除了基类的 Salary,还与新增成员 Bonus 有关,还可以派生出技术人员 Techenician 和销售人员类 Salesman,他们的收入分别与技术级别和销售数量有关。这些类在这些方面有差异,但它们有同一个基类 Employee,可以在基类 Employee 用 virtual 声明相应的方法和属性,由派生类重写就可以实现。

但是还需要考虑另外一些情况,现实中的人除了 Employee 类还有其他一些类,也有不同的收入来源。比如,学生的收入主要来源于父母资助、奖学金、助学金,退休人员的收入主要来源于养老保险和子女赡养费等,虽然实际设计的这些类的基类可能都派生于基类 object,但 object 是基本类型,无法修改 object,为它添加成员。接口就为这些不同的类提供了统一的函数成员声明,由各个类具体实现。

与类一样,在接口中可以定义一个和多个方法、属性、索引指示器和事件,但在接口中不可以定义数据成员。与类不同的是,接口中仅仅是它们的声明,并不提供实现。因此接口是函数成员声明的集合。如果类或结构从一个接口派生,则这个类或结构负责实现该接口中所声明的所有成员。一个接口可以从多个接口继承,而一个类或结构可以实现多个接口。由于 C# 语言不支持类的多重继承,因此,如果某个类需要继承多方面的行为时,可以通过多个接口实现。

### 3.6.1 接口的声明

一个接口可以有多个成员。

接口声明是一种类型声明,它定义了一种新的接口类型。接口声明格式如下:

[属性] [修饰符] interface 接口名[:基接口]
{
　　接口体
}

接口的主要特征是它既不包括实现,也不包含数据。接口只能声明函数成员,如方法、属性、索引器,一个接口可以包含多个成员,不能声明字段。接口中每个成员的声明后必须加";",不能包含任何实现。

接口成员声明不能包含任何修饰符,所有接口成员的访问方式自动是 public。

下面是一个有关收入的接口,声明了一个属性和一个方法。属性只声明了 get 方法。

```
interface IPersonalIncome
{
    double Income { get; }        //声明一个属性,属性后面不需加;
    //public void DisplayIncome()
    //错误。1.不能加任何修饰符,2.方法后面要加分号
    void DisplayIncome();         //声明一个方法。
}
```

### 3.6.2 接口的实现

声明一个类来实现一个接口,类似于从一个基类派生,如果该类还要显式声明基类,则基类和接口之间要由逗号分开。区别在于,一个类只能从一个基类派生,但可以实现多个接口。

**例 3.10** 设计实现 IPersonalIncome 接口。类 Student 由 object 隐式派生,类 Manager 类由 Employee 类派生。

(1) 代码编写如下:

```
using System;
namespace InterfaceImplement
{
    interface IPersonalIncome
    {
        double Income { get; }
        //声明一个属性,该属性相当于声明了两个方法,属性后面不需加;
        //public void DisplayIncome()
        //错误。1.不能加任何修饰符,2.方法后面要加分号
        void DisplayIncome();        //声明一个方法。
    }
    class Student:IPersonalIncome
    {
        private string name;
        private double subvention;
        private double scholarship;
```

```csharp
        private double grants;
        public Student(string name, double subvention, double scholarship, double grants)
        {
            this.name=name;
            this.subvention=subvention;
            this.scholarship=scholarship;
            this.grants=grants;
        }
        public double Income
        {
            get
            {
                return subvention+scholarship+grants;
            }
        }
        public void DisplayIncome()
        {
            Console.WriteLine("{0},是一名学生,总收入{1}",name,Income);
        }
    }
    class Employee
    {
        public string Name { get; set; }
        public int Age { get; set; }
        public double Salary { get; set; }
        public Employee(string name,int age,double salary)
        {
            Name=name;
            Age=age;
            Salary=salary;
        }
    }
    class Manager : Employee,IPersonalIncome
    {
        public double Bonus { get; set; }
        public Manager(string name,int age,double salary,double bonus)
            :base(name,age,salary)
        {
            Bonus=bonus;
        }
        public double Income
        {
            get
            {
```

```
                return Salary+Bonus;
            }
        }
        public void DisplayIncome()
        {
            Console.WriteLine("{0},是一名经理,总收入{1}",Name,Income);
        }
    }
    class Program
    {
        static void Main(string[] args)
        {
            Student stu1=new Student("肖红",1000,300,200);
            Manager mng1=new Manager("李文",36,5000,6000);
            stu1.DisplayIncome();
            mng1.DisplayIncome();
            Console.ReadLine();
        }
    }
}
```

（2）运行结果如图 3.12 所示。

图 3.12  例 3.10 运行结果

如果一个类从一个基类继承,而且这个类还要实现接口,则在指定基类的时候,基类的名称要放在第一位。如:

```
class Manager: Employee, IPersonalIncome
```

对于隐式定义的基类,则不需要特别指出。例如定义一个类,它隐式从 object 类继承,则列出其实现的接口即可。如:

```
class Student:IPersonalIncome
```

当然,显式添加上 object 也没有问题:

```
class Student:object, IPersonalIncome
```

类必须实现接口中的所有成员,且在类中接口成员的访问控制要设置为 public。

## 3.6.3  接口的继承

类似于类的继承性,接口也有继承性。派生接口继承了基接口中的函数成员说明。接口允许多重继承,一个派生接口可以没有基接口,也可以有多个基接口。在接口声明的冒号后列出被继承的接口名字,多个接口名之间用逗号分隔。

比如可以创建个人账号接口 IPersonalAccount,它可以派生自多个接口。部分代码如下:

```
//个人消费接口
interface IPersonalConsumption
```

```
{
    double Consumption { get; }
    void DisplayConsumption();
}
//个人盈余接口
interface IPersonalAccount : IPersonalIncome,IPersonalConsumption
{
    double Earnings { get; }
    void DisplayEarnings();
}
```

派生接口会继承基接口的所有成员,包括以上各级基接口。如果某个类要实现该接口,则其所有各级基接口的成员都要实现。

另外,如果基类实现了某个接口,则其接口成员就不能在派生类中实现了。基类也可以在接口成员上添加 virtual 关键字,则派生类可以通过重写来实现这些接口成员。可以参照基类的重写部分。

接口近似于抽象类,两者具有一些共同的特点,比如都不能实例化,都定义了派生类需要实现的成员。但抽象类可以包含字段数据,而接口不能存储任何数据。接口提供了一些继承上的灵活性,在一定程度上弥补了类不能多重继承的缺点。

## 3.7 委托与事件

C/C++ 语言中利用函数指针,将可执行函数作为参数传递给另一个函数。C# 使用委托来提供相似的功能。事件则是一种使对象或类能提供通知的成员。

### 3.7.1 委托

在 C# 中使用一个类时,分为两个阶段。首先需要定义这个类,即告诉编译器这个类由什么字段和方法组成。然后(除非只使用静态方法)实例化类的一个对象。使用委托时,也需要经过这两个步骤。首先定义要使用的委托,对于委托,定义它就是告诉编译器这种类型的委托代表了哪种类型的方法,然后创建该委托的一个或多个实例,实例指向了相应的方法。

定义委托的语法如下:

[修饰符] delegate 返回值类型 委托名([参数列表])

**例 3.11** 一个简单的委托示例,计算两个整数的加减。

(1) 代码编写如下:

```
using System;
namespace SimpleDelegate
{
    public delegate int NumberOperate(int x,int y);
    public class SimpleMath
    {
```

```
        public static int Add(int x,int y)
        { return x+y; }
        public static int Sub(int x,int y)
        { return x-y; }
    }
    class Program
    {
        static void Main(string[] args)
        {
            int a=10,b=20;
            NumberOperate NumOp=new NumberOperate(SimpleMath.Add);
            Console.WriteLine("{0}+{1}={2}",a,b,NumOp(a,b));
            NumOp=new NumberOperate(SimpleMath.Sub);
            Console.WriteLine("{0}-{1}={2}",a,b,NumOp(a,b));
            Console.ReadLine();
        }
    }
}
```

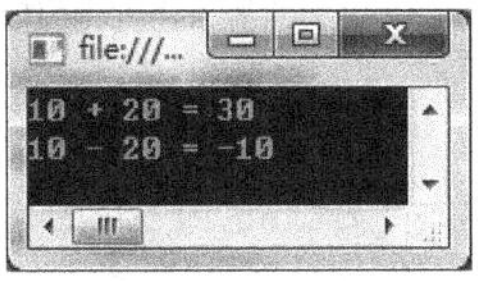

(2) 运行结果如图 3.13 所示。

图 3.13 例 3.11 运行结果

注意委托类型的声明的格式,它可以指向任何一个参数和返回值类型都一一对应的方法。通过创建委托的实例,将方法传递给委托。委托实际上是方法的数据类型,调用委托实际上则是调用委托封装的方法。

更复杂也更有用的应用则是可以将委托实例作为方法的形式参数,调用该方法时将另一个方法作为实际参数传递给委托实例。

**例 3.12** 应用委托实现多功能的整数数组排序。

(1) 代码编写如下:

```
using System;
namespace SimpleDelegate
{
    public delegate bool Comparison(int x,int y);
    class BubbleSorter
    {
        public static void Sort(int[] nArray,Comparison comparison)
        {
            for (int i=0; i<nArray.Length; i++)
            {
                for (int j=i+1; j<nArray.Length; j++)
                {
                    if (comparison(nArray[j],nArray[i]))
                    {
                        int temp=nArray[i];
                        nArray[i]=nArray[j];
                        nArray[j]=temp;
```

```csharp
                }
            }
        }
        public static bool CompareValueDescend(int x,int y)    //数值降序比较
        {
            return x>y ;
        }
        public static bool CompareAbsAscend(int x,int y)       //绝对值升序比较
        {
            return Math.Abs(x)<Math.Abs(y) ;
        }
        public static bool CompareStringAscend(int x,int y)    //字符串升序比较
        {
            return string.Compare(x.ToString().Trim(),y.ToString().Trim())<0;
        }
    }
    class Program
    {
        static void Main(string[] args)
        {
            int i;
            int[] items=new int[5];
            for (i=0; i<items.Length; i++)
            {
                Console.Write("输入 items[{0}]:",i);
                items[i]=int.Parse(Console.ReadLine());
            }
            Console.WriteLine("按数值降序排列：");
            BubbleSorter.Sort(items,BubbleSorter.CompareValueDescend);
            for (i=0; i<items.Length; i++)
            {
                Console.Write("{0,5}",items[i]);
            }
            Console.WriteLine();
            Console.WriteLine("按绝对值升序排列：");
            BubbleSorter.Sort(items,BubbleSorter.CompareAbsAscend);
            for (i=0; i<items.Length; i++)
            {
                Console.Write("{0,5}",items[i]);
            }
            Console.WriteLine();
            Console.WriteLine("按字符串升序排列：");
            BubbleSorter.Sort(items,BubbleSorter.CompareStringAscend);
            for (i=0; i<items.Length; i++)
```

```
            {
                Console.Write("{0,5}",items[i]);
            }
            Console.ReadLine();
        }
    }
}
```

(2) 运行结果如图 3.14 所示。

通过例 3.12 可以看到,不同的排序方式只需要改动两个数值比较的方式即可。这样定义一个名为 Comparison 的委托,该委托相当于定义了一种方法类型。然后根据排序方式编写相应的比较方法即可,这些方法的参数和返回值类型要和委托一致。这

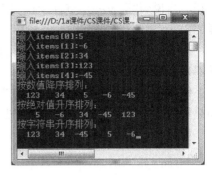

图 3.14　例 3.12 运行结果

样在调用 Sort 方法排序的时候,只需要把对应的方法作为实参传递给委托的实例作为形参即可,这样在 Sort 方法内,就可以巧妙地使用委托实例来调用不同的方法,实现不同的排序方式。可以体会一下如果不使用委托,或者编写多个排序方法,代码会大量重复,特别是对代码的改进会影响到所有这些方法的修改;或者传递一个排序方式的参数,这样会导致代码混乱。

### 3.7.2　事件

基于 Windows 的应用程序也是基于消息的。这说明,应用程序是通过 Windows 来通信的,Windows 又是使用预定义的消息与应用程序通信的。这些消息是包含各种信息的结构,应用程序和 Windows 使用这些信息决定下一步的操作。例如,在 Windows 窗体应用程序中,当用户单击了窗体中的按钮后,Windows 就会给按钮消息处理程序发送一个 WM_MOUSECLICK 消息。对于 .NET 开发人员来说,这就是按钮的 Click 事件。

在开发基于对象的应用程序时,需要使用一种对象通信方式。在一个对象中发生了有趣的事情时,就需要通知其他对象发生了什么变化。这里又要用到事件。就像 .NET Framework 把 Windows 消息封装在事件中那样,也可以把事件用作对象之间的通信介质。

委托就是用作应用程序接收到消息时封装事件的方式。

事件接收器是指在发生某些事情时被通知的任何应用程序、对象或组件。当然,有事件接收器,就有事件发送器。事件发送器的作用是引发事件。发送器可以是应用程序中的另一个对象或程序集,在系统事件中,例如鼠标单击或键盘按键,发送器就是 .NET 运行库。

注意,事件发送器并不需要知道接收器是谁,所以不需要由事件发生器进行显式调用,而是在事件接收器进行事件处理,这就使事件非常有用。

现在,在事件接收器中有一个方法,它负责处理事件。在每次发生已注册的事件时,就执行这个事件处理程序,此时就要使用委托了。由于发送器对接收器一无所知,所以无法设置两者之间的引用类型,而是使用委托作为中介。发送器定义接收器要使用的委托,接收器将事件处理程序注册到事件中,连接事件处理程序的过程称为封装事件。

与事件不同,委托可以看作是一个类。它可以定义在类的外部,也可以定义在类的内

部。而事件是类的一种成员,它和字段类似。事件的定义让类或实例能够在某个时刻能够通过事件来调用某个或某些方法。事件是对委托的封装,实际上,事件可以看作就是封装的委托。当说到"引发一个事件"时,实际上,它和"调用一个由该事件表示的委托"的意思是一样的。

除了委托之外,事件处理通常涉及三个类:提供事件数据的类,引发事件的类(事件发送器),处理事件的类(事件接收器)。

**例3.13** 应用委托和事件实现当温室(HotHoust事件发送器)温度低于最低温度时,加热器(Heater事件接收器)对温室进行加温到最低要求温度。

(1) 代码编写如下:

```csharp
using System;
namespace SimpleDelegate
{
    //声明提供事件数据的类
    public class TemperatureArgs:System.EventArgs
    {
        public float Temperature { get; set; }
        public TemperatureArgs(float newTemperature)
        {
            Temperature=newTemperature;
        }
    }
    //声明事件处理委托
    public delegate void TemperatureLowerHandler (object sender, TemperatureArgs args);
    //声明引发事件的类(事件发送器)
    public class HotHouse
    {
        //在事件发生器中声明事件
        public event TemperatureLowerHandler AddTemperature;
        public string Name;
        public float MinTemperature { get; set; }
        private float currTemperature;
        public HotHouse(string name,float minTemp,float currTemp)
        {
            Name=name;
            MinTemperature=minTemp;
            CurrentTemperature=currTemp;
        }
        public float CurrentTemperature
        {
            get
            {
                return currTemperature;
```

```csharp
            }
            set
            {
                currTemperature=value;
                Console.WriteLine("温室{0}的当前温度为{1},最低温度要求为{2}",
                    Name,CurrentTemperature,MinTemperature);
                //在事件发生器中发生事件
                if (currTemperature<MinTemperature)
                    AddTemperature(this,new TemperatureArgs(currTemperature));
            }
        }
    }
    //声明处理事件的类(事件接收器)
    public class Heater
    {
        //声明事件处理程序
        public static void Heating(object sender,TemperatureArgs args)
        {
            //将sender强制转换为事件发生器类型,以便能访问MinTemperature
            HotHouse ht=(HotHouse)sender;
            //currTemperature通过参数args传递过来,当然也可以用ht访问。
            Console.WriteLine("为温室{0}加热{1}度",
                ht.Name,ht.MinTemperature - args.Temperature);
            ht.CurrentTemperature=ht.MinTemperature;
        }
    }
    class Program
    {
        static void Main(string[] args)
        {
            Console.WriteLine("温室温度调控系统,输入当前温度,输入负数退出");
            HotHouse ht1=new HotHouse("HotHouse1",22,25);
            ht1.AddTemperature +=new TemperatureLowerHandler(Heater.Heating);
            float setTemp=float.Parse(Console.ReadLine());
            while (setTemp>=0)
            {
                ht1.CurrentTemperature=setTemp;
                setTemp=float.Parse(Console.ReadLine());
            }
        }
    }
}
```

(2) 运行结果如图3.15所示。

通过例3.13可以看到,事件发生器要根据委托声明事件,事件接收器要根据委托的类

图 3.15　例 3.13 运行结果

型声明一个或多个事件处理方法。当然,对应于一个事件发生器,可能会有多个事件接收器。当然将事件和事件处理方法联系起来,还需通过事件的＋＝和－＝运算为事件接收器的方法订阅或取消事件：

```
ht1.AddTemperature +=new TemperatureLowerHandler(Heater.Heating);
```

事件比较难以理解,但它是事件处理机制编程的基础,在设计大型应用程序时,使用委托和事件可以减少依赖性和层的关联,并能开发出具有更高复用性的组件。.NET 平台的各种应用程序,大量采用事件处理机制。在后面的学习中要加强对事件的理解。

## 3.8　结构与枚举

C♯中 15 个基本类型有 13 个值类型,它们是设计其他类型的基础。还有两种自定义的值类型：结构和枚举。值类型和引用类型的最大区别在于它们的存储机制,值类型的所有数据都存放在栈中,存取效率较高,每个值类型的变量独享它的存储区,它的作用域就是声明它的代码块。

### 3.8.1　结构

结构与类相似,它们都包含数据成员和函数成员。结构是用于创建存储少量数据的数据类型的理想选择。但是,结构是值类型,它分配在栈上。而类是引用类型,它分配在堆上。结构类型的变量直接就表示了其数据的存储,但是类类型的变量表示的是一个引用,它指向一个分配在堆内存上的实例。那么,什么时候需要结构,什么时候需要类呢？如果数据结构的规模比较小,适合使用结构；如果数据结构较大,则适合使用类。使用结构的时候,因为是存储在栈中,所以效率比较高。.NET 类库也有大量的结构。

结构的声明与类的声明非常相似,区别在于结构使用关键字 struct。在许多方面,可以把 C♯中的结构看作是缩小的类。它们基本上与类相同,但更适合于把一些数据组合起来的场合。它们与类的主要区别在于：

结构是值类型,不是引用类型。它们存储在栈中,因此它们的复制策略、作用域、生存期等的限制与基本值类型一样。

结构不支持继承。一个结构不能从另一结构或类继承,也不能作为基类型,但是,结构可以指定实现的接口。结构不会是抽象的,结构都是隐式密封的。

因为结构实际上是把数据项组合在一起,有的结构大多数字段甚至全部字段都声明为 public,虽然违背封装的原则,但是,对于简单的结构,也不会有不良影响。

在结构声明中不允许为实例字段赋初值,结构定义构造函数的方式与为类定义构造函数的方式相同,结构存在默认的构造函数(无参数的构造函数),但不允许显式定义无参数的构造函数,结构没有析构函数。

与创建类的对象类似,结构也可以使用 new 来创建,但也可以直接声明结构的实例,在其后可直接进行显式赋值。这点和类不同,类必须用 new 来创建实例,否则它的引用为 null,并未为它在分配存储区,而结构只要声明实例,就会分配存储区。

**例 3.14** 声明一个表示平面坐标系中的点的结构,创建两个实例变量,并计算它们的距离。

(1) 代码编写如下:

```csharp
using System;
namespace SampleStruct
{
    struct Point
    {
        public int x,y;              //字段成员
        public Point(int x,int y)    //构造函数
        {
            this.x=x;
            this.y=y;
        }
    }
    class Program
    {
        static void Main(string[] args)
        {
            Point pt1=new Point(10,20);
            Point pt2;                //可以先声明后赋值,不使用 new 关键字
            pt2.x=20;
            pt2.y=-40;
            double distance= (pt1.x -pt2.x) * (pt1.x -pt2.x)
                + (pt1.y -pt2.y) * (pt1.y -pt2.y);
            distance=Math.Sqrt(distance);
            Console.WriteLine("两点的距离为{0}",distance);
            Console.ReadLine();
        }
    }
}
```

(2) 运行结果如图 3.16 所示。

涉及值类型和引用类型,这里也介绍一下 C#

图 3.16 例 3.14 运行结果

值类型和引用类型的转换,即装箱(Boxing)和拆箱(Unboxing)。

因为 object 是所有类型的基类型,所以任何类型都可以隐式转换为 object 类型,可以进行显式转换:

```
Point pt1=new Point(10,20);
object obj=pt1;
```

上述操作会将 pt1 存储到堆上,由变量 obj 引用。

拆箱用于描述相反的过程,即以前装箱的值类型转换回值类型。这种数据类型转换是显式进行的。其语法类似于前面的显式类型转换:

```
pt1=(Point)obj;
```

或新创建个变量:

```
Point pt2=(Point)obj;
```

只能把以前装箱的变量再转换为原来的值类型,否则就会在运行期间抛出一个异常。

这里有一个警告。在拆箱时,必须非常小心,确保得到的值类型与其原始值类型一致。

### 3.8.2 枚举

枚举的关键特征在于它标识了一个它所定义的所有可能值的集合,每个值都由一个名称来引用,这种类型的最大作用是提高程序的可读性。

以下代码定义了一个枚举:

```
enum Days: int
{
    Sun,Mon,Tue,Wed,Thu,Fri,Sat
}
```

枚举都有一个基础类型,默认为 int,它可以是 8 种整数类型的一种。每一个枚举成员都会对应一个整数值,默认从 0 开始依次递增。可以在定义时指定它对应的整数值。

```
enum Days: int
{
    Sun=1,Mon,Tue,Wed,Thu,Fri,Sat
}
```

这样就从 1 开始依次递增。

枚举成员的名称虽然没有什么规律,但由于它都会对应到整数值,所以枚举可用于加减比较运算以及循环结构中。

所有的枚举都默认继承于 System.Enum,该类提供若干静态方法,可以用于枚举的基本操作。

**例 3.15** 声明一个表示一星期各天名称的枚举类型,并测试枚举的用法。

(1) 代码编写如下:

```
using System;
```

```
namespace SampleEnum
{
    enum Days : int
    {
        Sun,Mon,Tue,Wed,Thu,Fri,Sat
    }
    class Program
    {
        static void Main(string[] args)
        {
            Days day=Days.Sun;
            if (Days.Sun==0)
            {
                Console.WriteLine("枚举类型可以和整数值直接比较");
            }
            Console.WriteLine(day+3);            //枚举类型可以和整数进行运算。
            //枚举可以应用到循环
            for (day=Days.Sun; day<=Days.Sat; day++)
            {
                Console.Write("{0,5}",day);
            }
            Console.WriteLine();
            //另一种循环方式利用Enum类的方法
            foreach (string s in Enum.GetNames(typeof(Days)))
            {
                Console.Write("{0,5}",s);
            }
            Console.ReadLine();
        }
    }
}
```

(2) 运行结果如图 3.17 所示。

Days.Sun 对应的整数值为 0,后面依次递增。

在例 3.15 中,如果使 Tue=4,那么它前面的 Sun 和 Mon 的值不变,从 Tue 开始则从 4 递增,这时候上述程序的结果如图 3.18 所示。

图 3.17 例 3.15 运行结果

图 3.18 当枚举值不连续时两种循环的不同

使用 for 循环,其实质是从整数 0 开始的,但由于 0,1 有对应的枚举成员,所以显示枚举名,而2,3没有对应的枚举成员,则显示数字。Enum.GetNames(typeof(Days))则是从枚举类型Days取所有的枚举名,所以并不包含2,3。

.NET类库中包含非常多的枚举类型,特别是在一些属性或参数的设置上,使用枚举使我们很容易理解其中的含义。

## 3.9 运算符重载

运算符重载的关键是在类型的实例上,有时需要做一些诸如数据相加、相乘或逻辑操作,比较大小对象等,如果始终使用方法或属性来实现,会觉得比较别扭,使用运算符的方式更为简洁直观方便,符合日常习惯。

### 3.9.1 运算符重载概述

假定已定义一个类(或结构)Matrix,表示一个数学矩阵,在数学中,矩阵可以相加或相乘,就像数字一样。所以可以编写下面的代码:

```
Matrix a,b,c;
//假设 a,b,c 已经初始化
Matrix d=c * (a+b);
```

通过重载运算符,就可以告诉编译器,+和*对Matrix对象进行什么操作,以编写上面的代码。如果用不支持运算符重载的语言编写代码,就必须定义一个方法,以执行这些操作,结果肯定不太直观,如下所示。

```
Matrix d=c.Multiply(a.Add(b));
```

对于基本数据类型,已经定义了大量的运算符操作规则,用户只需使用它们即可,而对于用户自定义的类或结构上使用运算符,就必须进行运算符重载。

要强调的另一个问题是重载不仅限于算术运算符。还需要考虑比较运算符==、<、>、!=、>=和<=。例如,语句if(a==b)。对于类,这个语句在默认状态下会比较引用a和b,检测这两个引用是否指向内存堆中的同一个地址,而不是检测两个实例是否包含相同的数据。对于string类,这种操作就已重写,比较字符串实际上就是比较两个字符串的内容。可以对自己的类进行这样的操作。在许多情况下,重载运算符允许生成可读性更高、更直观的代码,包括:

(1) 在数学领域中,几乎包括所有的数学对象:坐标、矢量、矩阵、张量和函数等。如果编写一个程序执行某些数学或物理建模,肯定会用类表示这些对象。

(2) 图形程序在计算屏幕上的位置时,也使用数学或相关的坐标对象。

(3) 表示大量金钱的类(例如,在财务程序中)。

(4) 字处理或文本分析程序也有表示语句、子句等的类,可以使用运算符把语句连接在一起(这是字符串连接的一种比较复杂的版本)。

另外,有许多类与运算符重载并不相关。不恰当地使用运算符重载,会使类型的代码很难理解。例如,把两个DateTime对象相乘,在概念上没有任何意义,而两个DateTime相减,则可以表示时间差。

通过使用 operator 关键字定义静态成员函数来重载运算符,运算符重载声明的基本形式如下:

[修饰符] static 类型 operator 运算符(参数表)
{
　　转换代码体
}

其中,参数的类型必须与声明该运算符的类或结构的类型相同。一元运算符具有一个参数,二元运算符有两个参数。比较运算符必须成对重载。

### 3.9.2　重载运算符

**例 3.16**　为前面介绍的结构 Point 重载二元运算符"＋"或"－"。这里的"＋"运算将两个点的 x,y 坐标分别相加,"－"运算将两个点的 x,y 坐标分别相减,都返回一个新的 Point 对象。

(1) 代码编写如下:

```
using System;
namespace SampleOperator
{
    struct Point
    {
        public int x,y;
        public Point(int x,int y)
        {
            this.x=x;
            this.y=y;
        }
        public static Point operator + (Point p1,Point p2)
        {
            return new Point(p1.x+p2.x,p1.y+p2.y);
        }
        public static Point operator - (Point p1,Point p2)
        {
            return new Point(p1.x -p2.x,p1.y -p2.y);
        }
    }
    class Program
    {
        static void Main(string[] args)
        {
            Point pt1=new Point(10,6);
            Point pt2=new Point(5,8);
            Point pt3=pt1+pt2;
            Point pt4=pt1-pt2;
```

```
            Console.WriteLine("pt1+pt2 x={0},y={1}",pt3.x,pt3.y);
            Console.WriteLine("pt1-pt2 x={0},y={1}",pt4.x,pt4.y);
            Console.ReadLine();
        }
    }
}
```

(2) 运行结果如图 3.19 所示。

当重载了二元运算符"＋"后，运算符"＋＝"也自动生效。其他的运算符也可以根据需要重载。

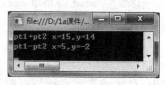

图 3.19　例 3.16 运行结果

## 小　　结

本章主要介绍了 C♯中最重要的类型：用户自定义类的设计与实现，包括类的各种成员，以及类的封装、继承和多态等特征。在此之外介绍了主要的自定义类型的声明方法和使用方式。这一部分是 C♯面向对象程序设计的核心内容，是编写各类应用程序的基础。本章需要掌握的知识点和难点如下。

(1) 掌握类及面向对象程序设计的基本概念。

(2) 熟练掌握类的各种数据成员的特点及作用。

(3) 重点掌握类的各类函数成员的特点及作用，包括方法、构造函数、属性、索引器等。

(4) 熟练掌握类的继承，掌握派生类的声明以及对基类的重写，派生类和基类的转换。

(5) 掌握接口的声明、实现与继承。

(6) 了解委托和事件的设计与实现。

(7) 掌握结构和枚举的设计与实现。

(8) 掌握运算符重载的设计与实现。

# 第 4 章  数组与集合

如果需要将一系列相似的数据项组织在一起,定义统一的标志符进行访问,就可以使用数组和集合。数组是一种具有固定大小的集合,而一般集合则可以方便地添加、删除其元素,其大小可以动态地进行变化。

## 4.1  数　　组

如果需要使用同一类型的多个数据项,就可以使用数组。数组是一种数据结构,可以包含同一类型的多个元素。数组的每个数据项通过使用索引来访问。一个数组根据包含的索引数,可以分为一维数组、二维数组、三维数组等,其中应用最多的是一维数组和二维数组。

### 4.1.1  一维数组

在 C# 中,使用方括号来声明数组变量。

一维数组声明的格式为:

类型[] 数组名;

下面声明了一个包含整型元素的数组:

int[] myArray;

数组是引用类型,声明了数组后,就会为数组分配内存空间,以保存数组的所有元素。为此,应使用 new 运算符,并指定数组中元素的类型和数量来初始化数组。必须指定数组的大小:

myArray=new int[10];

在声明和初始化后,变量 myArray 就引用了 10 个整型值,在栈中存放数组的引用地址,数组的所有元素存放在堆上。数组的索引值从 0 开始。

还可以在一个语句中声明和实例化数组:

int[] myArray=new int[10];

还可以使用数组初始化器为数组的每个元素赋值。数组初始化器只能在声明数组变量时使用,不能在声明数组之后使用。

int[] myArray=new int[4] {4,7,11,2};

如果用花括号初始化数组,可以不指定数组的大小,因为编译器会根据初始化器元素个数计算出数组的大小:

int[] myArray=new int[] {4,7,11,2};

但如果指定数组大小,则必须和初始化器中的元素个数必须一致,否则编译会出错。这和 C 语言不同。

还有一种更简化的形式。使用花括号可以同时声明和初始化数组,编译器生成的代码与前面的例子相同:

```
int[] myArray={4,7,11,2};
```

如果没有显式初始化,编译器会将每个元素初始化为它们的默认值,如下所示:

引用类型(包括 string)初始化为 null;
数值类型初始化为 0;
bool 初始化为 false;
char 初始化为 '\0';

非基本值类型是以递归的方式初始化,它们的每个字段都会被初始化为默认值。

如果没有对数组元素赋值而引用数组元素,编译器不会报错。

由于在数组声明时不必指定数组的大小,所以可以在运行时指定数组的大小。

数组一旦确定大小则不可以改变大小,但是可以通过 new 再次实例化数组,会为该数组重新在堆上分配内存,原有数组元素的值不会复制到新数组。

**例 4.1** 输入正整数 n,随机产生 n 个学生的成绩,计算学生的平均成绩,计算高于平均成绩的学生人数。

(1)一般通过数组索引来访问数组中的元素,数组索引从 0 开始,最大索引值为数组大小-1,系统会检查数组访问是否越界,越界会导致异常。

(2)在程序中往往通过数组名.Length 来控制索引的范围。

(3)代码编写如下:

```
using System;
namespace AverageScore
{
    class Program
    {
        static void Main(string[] args)
        {
            int[] score;
            Random rnd=new Random();
            int n,sum=0,overAvg=0;
            double avgScore;
            Console.Write("请输入学生人数 n:");
            n=int.Parse(Console.ReadLine());
            score=new int[n];                       //根据变量来声明数组大小,这是允许的
            for (int i=0; i<score.Length; i++)      //注意,数组的索引值从 0 开始
            {
                score[i]=rnd.Next(101);
                sum +=score[i];
            }
```

```
            avgScore=(double)sum/n;
            for (int i=0; i<score.Length; i++)
            {
                if (score[i]>avgScore)
                    overAvg++;
            }
            Console.WriteLine("{0}个学生的平均成绩为{1:f2},高于平均成绩人数{2}",
                n,avgScore,overAvg);
            Console.ReadLine();
        }
    }
}
```

(4) 运行结果如图 4.1 所示。

图 4.1　例 4.1 运行结果

**说明：**

(1) 对数组元素的遍历使用 foreach 语句更方便,不需要考虑数组的索引值。例 4.1 的部分代码可以改为：

```
foreach(int sc in score)
{
    if (sc>avgScore)
        overAvg++;
}
```

如果要对数组元素赋值则不可以用 foreach 语句。

(2) 在编写程序时需使用大量数据时,为了避免输入数据的重复性工作,经常通过产生随机数来模拟产生数据。反复运行本程序,会发现平均成绩均在 50 分左右,高于平均成绩的人数也都在一半左右,样本量越大,则越精确。

(3) 语句 avgScore=(double)sum/n; 计算平均值要注意,需要将其中的某个整数显式转换为浮点型,才能进行浮点型的运算。

**例 4.2**　求 100 之内的所有质数。一个数如果不能被小于它的任意质数整除,则它是质数。利用这项特征,可以提高求质数的效率。

(1) 由于判断某个数是否质数,所以需要用数组保存已求出的质数,而事先并不明确所需数组 nValue 的大小,可以估计一个比较充分的大小,然后通过一个整型变量 count 存储已用的数组成员个数。

(2) 由于 2 以后的偶数不可能是质数,所以在循环过程中 i 的值可以每次＋2。

(3) Console 输出大量数据时,可以编程控制每行多少个,分行输出。

(4) 代码编写如下：

```csharp
using System;
namespace AverageScore
{
    class Program
    {
        static void Main(string[] args)
        {
            int[] nValue=new int[50];        //大体估计数组大小
            int count=1,i,j;
            nValue[0]=2;                     //2是一个质数
            for (i=3; i<100; i+=2)
            {
                for (j=0; j<count; j++)
                    if (i % nValue[j]==0)
                        break;
                if (j==count)
                {
                    nValue[count]=i;
                    count++;
                }
            }
            Console.Write("100之内的质数:");
            for (i=0; i<count; i++)
            {
                if (i % 10==0)
                    Console.WriteLine();
                Console.Write("{0,5}",nValue[i]);
            }
            Console.ReadLine();
        }
    }
}
```

(5) 运行结果如图 4.2 所示。

图 4.2  例 4.2 运行结果

### 4.1.2 二维数组

一维数组用一个整数来索引。二维数组用两个整数来索引。二维数组的声明、实例化和初始化与一维数组相似,声明二维数组时,要在方括号中用逗号表示二维数组,如果是两个逗号,则是三维数组。在使用 new 运算符进行实例化时也必须提供相应个数的整数以表明每一维的大小:

```
int[,] nArray=new int[3,2];
```

该二维数组共有 6 个元素,分别为 nArray[0,0],nArray[0,1],nArray[1,0],nArray[1,1],nArray[2,0],nArray[2,1]。每个元素的值都为默认值 0。

也可以在实例化同时指定初始值:

```
int[,] nArray=new int[3,2]{{1,2},{3,4},{5,6}};
```

如果包含初始化器,则可以不显式说明各维的大小:

```
int[,] nArray=new int[,]{{1,2},{3,4},{5,6}};
```

二维数组多用于表示类似于矩阵的数据结构。

**例 4.3** 求两个矩阵的乘积。

(1) 由于需要显示多个矩阵,声明了一个静态方法用于显示矩阵,实现代码复用。

(2) 数组的 Length 属性表示的是数组所有维数中的元素的总数。如果要表示每一维的大小,则可以用 GetLength 方法。

(3) 代码编写如下:

```
using System;
namespace MatricAdd
{
    class Program
    {
        static void Main(string[] args)
        {
            int[,] arrayA=new int[,]{{8,3,4},{1,5,9},{6,7,2}};
            int[,] arrayB=new int[,]{{1,2,3},{4,5,6},{7,8,9}};
            int[,] arrayC=new int[3,3];
            for (int i=0; i<3; i++)
                for (int j=0; j<3; j++)
                    for (int k=0; k<3; k++)
                        arrayC[i,j] +=arrayA[i,k] * arrayB[k,j];
            Console.WriteLine("矩阵 A:");
            DisplayMatric(arrayA);
            Console.WriteLine("矩阵 B:");
            DisplayMatric(arrayB);
            Console.WriteLine("矩阵 C=A * B:");
            DisplayMatric(arrayC);
            Console.ReadLine();
        }
        public static void DisplayMatric(int[,] matric)
        {
```

```
        for (int i=0; i<matric.GetLength(0); i++)
        {
            for (int j=0; j<matric.GetLength(1); j++)
            {
                Console.Write("{0,5}",matric[i,j]);
            }
            Console.WriteLine();
        }
    }
}
```

(4) 运行结果如图 4.3 所示。

### 4.1.3 交错数组

二维数组的大小是矩阵形式的,例如 3×3 个元素。而交错数组的大小设置是比较灵活的,在交错数组中,每一行都可以有不同的大小。交错数组实际上是数组的数组。

图 4.3  例 4.3 运行结果

声明交错数组时,要依次放置开闭括号。在初始化交错数组时,先设置该数组包含的行数。定义各行中元素个数的第二个括号设置为空,因为这类数组的每一行包含不同的元素个数。之后,为每一行指定行中的元素个数:

```
int[][] jagged=new int[3][];
jagged[0]=new int[2] {1,2};
jagged[1]=new int[6] {3,4,5,6,7,8};
jagged[2]=new int[3] {9,10,11};
```

也可以放在一起进行初始化:

```
int[][] jagged=new int[3][]
{
    new int[2]{1,2},
    new int[6]{3,4,5,6,7,8},
    new int[3]{9,10,11}
};
```

### 4.1.4 Array 类

Array 类是一个抽象类,是数组的基类。使用 C#语法创建数组时,会创建一个派生于抽象基类 Array 的新类,在语法上任何一个数组都是用户自定义的一个新的类型,考虑到数组的数据结构比较简单,为了使用方便,并没有按类的继承方式进行声明。数组可以使用 Array 类定义的实例方法和实例属性,前面使用的 Length、GetLength 都是 Array 的成员,还使用 foreach 语句迭代数组,其实这是使用了 Array 类中的 GetEnumerator()方法。

Array 类是一个抽象类,所以不能使用它的构造函数来创建数组。但除了可以使用 C#语法创建数组实例之外,还可以使用静态方法 CreateInstance()创建数组。如果事先不知道元素的类型,就可以使用该静态方法,因为类型可以作为 Type 对象传送给 CreateInstance()方法。

下面的代码说明了如何创建类型为 int、大小为 5 的数组。CreateInstance()方法的第一个参数应是元素的类型,第二个参数定义数组的大小。可以用 SetValue()方法设置值,用 GetValue()方法读取值:

```
Array intArray1=Array.CreateInstance(typeof(int),5);
for (int i=0; i<5; i++)
{
    intArray1.SetValue(33,i);
}
for (int i=0; i<5; i++)
{
    Console.WriteLine(intArray1.GetValue(i));
}
```

还可以将已创建的数组强制转换成声明为 int[] 的数组:

```
int[] intArray2=(int[])intArray1;
```

CreateInstance()方法有许多重载版本,可以创建多维数组和不基于 0 的数组。下面的例子就创建了一个包含 2×3 个元素的二维数组。第一维的起始索引从 1 开始,第二维的起始索引从 10 开始:

```
int[] lengths={2,3};
int[] lowerBounds={1,10};
Array ComputerLanguage = Array. CreateInstance (typeof (string), lengths, lowerBounds);
```

SetValue()方法设置数组的元素,其参数是每一维的索引:

```
ComputerLanguage.SetValue("C++",1,10);
ComputerLanguage.SetValue("Java",1,11);
ComputerLanguage.SetValue("C#",1,12);
ComputerLanguage.SetValue("Pascal",2,10);
ComputerLanguage.SetValue("Fortran",2,11);
ComputerLanguage.SetValue("COBOL",2,12);
```

使用 GetValue()方法用于读取数据。

```
for (int i=0; i<2; i++)
{
    for (int j=0; j<3; j++)
    {
        Console.WriteLine(ComputerLanguage.GetValue(i+1,j+10));
    }
}
```

因为数组是引用类型,所以将一个数组变量赋值给另一个数组变量,就会得到两个指向同一数组的变量。而复制数组，会使数组实现 ICloneable 接口，这个接口定义的 Clone()方法会根据数组元素是值类型还是引用类型采用不同的策略复制数组。

如果数组的元素是值类型，就会为数组分配内存，复制所有的值。

如果数组的元素是引用类型，则不复制元素，而只复制引用。

**例 4.4** 数组复制示例。

(1) 代码编写如下：

```
using System;
namespace ArrayCopy
{
    class Person
    {
        public string Name { set; get; }
        public int Age { set; get; }
        public Person(string name,int age)
        {
            Name=name;
            Age=age;
        }
    }
    class Program
    {
        static void Main(string[] args)
        {
            int[] nArray1={ 1,2 };
            int[] nArray2=nArray1;
            int[] nArray3=(int[])nArray1.Clone();
            Person[] personArray1=
            {
                new Person("李俊",25),
                new Person("周玲",32),
            };
            Person[] personArray2=personArray1;
            Person[] personArray3=(Person[])personArray1.Clone();
            nArray1[0]=11;
            personArray1[0].Name="张敏";
            Console.WriteLine("nArray1[0]的值：{0}",nArray1[0]);
            Console.WriteLine("nArray2[0]的值：{0}",nArray2[0]);
            Console.WriteLine("nArray3[0]的值：{0}",nArray3[0]);
            Console.WriteLine("personArray1[0].Name 的值：{0}",
                personArray1[0].Name);
            Console.WriteLine("personArray2[0].Name 值：{0}",
                personArray2[0].Name);
            Console.WriteLine("personArray3[0].Name 值：{0}",
                personArray3[0].Name);
```

```
            Console.ReadLine();
        }
    }
}
```

（2）运行结果如图4.4所示。

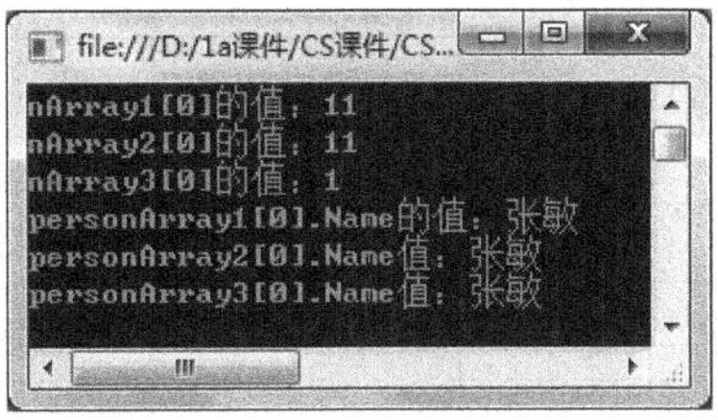

说明：

（1）由于Array类Clone方法的返回值是object，需要进行显式转换。

图4.4　例4.4运行结果

（2）对于值类型的数组，赋值运算只将引用赋值给另一个数组，两个数组指向堆中的同一个内存位置，用Clone方法则会为数组分配内存，复制所有的值。

（3）如果数组的元素是引用类型，则不管采用哪种方式，都是不复制元素，只复制引用。

## 4.1.5　数组接口

Array类实现了IEumerable、ICollection、IList和IComparable接口，以访问和枚举数组中的元素。由于用定制数组创建的类派生于Array抽象类，所以能使用通过数组变量执行的接口中的方法和属性。通过这些接口的实现，为数组提供了重要的属性和方法，可以简化数组的处理。

IEnumerable接口非常简单，只包含一个抽象的方法GetEnumerator()，它返回一个可用于循环访问集合的IEnumerator对象。因此可以使用foreach语句遍历集合或数组。

ICollection接口派生于IEumerable接口，并添加了一些属性和方法。这个接口主要用于确定集合中的元素个数，或用于同步。

IList接口派生于ICollection接口，并添加了一些用于对数组或集合成员操作的方法。

IComparable接口提供了进行比较的功能。通过该接口可对数据进行排序。

假设数组为int[] A={1,2,3,4,5}

表4.1列出了数组的常用属性和方法。

表4.1　Array对象的常用属性和方法

| 属　性 | 说　明 | 示　例 | 结　果 |
| --- | --- | --- | --- |
| Length | 获取数组元素的个数 | A.Length | 5 |
| LongLength | 如果数组元素个数超过整数表达范围，则需使用该属性 | A.LongLength | 5 |
| Rank | 获取数组的维数 | A.Rank | 1 |
| 方　法 | 说　明 | | |
| GetLength | 获取指定维数的元素数 | a.GetLength(0) | 5 |
| Clone | 复制数组，对于引用类型只复制引用，对于值类型复制数据 | int[] B=(int[])A.Clone; | B={1, 2, 3, 4, 5}，与A不同的引用 |
| CopyTo | 将数组元素复制到另一数组指定索引开始位置 | int[] B={11,22,33}; B.CopyTo(A, 1); | A={1, 11, 22, 33, 5}（A数组元素被替换） |

续表

| 方法 | 说明 | 示例 | 结果 |
|---|---|---|---|
| Copy | 从第一个元素开始复制源数组中指定个数的元素到目的数组 | int[ ] B={11,22,33};<br>Array.Copy(B,A,2); | A={11,22,33,4,5} |
| Reverse | 反转一维数组所有元素 | Array.Reverse(a); | A={5,4,3,2,1} |
| Sort | 对一维数组进行排序 | int[ ] B={6,3,8,2};<br>Array.Sort(B); | B={2,3,6,8} |
| IndexOf | 获取指定元素在数组中的索引号 | int[ ] B={6,3,8,2,8,7};<br>n=Array.IndexOf(8); | n=2,没有则返回-1 |
| LastIndexOf | 从最后开始获取指定元素在数组中的索引号 | int[ ] B={6,3,8,2,8,7};<br>n=Array.LastIndexOf(8); | n=4,没有则返回-1 |

这里只列出了常用的方法和属性,有些方法可以由数组直接调用,有些方法由 Array 类调用,数组作为参数,大多数方法还有很多的重载方法,这里也只列出了其中最简单或最常用的形式。比如 Sort 方法有 17 个重载。

## 4.2 集　　合

前面介绍了数组,数组的大小是固定的。如果元素个数是动态的,就应使用集合类。.NET 类库包含用于实现集合的接口和类,将紧密相关的数据组合到一个集合中,并提供处理这些数据的各种算法。

集合分为对象类型的集合和泛型集合两大类。对象类型的集合位于 System.Collections 命名空间;泛型集合类位于 System.Collections.Generic 命名空间;还有一些专用于特定类型的集合类,位于 System.Collections.Specialized 命名空间。所有的集合都基于 ICollection 接口、IList 接口、IDictory 接口,或相应的泛型接口。在 .NET 较新的版本中,泛型集合类的应用优先于非泛型集合类。本节介绍非泛型集合,泛型集合将在以后章节中介绍。

### 4.2.1 列表集合

.NET Framework 为动态列表提供了类 ArrayList,ArrayList 具有与数组相似的特点,关键的区别在于随着元素数量的增大,这些列表类会自动扩展,而数组的长度是固定的。

**例 4.5** ArrayList 示例。

(1) 代码编写如下:

```
using System;
using System.Collections;
namespace ArrayListSample
{
    class Program
    {
```

```csharp
static void Main(string[] args)
{
    ArrayList list=new ArrayList();
    list.Add("Fortran");                       //添加元素
    list.Add("Cobol");
    list.Add("Basic");
    list.Add("Pascal");
    list.Add("C/C++");
    list.Add("Java");
    list.Add("C#");
    list.Sort();                               //排序
    list.Remove("Basic");                      //移除指定成员
    foreach (string course in list)
    Console.Write("{0,10}",course);
    Console.WriteLine();
    Console.WriteLine("Count={0},Capacity={1}",list.Count,list.Capacity);
    list.Clear();                              //清除所有元素
    Console.WriteLine("Count={0},Capacity={1}",list.Count,list.Capacity);
    list.TrimToSize();
    Console.WriteLine("Count={0},Capacity={1}",list.Count,list.Capacity);
    Console.ReadLine();
}
```

（2）运行结果如图4.5所示。

图4.5 例4.5运行结果

**说明：**

（1）ArrayList可以为集合添加任意类型的成员。但可能在执行排序等方法时会存在问题，因此建议添加同类型成员。

（2）列表集合有大量的集合操作方法，可根据需要使用。

（3）可以和数组一样使用索引值访问集合的元素，索引从0开始，例如list[3]，则对应于集合中的第4个元素。

使用默认的构造函数创建一个空列表。元素添加到列表中后，列表的容量就会扩大为可接纳4个元素。如果添加了第5个元素，列表的大小就重新设置为包含8个元素。如果8个元素还不够，列表的大小就重新设置为16。每次都会将列表的容量重新设置为原来的两倍。

```
ArrayList objectList=new ArrayList();
```

如果列表的容量改变了，整个集合就要重新分配到一个新的内存块中。

为提高效率，如果事先知道列表中元素的个数，就可以用构造函数定义其容量。下面创建了一个容量为 10 个元素的集合。如果该容量不足以容纳要添加的元素，就把集合的大小重新设置为 20，或 40，每次都是原来的两倍。

```
ArrayList objectList=new ArrayList(10);
```

使用 Capacity 属性可以获取和设置集合的容量。

```
objectList.Capacity=20;
```

容量与集合中元素的个数不同。集合中元素的个数可以用 Count 属性读取。当然，容量总是大于或等于元素个数。只要不把元素添加到列表中，元素个数就是 0。

如果已经将元素添加到列表中，且不希望添加更多的元素，就可以调用 TrimToSize() 方法，去除不需要的容量，但这个过程是需要时间的。

### 4.2.2 队列集合

队列是其元素以先进先出（First In First Out，FIFO）的方式来处理的集合。先放在队列中的元素会先读取。队列的例子有在机场排的队、人力资源部中等待处理求职信的队列、打印队列中等待处理的打印任务、以循环方式等待 CPU 处理的线程。另外，还常常有元素根据其优先级来处理的队列。例如，在机场的队列中，商务舱乘客的处理要优先于经济舱的乘客。这里可以使用多个队列，一个队列对应一个优先级。在机场，这是很常见的，因为商务舱乘客和经济舱乘客有不同的登记队列。打印队列和线程也是这样。可以为一组队列建立一个数组，数组中的一项代表一个优先级。在每个数组项中，都有一个队列，其处理按照 FIFO 的方式进行。

在.NET 的 System.Collections 命名空间中有队列类 Queue，队列与列表的主要区别是队列没有执行 IList 接口。所以不能用索引器访问队列。Enqueue() 方法在队列的一端添加元素，Dequeue() 方法在队列的另一端读取和删除元素。用 Dequeue() 方法读取元素，将同时从队列中删除该元素。再调用一次 Dequeue() 方法，会删除队列中的下一项。

**例 4.6** Queue 示例。

(1) 代码编写如下：

```
using System;
using System.Collections;
namespace QueueSample
{
    class Program
    {
        static void Main(string[] args)
        {
            Queue Ids=new Queue();
```

```
            int select;
            Console.WriteLine("输入正整数进入排队,0从排队中移出办理业务,负数退出");
            do
            {
                Console.Write("请输入：");
                select=int.Parse(Console.ReadLine());
                if (select>0)
                {
                    Ids.Enqueue(select);
                    Console.WriteLine("{0}加入队列",select);
                }
                else if(select==0)
                    if(Ids.Count>0)
                        Console.WriteLine("{0}移出队列",Ids.Dequeue());
                    else
                        Console.WriteLine("队列中没有成员");
            } while (select>=0);
        }
    }
}
```

（2）运行结果如图 4.6 所示。

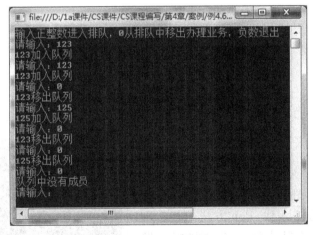

图 4.6　例 4.6 运行结果

说明：Dequeue()方法在队列的另一端读取和删除元素时,需要判断一下队列是否为空,否则将引发异常。

## 4.2.3　栈集合

栈是与队列非常类似的另一个容器,只是要使用不同的方法访问栈。最后添加到栈中的元素会最先读取。栈是一个后进先出(Last In First Out,LIFO)容器。

与 Queue 类相同,Statck 也执行了 ICollection、IEnumerable 和 ICloneable 接口。

**例 4.7**  Statck 示例。

(1) 代码编写如下：

```csharp
using System;
using System.Collections;
namespace StackSample
{
    class Program
    {
        static void Main(string[] args)
        {
            Stack Ids=new Stack();
            int select;
            Console.WriteLine("输入正整数进入栈,0从栈中移出,负数退出");
            do
            {
                Console.Write("请输入: ");
                select=int.Parse(Console.ReadLine());
                if (select>0)
                {
                    Ids.Push(select);
                    Console.WriteLine("{0}加入栈",select);
                }
                else if (select==0)
                    if (Ids.Count>0)
                        Console.WriteLine("{0}移出栈",Ids.Pop());
                    else
                        Console.WriteLine("栈中没有成员");
            } while (select>=0);
        }
    }
}
```

(2) 运行结果如图 4.7 所示。

栈使用 Push 方法入栈，Pop 方法出栈。出栈时需要判断一下队列是否为空，否则将引发异常。

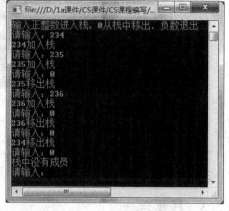

图 4.7  例 4.7 运行结果

### 4.2.4  有序表集合

如果需要排好序的表，可以使用 SortedList。这个类按照键给元素排序。

下面的例子创建了一个有序表，其中键和值都是 string 类型。默认的构造函数创建了一个空表，再用 Add()方法添加学生。使用重载的构造函数，可以定义有序表的容量，传送执行了 IComparer 接口的对象，用于给有序表中的元素排序。

Add()方法的第一个参数是键(学号),第二个参数是值(学生姓名)。除了使用 Add()方法之外,还可以使用索引器将元素添加到有序表中。索引器需要把键作为索引参数。如果键已存在,那么 Add()方法就抛出一个 ArgumentExeption 类型的异常。如果索引器使用相同的键,就用新值替代旧值。

**例 4.8** SortedList 示例。

(1) 代码编写如下:

```
using System;
using System.Collections;
namespace SortedListSample
{
    class Program
    {
        static void Main(string[] args)
        {
            SortedList students=new SortedList();
            students.Add("105","王涛");
            students.Add("102","李雨");
            students.Add("108","郭晨");
            students.Add("101","杨云");
            students.Add("106","张鑫");
            foreach (DictionaryEntry student in students)
            {
                Console.WriteLine("{0},{1}",student.Key,student.Value);
            }
            Console.ReadLine();
        }
    }
}
```

(2) 运行结果如图 4.8 所示。

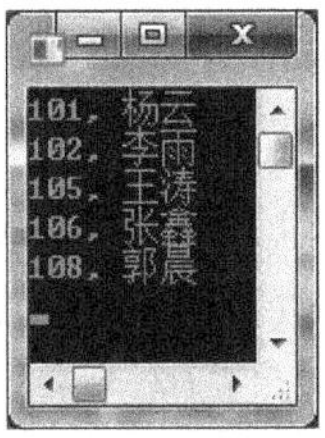

可以使用 foreach 语句迭代有序表。由于 SortedList 的每个元素都是一个键/值对,因此枚举器返回的既不是键的类型,也不是值的类型,而是 DictionaryEntry 类型,其中包含键和值。键可以用 Key 属性访问,值用 Value 属性访问。迭代语句会按键(学号)的顺序显示学号和姓名。也可以使用 Values 和 Keys 属性访问值和键。所以,可以在 foreach 中使用这些属性:

图 4.8 例 4.8 运行结果

```
foreach (string name in students.Values)
{
    Console.WriteLine(name);
}
foreach (string id in students.Keys)
{
    Console.WriteLine(id);
}
```

第一个循环显示值(姓名),第二个循环显示键(学号)。

### 4.2.5 其他集合类

.NET Framework 还提供了其他一些集合类型,现将其作用简单介绍一下。

链表集合类没有非泛型集合的类似版本。LinkedList 是一个双向链表,其元素指向它前面和后面的元素,链表的优点是,如果将元素插入列表的中间位置,使用链表会非常快。在插入一个元素时,只需修改上一个元素的 Next 引用和下一个元素的 Previous 引用,使它们引用所插入的元素。在 ArrayList 类中,插入一个元素,需要移动该元素后面的所有元素。当然,链表也有缺点。链表的元素只能一个接一个地访问,这需要较长的时间来查找位于链表中间或尾部的元素。

字典表示一种非常复杂的数据结构,这种数据结构允许按照某个键来访问元素。字典也称为映射或散列表。字典的主要特性是能根据键快速查找值。.NET Framework 提供了几个字典类:HashTable,ListDictionary 等。

如果需要处理许多位,就可以使用类 BitArray 和结构 BitVector32。BitArray 位于命名空间 System.Collections,BitVector32 位于命名空间 System.Collections.Specialized。这两种类型最重要的区别是,BitArray 可以重新设置大小,如果事先不知道需要的位数,就可以使用 BitArray,它可以包含非常多的位。BitVector32 是基于栈的,因此比较快。BitVector32 仅包含 32 位,存储在一个整数中。

## 小 结

本章介绍的数组和集合都是将相关数据组合到一起的数据结构,并提供大量处理这些数据的各种算法。数组实际上是一种特殊的集合。

本章需要掌握的知识点和难点如下。

(1) 熟练掌握一维数组的声明与应用。
(2) 掌握二维数组的声明与应用。
(3) 了解交错数组的声明与应用。
(4) 了解 Array 类和数组接口中的主要属性和方法。
(5) 掌握列表集合、队列集合、栈集合和有序表集合的应用。
(6) 了解其他集合类型的作用。

# 第 5 章 泛 型

泛型是.NET Framework 2.0中新增的功能之一,它不仅为C#添加了一种新的语法元素,还为核心的API新增了不少内容。通常情况下,除了操作对象是不同的数据外,采用的算法在逻辑上也是一致的。利用泛型可以定义一种算法,该算法不用考虑实际的数据类型,然后把该算法直接应用到各种数据类型而无须额外工作。

在泛型出现之前,凡是遇到类型不确定的场合都会通过使用Object类来存储任意类型的数据,这样不可避免地导致装箱和拆箱操作。通过使用泛型可以让类、方法、接口、结构和委托按它们存储和操作的数据类型进行参数化,这样在编译时进行类型检查,能够避免数据类型之间的显式转换,以及装拆箱操作和运行时类型检查,从而提高程序的性能及代码的重用性。

通过本章的学习,读者应当了解泛型的基本概念,掌握泛型的定义和类型参数的使用,掌握泛型类和泛型方法的定义及使用,掌握常用泛型集合的使用。

## 5.1 泛型概述

所谓泛型(Generic),即通过参数化类型来实现在同一份代码上操作多种数据类型,泛型编程是一种编程范式,它利用"参数化类型"将类型抽象化,从而实现更为灵活的复用。

泛型类和泛型方法是泛型的两种最常见的应用。

**1. 泛型类**

泛型类一般用于封装非特定数据类型的操作,例如,集合(如链表、队列和哈希表等)的添加和删除元素等操作的方式大致相同,与元素所属的数据类型无关。

泛型类的定义:

```
class ClassName<T>
{
    //泛型类的构造函数
    [访问修饰符] ClassName(参数)
    {
        ...
    }
    //泛型类的其他成员
}
```

其中,T是类型参数(Type Parameter)的名称。该名称是一个占位符,它在创建类的实例时确定,以后用实际类型替换T。T在类内部可以修饰局部变量、作为方法参数或方法返回值的类型。在泛型类的声明中,符号T并没有任何特殊含义,它可以用任意合法标识符,如V、E、TValue或TKey等来表示,但一般情况下使用T较多,也可以把T作为类型参数的前缀。

**例 5.1** 创建一个控制台应用程序实现泛型类的定义和使用。

(1) 代码编写如下：

```csharp
class GenClass<T>
{
    T ob;                                    //声明一个 T 类型的变量
    static int i;                            //静态成员 count 用来统计泛型类实例化的次数
    public GenClass(T t)
    {
        ob=t;
        i++;
    }
    public T GetOb()
    {
        return ob;                           //返回 T 类型的 ob
    }
    //显示 T 的数据类型
    public void ShowType()
    {
        Console.WriteLine("T 的数据类型是：{0}",typeof (T));
    }
    //返回泛型类实例化的次数
    public static int Counter()
    {
        return i;
    }
}
//使用泛型类
class GenDemo
{
    static void Main(string[ ] args)
    {
        GenClass<int>iob;                    //声明一个 int 类型的对象 iob
        iob=new GenClass<int>(3);            //实例化 iob 对象
        iob.ShowType();                      //显示 iob 对象的数据类型
        int i=iob.GetOb();
        Console.WriteLine("iob={0}",i);
        //输出实例化次数
        Console.WriteLine("实例化次数：{0}" , GenClass<int>.Counter());
        Console.WriteLine();
        //实例化一个 string 类型的对象 strob
        GenClass<string>strob=new GenClass<string>("Hello World.");
        strob.ShowType();                    //显示 strob 对象的数据类型
        string s=strob.GetOb();
        Console.WriteLine("strob={0}",s);
        //实例化一个 string 类型的对象 strob2
```

```
        GenClass<string>strob2=new GenClass<string>("Hello World.");
        //输出实例化次数
        Console.WriteLine("实例化次数:{0}", GenClass<int>.Counter());
        Console.WriteLine();
    }
}
```

（2）运行结果如图 5.1 所示。

（3）程序分析。

在 GenClass 的声明中，类名后面的 T 是一个占位符，表示类型参数的名称。

接下来，T 用来声明一个变量 ob，代码如下：

图 5.1　例 5.1 运行结果

```
T ob;
```

ob 是一个 T 类型的变量，T 所对应的实际类型将在创建 Gen 对象时才指定。如果 int 类型被传递给 T，那么在该实例中，变量 ob 将成为 int 类型。

泛型类不是实际的类，而是类的模板。在例 5.1 中，虽然 iob 和 strob 都是泛型类 GenClass<T>的实例对象，但是属于该类的不同泛型模板，因此它们是不同类型的引用。若将 iob = strob，则会发生编译时错误"无法将类型 GenClass<string>隐式转换为 GenClass<int>"。在使用泛型类的过程中，实质上是先从泛型类构建实际的类类型，然后创建这个构造后的类类型的实例。由泛型类实例化次数的输出结果可以看到，泛型类的各个模板之间互不干扰，泛型类的同一个模板之间是共享计数器的，不同版本各自计数。

在一个泛型类中，可以同时声明多个类型参数，各类型参数用逗号隔开。

泛型类的定义：

```
class ClassName<T,U>
{
    //泛型类的成员
}
```

**例 5.2**　创建一个控制台应用程序声明一个包含多个类型参数的泛型类。

（1）代码编写如下：

```
class GClass2<T,V>
{
    T f1; V f2;
    public GClass2(T f1,V f2)
    {
        this.f1=f1;
        this.f2=f2;
    }
    public T GetValue1()
    {
        return this.f1;
    }
    public V GetValue2()
```

```
        {
            return this.f2;
        }
    }
    class Program
    {
        static void Main(string[] args)
        {
            GClass2 < int, string > twoPara = new GClass2 < int, string > (2013," Hello,
            World!");
            Console.WriteLine(twoPara.GetValue1());
            Console.WriteLine(twoPara.GetValue2());
        }
    }
```

(2) 运行结果如图 5.2 所示。

图 5.2　例 5.2 运行结果

在本例中，实参 int 替换形参 T，实参 string 替换形参 V。当然，两个类型实参也可以是相同的。例如，下面的代码是合法的。T 和 V 都是 int 类型，但是如果类型实参总是相同，就没有必要使用两个类型参数了。

```
GClass2<int,int>twoPara=new GClass2<int,int>(2013,2012);
```

泛型类可从具体的、封闭式构造或开放式构造基类继承，具体类可从封闭式构造基类继承，但无法从开放式构造类继承。

```
class BaseClass{}                                    //具体类
class BaseGenericClass<T>{}                          //泛型类
class NodeConcrete<T> : BaseClass {}                 //泛型类可以从具体类继承
class NodeClosed<T> : BaseGenericClass<int>{}        //泛型类可以从封闭式基类继承
class NodeOpen<T> : BaseGenericClass<T>{}            //泛型类可以从开放式基类继承
class ClassName1 : BaseGenericClass<int>{}           //具体类可以从封闭式基类继承
//class ClassName2 : BaseGenericClass<T>{}           //error
```

从开放式构造类继承的泛型类，必须为任何未被继承类共享的基类类型参数提供类型变量。例如：

```
class BaseMulti<T,U>{}
class Node<T> : BaseMulti<T,int>{}
//编译错误
class Node2<T> : BaseMulti<T,U>{}
```

### 2．泛型方法

泛型方法是使用类型参数声明的方法。编译器能够根据传入的方法实参推断类型形参，此时可以省略指定实际泛型参数，但是编译器不能根据返回值推断泛型参数。

[访问修饰符] 返回值 方法名 <类型参数列表> (参数列表)

在泛型列表中声明的泛型，可用于该方法的返回类型声明、参数类型声明和方法代码中的局部变量的类型声明。

**例 5.3** 定义一个泛型方法,实现任意数据类型的两个数的交换。

(1) 代码编写如下:

```csharp
class Program
{
    //交换任意两个数的方法
    static void Swap<T>(ref T x,ref T y)
    {
        T temp;
        temp=x;
        x=y;
        y=temp;
    }
    static void Main(string[] args)
    {
        int a=1;
        int b=2;
        Console.WriteLine("交换前: a={0},b={1}",a,b);
        //调用泛型方法:指定类型参数 int
        Swap<int>(ref a,ref b);
        Console.WriteLine("交换后: a={0},b={1}",a,b);
        double c=1.1;
        double d=2.2;
        Console.WriteLine("交换前: c={0},d={1}",c,d);
        //调用泛型方法:可以省略类型参数 double,编译器将推断出该参数类型
        Swap(ref c,ref d);
        Console.WriteLine("交换后: c={0},d={1}",c,d);
    }
}
```

(2) 运行结果如图 5.3 所示。

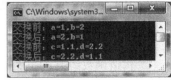

图 5.3 例 5.3 运行结果

使用泛型方法时需要注意以下两个问题。

(1) 如果泛型方法的泛型参数与所在泛型类的泛型参数相同,那么编译器会产生警告"方法的泛型参数隐藏了外部类型的泛型参数"。如果要与所在泛型类的类型参数区别开,可以为方法的泛型参数提供另一个标识符。例如:

```csharp
class GenericClass<T>
{
    //警告:类型形参"T"与外部类型"GenericClass<T>"中的类型形参同名
    void GenericSample<T>() {}
}
class GenericClass<T>
{
    //无警告信息
    void GenericSample<U>() {}
}
```

(2) 泛型方法可以使用类型参数进行重载。

```
void F() {}
void F<T>() {}
void F<T,U>() {}
```

## 5.2 泛型约束

在例 5.1 中，类型参数 T 可以被替换成任意类型。例如，在下面的声明中：

`class GenClass<T>{}`

可以为 T 传递任意类型。因此，在创建 GenClass 对象时使用 int、double 等值类型或任意引用类型来替换 T 都是合法的。但是，并不是任何时候都可以传入任何参数的。例如，在泛型类中对传入的参数调用了方法 F()，这就意味着，所有传入的类型参数应该包含方法成员 F()，否则将引发运行时异常。为了处理这种情况，C♯提供了泛型约束，也就是在指定一个类型参数时，通过 where 子句来指定类型参数必须满足的约束条件。其一般形式如下：

```
class className<T> where T: constraints
{
    //泛型类的成员
}
```

其中，constraints 是一个由逗号分隔的约束列表。

泛型约束有以下 5 种类型。

(1) 引用类型约束：通过关键字 class 来限制类型参数必须是引用类型。

(2) 值类型约束：通过关键字 struct 来限制类型参数必须是值类型。

(3) 基类约束：通过指定基类名来限制类型参数必须是指定的基类或派生自指定的基类。

(4) 接口约束：通过指定接口名称来限制类型参数必须是指定的接口或实现指定接口的类。

(5) 构造函数约束：通过 new()来指定类型参数必须具有无参的公共构造函数。

在这些约束中，基类约束和接口约束是最常使用的。而各约束类型是有顺序的，最多只能有一个主约束，如果有则必须放在第一位。可以有任意多个接口约束，如果存在构造函数约束必须放在最后。

**1. 基类约束**

基类约束的形式如下：

```
class className<T> where T:A
{
    //泛型类的成员
}
```

其中，T 是类型参数的名称，A 是基类的名称。这里只能指定一个基类。

基类约束有两个主要功能。一是确保类型实参支持指定的基类类型参数。即对于任意类型实参必须是 A 类型本身，或是派生于 A 类的子类。如果试图使用没有继承指定基类的类型实参，就会导致编译时错误。二是它允许在泛型类中使用由约束指定的基类所定义的成员。如果在 A 类型中定义了公用的 F()方法,则如果 T 本身为 A 类型或 A 的子类,则 T 肯定也有 F()方法,这时程序不会因为 T 缺少 F()方法而引发异常。通过提供基类约束,编译器将知道所有的类型实参都具有由指定的基类所定义的成员。

**例 5.4**  基类约束。创建一个管理电话号码列表的工具。不同组的用户使用的是不同列表。例如,一个列表用于朋友,一个列表用于供应商等。

(1) 创建以下 4 个类。

① 基类(PhoneNumber)用于存储联系人姓名和电话号码。

② Friend 和 Supplier:PhoneNumber 的子类 Friend(朋友)和 Supplier(供应商)。

③ PhoneList:能管理任意类型电话列表的类 PhoneList。由于列表管理的一部分内容是根据联系人姓名查询电话号码,因此需要给 PhoneList 添加约束,从而保证存储在列表中的对象必须是 PhoneNumber 或其子类。

(2) 代码编写如下:

```
//基类:电话号码
class PhoneNumber
{
    string name;                //联系人姓名
    public string Name
    {
        get { return name; }
        set { name=value; }
    }
    string number;              //联系人电话
    public string Number
    {
        get { return number; }
        set { number=value; }
    }
    public PhoneNumber(string name,string number)
    {
        this.name=name;
        this.number=number;
    }
}

//子类:Friend
class Friend:PhoneNumber
{
    bool isWorkNumber;          //是否工作电话
    public bool IsWorkNumber
    {
        get { return isWorkNumber; }
    }
    public Friend(string name,string number,bool isWorkNum)
        : base(name,number)
    {
```

```csharp
            this.isWorkNumber=isWorkNum;
        }
    }
    //供应商
    class Supplier:PhoneNumber
    {
        public Supplier(string name,string number) : base(name,number) {}
        //其他成员
    }
    class Others
    {
    }
    //管理电话列表的类 PhoneList
    class PhoneList<T> where T : PhoneNumber
    {
        T[] phList;
        int end;
        public PhoneList()
        {
            this.phList=new T[10];
            end=0;
        }
        public bool Add(T newNumber)
        {
            if (end==10)
                return false;
            phList[end]=newNumber;
            end++;
            return true;
        }
        public void findByName(string name)
        {
            for (int i=0; i<end; i++)
            {
                if (phList[i].Name==name)
                {
                    Console.WriteLine("{0}的联系电话是：{1}",name,phList[i].Number);
                    return;
                }
            }
            Console.WriteLine("没有找到{0}的联系方式!",name);
        }
    }
    //主调用函数代码：
    class Program
    {
        static void Main(string[] args)
```

```
        {
            //Friend 作为类型实参
            PhoneList<Friend>plist=new PhoneList<Friend>();
            plist.Add(new Friend ("张三","0535-1234567",true ));
            plist.Add(new Friend("李四","010-12345678",false ));
            plist.Add(new Friend("王五","020-91234567",true));
            plist.findByName("张三");
            Console.WriteLine();
            //Supplier 作为类型实参
            PhoneList<Supplier>plist2=new PhoneList<Supplier>();
            plist2.Add(new Supplier("Oracle","010-9876543"));
            plist2.Add(new Supplier("AdobeReader","010-666666"));
            plist2.findByName("Sun");
            Console.WriteLine();
            //PhoneNumber 作为类型实参
            PhoneList<PhoneNumber>plist3=new PhoneList<PhoneNumber>();
            //Others 作为类型实参时,会出现编译错误
            //PhoneList<Others>plist4=new PhoneList<Others>();
        }
    }
```

(3) 运行结果如图 5.4 所示。

PhoneList 使用类基类约束,实参类型必须为 PhoneNumber 或 PhoneNumber 的子类,所以 PhoneNumber、PhoneNumber 的子类 Friend 和

图 5.4　例 5.4 运行结果

Supplier 都可以作为类型实参,但是 Others 作为类型实参时会出现编译错误"不能将 Others 用作泛型类或方法中的类型形参 T。没有从 Others 到 PhoneNumber 的隐式引用转换"。

基类约束允许 PhoneList 中的代码能够访问任意类型的电话列表的 Name 和 Number 属性,但是不能访问 Friend 类中特有的属性成员 IsWorkNumber。

**2. 接口约束**

接口约束类似于基类约束,其形式如下:

```
class className<T>where T:InterfaceName
{
    //泛型类的成员
}
```

其中,类型参数可以是接口或实现了接口的类。用于约束的接口可以有多个,各接口之间通过逗号隔开,需要注意的是,若约束中同时包含基类约束,则基类应该放在第一位,接口在后。

**例 5.5**　使用接口约束实现例 5.4 的功能。

(1) 代码编写如下:

```
interface IPhoneNumber
{
    string Name
```

```csharp
        get;
        set;
    }
    string Number
    {
        get;
        set;
    }
}
//Friend 实现 IPhoneNumber 接口
class Friend : IPhoneNumber
{
    string name;                        //联系人姓名
    string number;                      //联系人电话
    bool isWorkNumber;                  //是否工作电话
    public bool IsWorkNumber
    {
        get { return isWorkNumber; }
    }
    public Friend(string name,string number,bool isWorkNum)
    {
        this.isWorkNumber=isWorkNum;
    }
    //实现接口成员
    public string Name
    {
        get { return this.name; }
        set { this.name=value; }
    }
    public string Number
    {
        get { return this.number; }
        set { this.number=value; }
    }
}
//供应商实现 IPhoneNumber 接口
class Supplier : IPhoneNumber
{
    string name;                        //联系人姓名
    string number;                      //联系人电话
    public Supplier(string name,string number)
    {
        this.name=name;
        this.number=number;
    }
    //实现接口成员
    public string Name
```

```csharp
    {
        get { return this.name; }
        set { this.name=value;}
    }
    public string Number
    {
        get { return this.name;}
        set { this.name=value; }
    }
}
//Others 没有实现接口 IPhoneNumber
class Others
{
}
//管理电话列表的类 PhoneList 使用了接口约束
class PhoneList<T> where T : IPhoneNumber
{
    T[] phList;
    int end;
    public PhoneList()
    {
        this.phList=new T[10];
        end=0;
    }
    public bool Add(T newNumber)
    {
        if (end==10)
            return false;
        phList[end]=newNumber;
        end++;
        return true;
    }
    public void findByName(string name)
    {
        for (int i=0; i<end; i++)
        {
            if (phList[i].Name==name)
            {
                Console.WriteLine("{0}的联系电话是：{1}",name,phList[i].Number);
                return;
            }
        }
        Console.WriteLine("没有找到{0}的联系方式！",name);
    }
}
class Program
{
    static void Main(string[] args)
```

```
        {
            //实现了IPhoneNumber接口的Friend类作为类型实参
            PhoneList<Friend>plist=new PhoneList<Friend>();
            plist.Add(new Friend("张三","0535-1234567",true));
            plist.Add(new Friend("李四","010-12345678",false));
            plist.Add(new Friend("王五","020-91234567",true));
            plist.findByName("张三");
            Console.WriteLine();
            //实现了IPhoneNumber接口的Supplier类作为类型实参
            PhoneList<Supplier>plist2=new PhoneList<Supplier>();
            plist2.Add(new Supplier("Oracle","010-9876543"));
            plist2.Add(new Supplier("AdobeReader","010-666666"));
            plist2.findByName("Sun");
            Console.WriteLine();
            //Others作为类型实参时,会出现编译错误
            //PhoneList<Others>plist4=new PhoneList<Others>();
        }
    }
```

(2) 运行结果如图 5.5 所示。

### 3. 引用类型约束

引用类型约束的形式如下：

```
class className<T>where T:class
{
    //泛型类的成员
}
```

图 5.5　例 5.5 运行结果

其中，class 表明是引用类型约束，即 T 只能为引用类型，若为值类型会出现编译错误。这里的 class 不是指类名而是 class 这个关键词。

**例 5.6**　使用引用类型约束的作用。

代码编写如下：

```
//定义类MyClass
class MyClass{}
class GenClass<T>where T : class
{
    T field;
    public GenClass()
    {
        field=null;                          //null是引用类型特有的赋值方式,可空类型除外
    }
}
class Program
{
    static void Main(string[] args)
    {
        //引用类型MyClass作为类型实参
```

```
    GenClass<MyClass>g=new GenClass<MyClass>();
    //double 作为类型实参时会出现编译错误"double 必须是引用类型才能作为类型参数"
    //GenClass<double>g1=new GenClass<double>();
    }
}
```

**4. 值类型约束**

值类型约束的形式如下：

```
class className<T>where T:struct
{
    //泛型类的成员
}
```

值类型约束类似于引用类型。struct 表明是值类型约束，即 T 只能为值类型，若为引用类型会出现编译错误。

**5. new()构造函数约束**

new()构造函数约束的形式如下：

```
class className<T>where T: new()
{
    //泛型类的成员
}
```

new()构造函数约束要求实参类型提供无参数的构造函数（这种无参数的构造函数可以是没有显式声明构造函数时自动默认的构造函数）。一般情况下，无法创建一个泛型类型参数的实例，然而 new()构造函数约束允许通过 new T()实例化一个泛型类的对象，若无该约束，new T()会报错。

**例 5.7** 使用 new()来实现构造函数约束。

（1）代码编写如下：

```
//定义 MyClass1 无构造函数
class MyClass1
{
}
//定义 MyClass2 具有无参数构造函数
class MyClass2
{
    public MyClass2()
    {
        Console.WriteLine("执行 MyClass2 的构造函数!");
    }
}
//定义 MyClass3 具有有参数和无参数构造函数
class MyClass3
{
```

```csharp
        public MyClass3()
        {
            Console.WriteLine("执行MyClass3无参数的构造函数!");
        }
        public MyClass3(int n)
        {
            Console.WriteLine("执行MyClass3有参数的构造函数!");
            Console.WriteLine("n="+n);
        }
    }
    //GenClass使用了new()构造函数约束
    class GenClass<T> where T : new()
    {
        T field;
        public GenClass()
        {
            Console.WriteLine("-----------执行T的构造函数!-----------");
            //若去掉new()构造函数约束,此处会报错
            field=new T();
            //编译错误,不能给T的构造函数传递参数
            //field=new T(3);
        }
    }
    class Program
    {
        static void Main(string[] args)
        {
            GenClass<MyClass1>g1=new GenClass<MyClass1>();
            GenClass<MyClass2>g2=new GenClass<MyClass2>();
            GenClass<MyClass3>g3=new GenClass<MyClass3>();
        }
    }
```

(2) 运行结果如图5.6所示。

在该例中MyClass2定义了一个无参构造函数,因此对于GenClass,它是一个合法的类型参数。MyClass1类没有显式声明无参构造函数,其默认的构造函数也可以满足约束。但是类MyClass3声明了有参数的构造函数,因

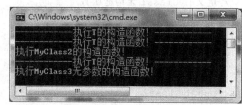

图5.6 例5.7运行结果

此它必须显式声明无参的构造函数才能满足这种约束。虽然MyClass3类中存在int类型参数的构造函数,但是仍然不能给类型参数T的构造函数传递参数。

在使用new()构造函数约束时需要注意以下三点。

(1) 如果存在多种约束,new()必须位于约束列表的末端。

(2) 该约束允许使用new T()来创建一个T对象,但是不能向该构造函数传递实参。

(3) new()不能和值类型约束同时使用。

### 6. 混合约束

在实际使用过程中,同一个类型参数可以同时使用多种约束,各约束之间通过逗号隔开。第一个约束必须是 class 或 struct,或者是基类,但是指定 class 或 struct 约束的同时也指定基类的约束是非法的。然后是接口约束,最后是 new()约束。例如:

```
class GenClass<T> where T: MyClass,IMyInterface,new()
```

在这个例子中,用于替换 T 的类型实参必须继承 MyClass,实现接口 IMyInterface,且拥有一个无参数的构造函数。

在使用两个或更多的类型参数时,可以同时使用多个 where 子句分别指定它们的约束。例如:

```
class GenClass<T,U> where T: class
                   where U: new()
{
    //类的成员
}
```

## 5.3 泛型集合

在前面的章节中,学习了 ArrayList、Queue、HashTable 等常用的集合类型,它们有一个共同的特点:可以存储任意类型的数据,不仅包括 int、float 等值类型,同时还包括引用类型及 object 类型,然而这一点却带来了一系列问题。任何引用或值类型都将隐式地向上强制转换为 Object,如果项是值类型,则添加时需要进行装箱操作,检索时需要进行拆箱操作,效率低下,更重要的问题是,它有可能引发由于类型不安全而导致的运行时异常。

使用泛型集合,既具有集合的优点,又可以约束集合内的元素类型,从而解决了上述问题。泛型集合所在的命名空间是 System.Collections.Generic,使用前需要引入该命名空间。

### 5.3.1 List<T>

List<T>类是 ArrayList 类的泛型等效类,该类兼具泛型的优点和 ArrayList 的优点,使用它可以限制集合中存储数据的类型,若是不兼容的类型会出现编译错误,具有类型安全的特征。表 5.1 列出了 List<T>与 ArrayList 的异同点。

表 5.1 List<T>与 ArrayList 的异同点

| 异同点 | List<T> | ArrayList |
| --- | --- | --- |
| 不同点 | 增加元素时类型严格检查 | 可以增加任何类型 |
| | 无须装箱拆箱 | 需要装箱拆箱 |
| 相同点 | 通过索引访问集合的元素 | |
| | 添加对象方法相同 | |
| | 通过索引删除元素 | |

表5.2是List<T>类的常用属性和方法。

表5.2 List<T>类的常用属性和方法

| 属 性 | 说 明 |
| --- | --- |
| Capacity | 获取或设置该内部数据结构在不调整大小的情况下能够保存的元素总数 |
| Count | 获取List中实际包含的元素数 |

| 方 法 | 说 明 |
| --- | --- |
| Add | 将对象添加到List的结尾处 |
| AddRange | 将指定集合的元素添加到List<T>的末尾 |
| BinarySearch | 在整个已排序的List<T>中搜索元素,并返回该元素从零开始的索引 |
| Clear | 从List<T>中移除所有元素 |
| Contains | 确定某元素是否在List<T>中 |
| CopyTo | 将List<T>或它的一部分复制到一个数组中 |
| Exists | 如果List<T>包含一个或多个与指定谓词所定义的条件相匹配的元素,则为true;否则为false |
| Find | 搜索与指定谓词所定义的条件相匹配的元素,并返回整个List中的第一个匹配元素 |
| FindAll | 检索与指定谓词所定义的条件相匹配的所有元素 |
| FindIndex | 搜索与指定谓词所定义的条件相匹配的元素,返回List或它的一部分中第一个匹配项的从零开始的索引 |
| FindLast | 搜索与指定谓词所定义的条件相匹配的元素,并返回整个List中的最后一个匹配元素 |
| FindLastIndex | 搜索与指定谓词所定义的条件相匹配的元素,返回List或它的一部分中最后一个匹配项的从零开始的索引 |
| ForEach | 对List<T>的每个元素执行指定操作 |
| IndexOf | 返回List<T>或它的一部分中某个值的第一个匹配项的从零开始的索引 |
| Insert | 将元素插入List<T>的指定索引处 |
| InsertRange | 将集合中的某个元素插入List<T>的指定索引处 |
| LastIndexOf | 返回List<T>或它的一部分中某个值的最后一个匹配项的从零开始的索引 |
| Remove | 从List<T>中移除特定对象的第一个匹配项 |
| RemoveAll | 移除与指定的谓词所定义的条件相匹配的所有元素 |
| RemoveAt | 移除List<T>的指定索引处的元素 |
| RemoveRange | 从List<T>中移除一定范围的元素 |
| Reverse | 将List<T>或它的一部分中元素的顺序反转 |
| Sort | 对List<T>或它的一部分中的元素进行排序 |
| ToArray | 将List<T>的元素复制到新数组中 |
| TrimExcess | 将容量设置为List<T>中的实际元素数目(如果该数目小于某个阈值) |

定义 List<T> 类的对象的语法格式如下。

```
//方法一：该实例为空并且具有默认初始容量
List<T>列表名=new List<T>();
//方法二：该实例为空并且具有指定的初始容量 capacity
List<T>列表名=new List<T>(int capacity);
//方法三：该实例包含从指定集合复制的元素并且具有足够的容量来容纳所复制的元素
List<T>() Others=new List<T>(IEnumerable<T>collection);
```

**例 5.8**　设计一个控制台应用程序，定义一个 List<T> 对象，用于添加若干个学生的学号和姓名，输出后再插入一个学生记录。

(1) 代码编写如下：

```
//添加命名空间引用
using System.Collections.Generic;
struct Student                              //定义结构类型
{
    public int sno;                         //学号
    public string sname;                    //姓名
};
class Program
{
    static void Main(string[] args)
    {
        int i;
        List<Student>myset=new List<Student>();
        //myset.Add(3);                     //编译错误:无法从 int 转换为 Student
        Student s1=new Student();
        s1.sno=101; s1.sname="李明";
        myset.Add(s1);
        Student s2=new Student();
        s2.sno=103; s2.sname="王华";
        myset.Add(s2);
        Student s3=new Student();
        s3.sno=108; s3.sname="张英";
        myset.Add(s3);
        Student s4=new Student();
        s4.sno=105; s4.sname="张伟";
        myset.Add(s4);
        Console.WriteLine("元素序列:");
        Console.WriteLine("下标    学号    姓名");
        i=0;
        foreach (Student st in myset)
        {
            Console.WriteLine("{0}    {1}    {2}",i,st.sno,st.sname);
            i++;
```

```
        }
        Console.WriteLine("容量：{0}",myset.Capacity);
        Console.WriteLine("元素个数：{0}",myset.Count);
        Console.WriteLine("在索引 2 处插入一个元素");
        Student s5=new Student();
        s5.sno=106; s5.sname="陈兵";
        myset.Insert(2,s5);
        Console.WriteLine("元素序列：");
        Console.WriteLine("下标   学号   姓名");
        i=0;
        foreach (Student st in myset)
        {
            Console.WriteLine("{0}    {1}    {2}",
                i,st.sno,st.sname);
            i++;
        }
    }
}
```

图5.7 例5.8运行结果

（2）运行结果如图5.7所示。

在该例中，实例化List<T>时的类型实参为Student，因此集合对象myset中存放的数据类型只能是Student，若通过Add方法增加其他类型的元素（如整型数据3），会出现编译错误，在取元素时，不需要对元素进行强制类型转换。

### 5.3.2　Queue<T>和Stack<T>

Queue<T>类与非泛型Queue类的功能相同，Stack<T>类与非泛型Stack类的功能相同，但泛型Queue<T>类和Stack<T>类只能存放特定数据类型的元素，取元素时不存在装箱和拆箱操作，能够提高效率，同时具有类型安全的特点。表5.3列出了Queue<T>的常用属性和方法，表5.4列出了Stack<T>的常用属性和方法。

表5.3　Queue<T>类的常用属性和方法

| 属　　性 | 说　　明 |
| --- | --- |
| Count | 获取Queue<T>中实际包含的元素数 |
| 方　　法 | 说　　明 |
| Enqueue | 将对象添加到Queue<T>的结尾处，入队操作 |
| Dequeue | 移除并返回位于Queue<T>开始处的对象，元素出队列操作 |
| Peek | 返回位于Queue<T>开始处的对象但不将其移除 |
| Clear | 从Queue<T>中移除所有元素 |
| Contains | 确定某元素是否在Queue<T>中 |
| GetEnumerator | 返回循环访问Queue<T>的枚举数 |
| ToArray | 将Queue<T>的元素复制到新数组中 |

表 5.4 Stack<T>类的常用属性和方法

| 属　　性 | 说　　明 |
| --- | --- |
| Count | 获取 Stack<T>中实际包含的元素数 |

| 方　　法 | 说　　明 |
| --- | --- |
| Push | 将对象添加到 Stack<T>的顶部，入栈操作 |
| Pop | 移除并返回位于 Stack<T>顶部的对象，出栈操作 |
| Peek | 返回位于 Stack<T>顶部的对象但不将其移除 |
| Clear | 从 Stack<T>中移除所有元素 |
| Contains | 确定某元素是否包含在 Stack<T>中 |
| GetEnumerator | 返回 Stack<T>的一个枚举数 |
| ToArray | 将 Stack<T>的元素复制到新数组中 |

Queue<T>类的实例化方式有以下几种。

```
//方法一：创建空队列
Queue<T>队列名=new Queue<T>();
//方法二：创建容量为 capacity 的队列
Queue<T>队列名=new Queue<T>(int capacity);
//方法三：使用其他集合初始化队列
Queue<T>() 队列名=new Queue<T>(IEnumerable<T>collection);
```

Stack<T>类的实例化方式有以下几种。

```
//方法一：创建空栈
Stack<T>栈名=new Stack<T>();
//方法二：创建容量为 capacity 的栈
Stack<T>栈名=new Stack<T>(int capacity);
//方法三：使用其他集合初始化栈
Stack<T>() 栈名=new Stack<T>(IEnumerable<T>collection);
```

**例 5.9**　随机产生 100 个 1~100 的数放在一个队列中，统计队列中指定数的个数并输出。

(1) 代码编写如下：

```
//添加命名空间引用
using System.Collections.Generic;
class QueueNumber
{
    Queue<int>queue=new Queue<int>();           //创建队列集合
    public void AddNumber()                     //向队列中添加 100 个随机数
    {
        Random random=new Random();
```

```csharp
        for (int i=0; i<100; i++)
        {
            queue.Enqueue(random.Next(100)+1);
        }
        Console.WriteLine("100个随机数添加完毕!");
        foreach (int e in queue)
            Console.Write("{0,5}",e);
        Console.WriteLine();
        Console.WriteLine("元素个数是：{0};第一个元素是：{1}",queue.Count,queue.Peek());
    }
    public int FindNumbers(int n)          //统计与 n 相同值的元素的个数
    {
        int count=0;
        while (queue.Count>0)
        {
            if ((int)queue.Dequeue()==n)
                count++;
        }
        return count;
    }
}
class Program
{
    static void Main(string[] args)
    {
        QueueNumber qn=new QueueNumber();
        qn.AddNumber();
        Console.Write("输入要找的数：");
        int n=int.Parse(Console.ReadLine());
        Console.WriteLine("{0}出现的次数有{1}次!",n,qn.FindNumbers(n));
    }
}
```

（2）运行结果如图 5.8 所示。

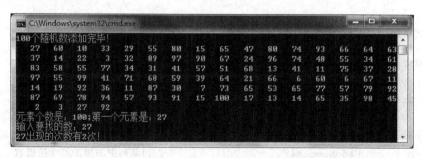

图 5.8　例 5.9 运行结果

**例 5.10** Stack<T>的应用。

(1) 代码编写如下：

```
//添加命名空间引用
using System.Collections.Generic;
static void Main(string[] args)
{
    Stack<string>courses=new Stack<string>();
    courses.Push("大学英语");
    courses.Push("C#程序设计");
    courses.Push("软件工程");
    Console.WriteLine("栈中元素个数：{0}",courses.Count);
    Console.WriteLine("栈顶部元素：{0}",courses.Peek());
    Console.WriteLine("栈中元素个数：{0}",courses.Count);
    //获取能遍历访问堆栈中所有元素的 IEnumerator 接口的实例
    IEnumerator<string>myEnumerator=courses.GetEnumerator();
    Console.WriteLine("栈中的元素如下：");
    while (myEnumerator.MoveNext())
    {
        Console.Write("{0}\t",myEnumerator.Current);
    }
    Console.WriteLine();
    int count=courses.Count;
    for(int i=0;i<count;i++)
        Console.WriteLine("出栈：'{0}' ",courses.Pop());
    Console.WriteLine("出栈后,栈的元素个数为："+courses.Count);
}
```

(2) 运行结果如图 5.9 所示。

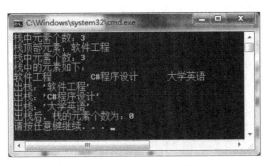

图 5.9 例 5.10 运行结果

**注意**：Peek()方法取栈顶元素但不删除元素,而 Pop 在获取栈顶元素的同时会将其删除。

## 5.3.3 SortedList<T,V>

SortedList 表示键值对的集合,集合中的元素是根据对应的键进行了排序,可以对集合中的元素使用整型数值进行排序,因此它具有键和索引两种访问方式。SortedList<T,V>是 SortedList 的泛型版本,具有 SortedList 的特性和行为,但 SortedList<T,V>在编译时能够对添加的元素进行类型检查,取元素时不存在装箱和拆箱操作,能够提高效率,同时具有类型安全的特点。表 5.5 列出了 SortedList<T,V>的常用属性和方法。

表 5.5 SortedList<T,V>类的常用属性和方法

| 属 性 | 说 明 |
| --- | --- |
| Capacity | 获取或设置 SortedList<T,V>的容量 |
| Count | 获取包含在 SortedList<T,V>中的键/值对的数目 |
| Keys | 获取包含 SortedList<T,V>中的键的集合 |
| Values | 获取包含 SortedList<T,V>中的值的集合 |

| 方 法 | 说 明 |
| --- | --- |
| Add | 将带有指定键和值的元素添加到 SortedList<T,V>中 |
| Clear | 从 SortedList<T,V>中移除所有元素 |
| ContainsKey | 确定 SortedList<T,V>是否包含特定键 |
| ContainsValue | 确定 SortedList<T,V>是否包含特定值 |
| GetEnumerator | 返回一个循环访问 SortedList<T,V>的枚举器 |
| IndexOfKey | 在整个 SortedList<T,V>中搜索指定键并返回从零开始的索引 |
| IndexOfValue | 在整个 SortedList<T,V>中搜索指定的值,并返回第一个匹配项的从零开始的索引 |
| Remove | 从 SortedList<T,V>中移除带有指定键的元素 |
| RemoveAt | 移除 SortedList<T,V>的指定索引处的元素 |

**例 5.11** 设计一个控制台应用程序,定义一个 SortedList<T,V>对象,用于存储若干个学生信息和分数,学生信息作为键,成绩作为值。

(1) 代码编写如下:

```
//添加命名空间引用
using System.Collections.Generic;
public class Student : IComparable
{ //学生类
    private string name;              //姓名
    public string Name
    {
        get { return name; }
        set { name=value; }
    }
    //年龄
    private int age;
    public int Age
    {
```

```csharp
            get { return age; }
            set { age=value; }
        }
        public Student(string name,int age)
        {
            this.name=name;
            this.age=age;
        }
        public void SayHi()
        {
            Console.WriteLine("我叫{0},今年：{1}",this.name,this.age);
        }
        public int CompareTo(object other)
        {
            return this.Name.CompareTo(((Student)other).Name);
        }
    }
    public class Score
    {
        private int cprogram;                //《c语言程序设计》成绩
        public int cprogram
        {
            get { return cprogram; }
            set { cprogram=value; }
        }
        private int java;                    //《Java程序设计》成绩
        public int Java
        {
            get { return java; }
            set { java=value; }
        }
        public Score(int C,int JAVA)
        {
            this.Cprogram=C;
            this.Java=JAVA;
        }
    }
    class Program
    {
        static void Main(string[] args)
        {
            Student stu1=new Student("lisi",20);
            Score s1=new Score(70,80);
            Student stu2=new Student("wangwu",19);
            Score s2=new Score(80,90);
```

```
Student stu3=new Student("bobo",21);
Score s3=new Score(90,100);
SortedList<Student,Score> students=new SortedList<Student,Score>();
students.Add(stu1,s1);
students.Add(stu2,s2);
students.Add(stu3,s3);
foreach (Student stu in students.Keys)
{
    stu.SayHi();
}
students.RemoveAt(2);
Console.WriteLine("删除索引为2的元素后,集合中元素个数："+students.Count);
Console.WriteLine("--------索引访问----------");
Console.WriteLine("姓名\t年龄\tC语言\tJAVA");
for (int i=0; i<students.Count; i++)
{
    Console.WriteLine("{0}\t{1}\t{2}\t{3}", students.Keys[i].Name,
        students.Keys[i].Age, students.Values[i].Cprogram, students.Values
        [i].Java);
}
}
```

(2) 运行结果如图 5.10 所示。

### 5.3.4 HashsSet<T>

HashsSet<T>是一个泛型集合,其最大的特点是元素不重复,其容量会随着元素的动态增

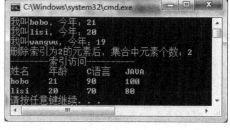

图 5.10　例 5.11 运行结果

加自动扩充至与元素个数相等。HashsSet<T>能完成求集合的并集、交集、差集等运算功能。表 5.6 列出了 HashsSet<T>的常用属性和方法。

表 5.6　HashsSet<T>类的常用属性和方法

| 属　　性 | 说　　明 |
| --- | --- |
| Count | 获取集中包含的元素数 |
| 方　　法 | 说　　明 |
| Add | 将指定的元素添加到集合中 |
| Clear | 从 HashSet<T>对象中移除所有元素 |
| Contains | 确定 HashSet<T>对象是否包含指定的元素 |
| CopyTo | 将 HashSet<T>对象的元素复制到数组中 |
| ExceptWith | 从当前 HashSet<T>对象中移除指定集合中的所有元素,即将当前集合与指定集合执行差集运算 |

续表

| 方法 | 说明 |
|---|---|
| IntersectWith | 修改当前的 HashSet<T>对象,以仅包含该对象和指定集合中存在的元素,即将当前集合与指定集合执行交集运算 |
| UnionWith | 修改当前的 HashSet<T>对象,以包含该对象本身和指定集合中存在的所有元素 |
| SymmetricExceptWith | 修改当前的 HashSet<T>对象,以仅包含该对象或指定集合中存在的元素(但不可同时包含两者中的元素) |
| IsProperSubsetOf | 确定 HashSet<T>对象是否为指定集合的真子集 |
| IsProperSupersetOf | 确定 HashSet<T>对象是否为指定集合的真超集 |
| IsSubsetOf | 确定 HashSet<T>对象是否为指定集合的子集 |
| IsSupersetOf | 确定 HashSet<T>对象是否为指定集合的超集 |
| Overlaps | 确定当前的 HashSet<T>对象和指定的集合是否共享常见元素 |
| SetEquals | 确定 HashSet<T>对象与指定的集合中是否包含相同的元素 |
| Remove | 从 HashSet<T>对象中移除指定的元素 |
| RemoveWhere | 从 HashSet<T>集合中移除与指定的谓词所定义的条件相匹配的所有元素 |

HashSet<T>可以批量删除具有特定特征的元素,它的用法:

```
public int RemoveWhere(Predicate<T>match)
```

其中,match 参数是委托类型,该委托的原型是:

```
public delegate bool Predicate<T>(T obj)
```

因此,若要删除某些数据,可以定义一个方法,该方法用来判断一个数据是否满足特定的特征,返回值类型为 bool(true,false)。

**例 5.12** 设计一个控制台应用程序,使用 HashSet<T>实现集合的并、差、交、是否子集、批量删除元素等操作。

(1) 代码编写如下:

```
//添加命名空间引用
using System.Collections.Generic;
class Program
{
    static void RandomNumber(int[] arr,int n)
    {
        for (int i=0; i<n; i++)
        {
            arr[i]=new Random().Next(0,101);
        }
    }
    static void PrintElement<T>(HashSet<T>hs)
    {
```

```csharp
        foreach (T e in hs)
            Console.Write("{0,5}",e);
        Console.WriteLine();
    }
    static bool isLessThan5(int e)
    {
        return e<5;
    }
    static void Main(string[] args)
    {
        HashSet<int>hs1=new HashSet<int>();
        HashSet<int>hs2=new HashSet<int>();
        //hs1 添加元素
        for (int i=1; i<=10; i++)
            hs1.Add(i);
        //hs2 添加元素
        for (int i=2; i<15; i=i+2)
            hs2.Add(i);
        //输出 hs1 的元素
        Console.WriteLine("hs1 的元素：");
        PrintElement<int>(hs1);
        //输出 hs2 的元素
        Console.WriteLine("hs2 的元素：");
        PrintElement<int>(hs2);
        Console.WriteLine("hs1 包含元素 3: "+hs1.Contains(3));
        Console.WriteLine("hs1 等于 hs2:"+hs1.SetEquals(hs2));
        Console.WriteLine("hs1 和 hs2 有重叠："+hs1.Overlaps(hs2));
        //hs1 中的元素为 hs1 和 hs2 的并集
        hs1.UnionWith(hs2);
        //输出 hs1 的元素
        Console.WriteLine("与 hs2 并集后 hs1 的元素：");
        PrintElement<int>(hs1);
        Console.WriteLine("hs2 是 hs1 的子集："+hs2.IsSubsetOf(hs1));
        //hs1 中的元素为 hs1 和 hs2 的差集
        hs1.ExceptWith(hs2);
        Console.WriteLine("与 hs2 差集后 hs1 的元素：");
        PrintElement<int>(hs1);
        hs1.Add(2);
        //hs1 中的元素为 hs1 和 hs2 的交集
        hs1.IntersectWith(hs2);
        Console.WriteLine("向 hs1 中添加元素 2 之后,再与 hs2 交集;hs1 的元素：");
        PrintElement<int>(hs1);
        hs2.RemoveWhere(isLessThan5);
        Console.WriteLine("删除 hs2 中小于 5 的元素");
        PrintElement<int>(hs2);
```

        }
}

（2）运行结果如图 5.11 所示。

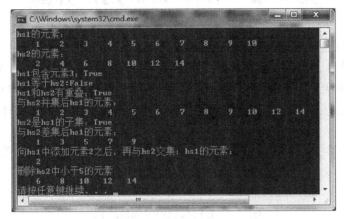

图 5.11　例 5.12 运行结果

## 小　　结

泛型是公共语言运行库中的一个功能，它将类型参数的概念引入 .NET 框架，类型参数将一个或多个类型的指定推迟到客户端代码声明并实例化该类或方法，大大提高了程序的可重用性、类型安全和效率。本章系统介绍了泛型的有关知识，主要包括泛型类和泛型方法的声明及使用，如何定义泛型约束，常用泛型集合的使用等内容。本章学习要点如下。

（1）了解什么是泛型。
（2）了解泛型的类型参数 T。
（3）掌握如何使用泛型方法。
（4）掌握如何使用泛型类。
（5）掌握 List<T>、Queue<T>和 Stack<T>等泛型集合的使用。

# 第 6 章 WinForm 用户界面

WinForm 应用程序即 Windows 窗体应用程序,它是在用户计算机上运行的客户端应用程序,可显示信息、请求用户输入以及通过网络与远程计算机进行通信。Windows Forms 是微软在.NET 框架中提供的一套组件,它们功能强大而且易于使用,可以用来方便地构造 Windows 客户端应用程序。Windows 窗体应用程序的编程模型主要由窗体、控件及其事件组成。

通过本章的学习,读者应用理解 Windows 应用程序运行机制,熟练使用 Windows Forms 常用控件、菜单、对话框来完成 Windows 图形界面的设计。

## 6.1 窗体控件和组件

窗体(Form)是一个窗口或对话框,是向用户显示信息的可视化界面,是存放各种控件(包括标签、文本框、命令按钮等)的容器,也是构成 Windows 应用程序的基本模块。在 Windows 操作系统中,窗体处处可见,如图 6.1 所示。

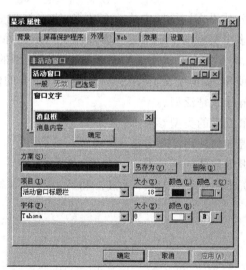

图 6.1 Windows 操作系统中的窗体

控件是包含在窗体上的对象(如标签、文本框、命令按钮等),用于显示数据或接受数据输入,是构成用户界面的基本元素,也是 C♯ 可视化编程的重要工具。大多数窗体都是通过将控件添加到窗体表面来定义用户界面。

### 6.1.1 窗体

窗体是一个最基本的容器控件,它相当于一块画布,可以在其上放置一些控件。新建

Windows 应用程序时,系统会自动创建一个以 Form1 命名的空白窗体。

对于窗体和其他控件来说,都具有属性、方法和事件三要素。

**1. 属性**

属性定义了控件可以呈现的视觉效果及其他设置。窗体常用的属性如表 6.1 所示。

表 6.1 窗体的常用属性和说明

| 属 性 | 说 明 |
| --- | --- |
| Name | 设置或获取窗体或控件对象的名字,所有对象都有的属性,用于标识对象 |
| Text | 获取或设置与窗体或控件相关联的文本。对于窗体来说,是指标题栏文本 |
| BackColor | 获取或设置窗体或控件的背景色 |
| ForeColor | 获取或设置窗体或控件的前景色(即控件中文本的颜色) |
| Font | 获取或设置窗体或控件显示的文字的字体 |
| Location | 获取或设置窗体或控件左上角相对于其容器左上角的坐标 |
| Size | 获取或设置窗体或控件的大小(以像素为单位) |
| ShowInTaskBar | 获取或设置窗体是否出现在任务栏 |
| StartPosition | 窗体第一次出现时的位置 |
| TopMost | 设置窗体是否为最顶端的窗体 |
| WindowState | 窗体出现时最初的状态(正常、最大化、最小化) |

窗体或控件的属性设置有两种方法。

1) 在"属性"窗口中设置

在 Visual Studio 2010 中,如果希望看到某个控件所具备的属性,只需右击该控件,然后在弹出的快捷菜单中选择"属性"命令,如图 6.2 所示,即可查看属性列表,如图 6.3 所示,在该"属性"窗口中可以设置窗体或控件的大部分属性的属性值,但并不是控件所有的属性都在这里设置,例如窗体的 Bounds 属性必须在代码视图中设置。

图 6.2 查看窗体的属性

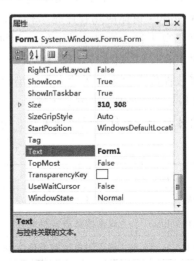

图 6.3 窗体的属性列表

2）在代码视图中设置

例如，设置窗体坐标：

button1.Location=new Point(80,120);     //等价于 button1.Left=80; button1.Top=120;

设置窗体的大小：

form1.Size=new Size(1920,1200);         //等价于 form1.Width=1920; form1.Height=1200;

**2．方法**

Windows 窗体方法指示了对象完成工作的一种方式，在这种方式下，属性是关联到对象上的变量，而方法是关联到对象上的过程和函数。方法定义了控件类所具有的能够控制本身状态的一些操作。窗体常用的方法及说明如表 6.2 所示。

表 6.2  窗体的常用方法和说明

| 方法 | 说明 |
| --- | --- |
| Activate | 将焦点移到窗体上，并激活它 |
| BringToFront | 将窗体移动到其他窗体的顶端 |
| Close | 关闭并卸载窗体 |
| Hide | 隐藏控件，调用该方法时，即使 Visible 属性设置为 True，控件也不可见 |
| Refresh | 通过重画更新窗体的外观 |
| SendtoBack | 将窗体移动到其他窗体的底端 |
| SetBounds | 用于定位窗体 |
| Show | 向用户显示具有指定所有者的窗体 |
| ShowDialog | 将窗体显示为模式对话框，并将当前活动窗口设置为它的所有者 |

**3．事件**

事件是能够通过代码响应或"处理"的操作。事件可由用户操作（如按下或释放鼠标、按下键盘键等）、程序代码或系统生成。

Windows 窗体应用程序是事件驱动的应用程序，它可以通过执行代码以响应事件。系统为每个窗体和控件都提供了预定义的事件，如果发生其中一个事件并且其对应的事件处理程序中有代码，则执行该代码以处理事件。不同的控件对象引发的事件类型会有所区别，但大多数控件有很多通用的事件类型，例如，Click 事件，即如果用户单击某控件，将执行该控件 Click 事件处理程序中的代码。

窗体常用的事件及说明如表 6.3 所示。

表 6.3  窗体的常用事件和说明

| 事件 | 说明 | 事件 | 说明 |
| --- | --- | --- | --- |
| Click | 单击窗体或控件时发生 | Activated | 窗体被激活时发生 |
| DoubleClick | 双击窗体或控件时发生 | Resize | 调整窗体或控件的大小时发生 |
| Load | 每当用户加载窗体时发生 | | |

**例 6.1** 设计 Windows 窗体应用程序,实现下列要求。

(1) 窗体加载时,标题栏显示"加载窗体",窗体的背景色设置为随机颜色。

(2) 单击窗体时,标题栏显示"单击窗体",设置窗体的背景图像,并使得窗体出现在屏幕的左上角。

操作步骤如下。

(1) 创建 Windows 窗体应用程序。

启动 Visual Studio 2010,选择"文件"→"新建"→"项目"命令,创建名为 Chapter6_1 的 Windows 窗体应用程序。

(2) 窗体的设计。

在属性窗口中,修改窗体的 Name 属性为"MainForm"。

(3) 创建窗体事件处理程序。

在窗体设计窗口中,双击窗体空白处,或在窗体"属性"窗口中单击"事件"按钮 ⚡,双击事件名称"Load",进入代码视图,在 MainForm_Load 事件处理程序中输入事件处理代码:

```
private void MainForm_Load(object sender,EventArgs e)
{
    //窗体标题栏文本
    this.Text="加载窗体";
    //设置窗体的背景为随机颜色
    Random ran=new Random();
    this.BackColor=Color.FromArgb(ran.Next(0,256),
ran.Next(0,256),ran.Next(0,256));
}
```

相同的方法,在窗体"属性"窗口中单击"事件"按钮 ⚡,双击事件名称"Click",在 MainForm1.cs 自动创建的 MainForm_Click 事件处理程序中,输入事件处理代码:

```
private void MainForm_Click(object sender,EventArgs e)
{
    //窗体标题栏文本
    this.Text="单击窗体";
    //设置窗体的位置
    this.Location=new Point(0,0);
    //设置窗体背景图像
    this.BackgroundImage=Image.FromFile(@"长城.jpg");
    //设置窗体的大小为背景图片的大小,其中 1920,1200 为图片尺寸
    this.Size=new Size(1920,1200);
    //或:设置背景图片的布局为拉伸,其中 ImageLayout 为枚举类型
    //this.BackgroundImageLayout=ImageLayout.Stretch;
}
```

(4) 运行。

按下快捷键 F5 键或单击工具栏上的 ▶ 按钮,运行该应用程序。运行效果如图 6.4 所示。

图 6.4　例 6.1 运行效果

### 6.1.2　常用控件

控件是包含在窗体上的对象,是构成用户界面的基本元素。Visual Studio 2010 工具箱中包含建立应用程序的各种控件,根据控件的不同用途分为若干个选项卡,如:公共控件、容器、菜单和工具栏等,可根据用途单击相应的选项卡标签,将其展开,选择需要的控件,或直接从"所有 Windows 窗体"选项卡中选择。本节主要介绍标签、文本框、命令按钮等常用控件的使用。

下面看看几个关于控件的常用问题。

(1) 控件添加。

Windows 窗体界面设计的过程就是添加控件的过程,控件的添加有以下几种方式。

① 双击"工具箱"中要使用的控件,此时会在窗体的默认位置添加默认大小的控件。

② 从"工具箱"中选择控件,直接拖动到窗体上。

③ 在"工具箱"中选中控件,将鼠标移到窗体上,此时鼠标指针会变成与控件对应的形状,按下鼠标左键并拖动画出控件大小,释放鼠标,即可添加指定大小的控件。

④ 通过代码添加。具体可以参照程序自动生成的 Design.cs 文件来学习。

(2) 控件对齐、大小和间距。

在 Windows 应用程序的窗体设计过程中,经常为了美观会调整控件的大小、与其他控件的间距和对齐方式等。具体方法如下。

选中要调整的控件,被选中的控件周围会出现由 8 个空心点组成的矩形框,然后使用工具栏上的"格式"按钮或快捷菜单命令或"格式"菜单进行调整。当调整多个控件时,可以使用 Ctrl 或 Shift 键来选择,或是按下鼠标左键拖动来选择控件范围,被选中的控件中会有一个基准控件,其周围是白色方框,对齐、大小会以基准控件为依据。

(3) 控件分层。

选中控件,右击从快捷菜单中选择"置于顶层(或底层)"命令或选择"格式"→"顺序"命令来将控件"置于顶层(或底层)"。

**1. 标签控件**

标签控件(Label)主要用于在窗体上增加文字说明,以便用户能根据标签文字的提示进行正确操作。标签常用来输出标题、显示处理结果和标记窗体上的对象，还可以设置背景图片来进行美化处理。它和其他控件具有许多相同的属性，也可以响应Click、DblClick等事件，但是一般情况下很少直接对其进行编程。标签的常用属性和方法如表6.4所示。

表6.4 标签的常用属性和方法

| 属 性 | 说 明 |
| --- | --- |
| Text | 设置标签中显示的说明文字 |
| TextAlign | 获取或设置标签中文本的对齐方式 |
| ImageAlign | 获取或设置标签中图像的对齐方式 |
| Image | 设置标签上的图像 |
| AutoSize | True或False；是否自动调整控件以完整显示内容 |
| BorderStyle | 设置边框样式 |
| 方 法 | 说 明 |
| Hide | 隐藏控件，调用该方法时，即使Visible属性设置为True，控件也不可见 |
| Show | 相当于将控件的Visible属性设置为True并显示控件 |

**注意**：标签控件不能接收输入焦点。

**2. 文本框控件**

文本框控件(TextBox)是最常用、最简单的文本显示和输入控件，它既可以输出或显示文本信息，也可以接收键盘输入内容。应用程序运行时，鼠标单击文本框，光标在其中闪烁，此时可向框中输入信息。默认情况下，文本框控件只能接受单行文本，若要显示多行，需要将Multiline属性设置为True。表6.5是文本框控件常用的属性、方法和事件。

表6.5 文本框的常用属性、方法和事件

| 属 性 | 说 明 |
| --- | --- |
| AutoSize | 获取或设置文本框的高度是否随内容的变化而变化 |
| BackColor | 获取或设置文本框的背景色 |
| ForeColor | 获取或设置文本框中文本的颜色 |
| Font | 获取或设置文本框的字体 |
| MaxLength | 可在文本框中输入的最大字符数，默认值为32 767，该属性值为0时，不限制输入的字符数 |
| Multiline | 表示是否可在文本框中输入多行文本 |
| PasswordChar | 如果指定一个字符，则所有输入的内容都以指定字符形式显示，通常用于密码输入等 |
| ReadOnly | 该属性值为True时，文本框中的文本为只读 |
| ScrollBars | 指示对于多行编辑控件，将为此控件显示哪些滚动条，该属性只有在Multiline属性为True时才生效 |
| SelectionLength | 获取或设置文本框中选中的字符数。只能在代码编辑窗口中使用 |

续表

| 属　性 | 说　明 |
|---|---|
| SelectionStart | 获取或设置文本框中选中的文本的起始位置。其中第一个字符的位置为 0 |
| SelectedText | 获取或设置文本框控件中选中的文本内容 |
| Text | 获取或设置在控件中输入的文本。该属性可以在设计时使用"属性"窗口设置,在运行时用代码设置,或者在运行时通过用户输入来设置 |
| TextAlign | 获取或设置控件中文本的对齐方式 |

| 方　法 | 说　明 |
|---|---|
| Clear | 删除文本框现有的所有文本 |
| Copy | 将选中文本框中的内容复制到剪贴板 |
| Cut | 将选中文本框中的内容移动到剪贴板 |
| Focus | 为文本框设置焦点,若设置成功,值为 True,否则为 False |
| Paste | 文本框当前选择的内容被替换为剪贴板中的内容 |
| Select | 选择文本框中指定范围的文字 |
| SelectAll | 选中文本框中的所有内容 |

| 事　件 | 说　明 |
|---|---|
| Enter | 进入控件时发生 |
| KeyDown | 在控件有焦点且按下键盘上某个键时发生 |
| KeyPress | 在控件有焦点且用户按一个键结束时将发生 |
| KeyUp | 在控件有焦点且释放键盘键时发生 |
| TextChanged | 在文本框内容发生更改时,即 Text 属性值更改时发生 |

### 3. 按钮控件

按钮(Button)是最常用的控件之一,按钮控件允许用户通过单击来执行操作。当 Button 具有焦点时,则可以通过鼠标左键、空格键或 Enter 键来实现单击动作。Button 控件既可以显示文本,又可以显示图像。每当用户单击按钮时,即调用 Click 事件处理程序,可将代码放入 Click 事件处理程序来执行所选择的任意操作。表 6.6 是按钮控件常用的属性、方法和事件。

表 6.6　命令按钮的常用属性和方法

| 属　性 | 说　明 |
|---|---|
| Image | 设置在控件上显示的图像 |
| ImageAlign | 获取或设置按钮控件上的图像对齐方式 |
| FlatStyle | 获取或设置按钮控件的平面样式外观 |
| Text | 获取或设置与该控件相关联的文本 |
| TextAlign | 获取或设置按钮控件上的文本对齐方式 |

续表

| 事 件 | 说 明 |
|---|---|
| Click | 单击按钮时将触发该事件 |
| MouseDown | 当鼠标指针在按钮上方并按下鼠标按键时发生 |
| MouseMove | 当鼠标经过按钮的可见部分时发生 |
| MouseUp | 当鼠标指针在按钮上方并释放鼠标按键时发生 |

**注意**：按钮控件的 Text 属性可以设置按钮的快捷方式，其方法是在作为快捷键的字母前加上一个"&"字符，此时该字母会以下划线的形式显示，运行时，按下字母键，会执行按钮控件的单击事件过程处理代码。

**例 6.2** 设计 Windows 窗体应用程序，实现下列要求。

(1) 登录窗体。输入用户名和密码，验证密码是否为"123456"，是，则显示"文本编辑器"窗口，否则给出提示信息。

(2) "文本编辑器"窗体。建立一个类似记事本的应用程序，完成复制、剪切和粘贴以及字体、大小的格式设置等操作。

其操作步骤如下。

(1) 创建 Windows 窗体应用程序。

启动 Visual Studio 2010，选择"文件"→"新建"→"项目"命令，创建名为 Chapter6_2 的 Windows 窗体应用程序。

(2) 窗体设计。

从工具箱中拖放三个 Label 控件，两个 Button 控件、两个 TextBox 控件到窗体 Form1 上，按照如表 6.7 所示的内容，设置各控件的相应属性值。

表 6.7 窗体 Form1 的控件属性设置

| 控件(Name) | 属 性 | 值 | 说 明 |
|---|---|---|---|
| Form1 | Text | 登录窗口 | 登录窗口 |
| | Name | MainForm | |
| label1 | Text | 用户名： | 说明标签 |
| label2 | Text | 密码： | 说明标签 |
| label3 | Text | | 说明标签，当单击"确定"按钮时的提示信息 |
| | Visible | False | |
| textBox1 | Name | txtYHM | 输入用户名文本框 |
| | MaxLength | 8 | 用户名最多能输入 8 个字符 |
| textBox2 | Name | txtMM | 输入密码文本框 |
| | PasswordChar | * | 输入的密码以"*"显示 |
| button1 | Text | 确定 | "确定"按钮 |
| button2 | Text | 取消 | "取消"按钮 |

设计完成后的窗体 Form1 如图 6.5 所示。

在解决方案资源管理器的 Chapter6_2 项目上右击,从快捷菜单中选择"添加"→"Windows 窗体"命令,程序会自动创建一个以 Form2 命名的 Windows 窗体。切换到 Form2 的"窗体设计视图",从工具箱中拖放 4 个 Button 控件、两个 TextBox 控件到该窗体上,然后按照如表 6.8 所示的内容,设置各控件的相应属性值。

表 6.8 窗体 Form2 的控件属性设置

| 控件(Name) | 属 性 | 值 | 说 明 |
| --- | --- | --- | --- |
| Form2 | Text | 文本编辑器 | 文本编辑器窗口 |
| textBox1 | Multiline | True | 设置源文本框允许以多行形式显示内容 |
| | ScrollBars | Both | 显示水平和垂直滚动条 |
| | ReadOnly | True | 源文本框只能读不能编辑 |
| textBox2 | Multiline | True | 设置目标文本框允许以多行形式显示内容 |
| | ScrollBars | Both | 显示水平和垂直滚动条 |
| button1 | Text | 复制 | "复制"按钮 |
| | Name | Copy | 修改 Name 属性 |
| button2 | Text | 剪切 | "剪切"按钮 |
| | Name | Cut | 修改 Name 属性 |
| button3 | Text | 粘贴 | "粘贴"按钮 |
| | Name | Paste | 修改 Name 属性 |
| button4 | Text | 格式 | "格式"按钮,该按钮的功能是设置字体为黑体,12 磅,加粗,颜色为红色 |
| | Name | Font | |

设计完成后的窗体 Form2 如图 6.6 所示。

图 6.5 例 6.2 Form1 设计效果

图 6.6 例 6.2 Form2 设计效果

(3) 创建窗体事件处理程序。

在 Form1 的"代码编辑窗口"中添加如下代码:

```
//"确定"按钮
```

```csharp
private void button1_Click(object sender,EventArgs e)
{
    //验证密码是否为"123456"
    if (txtMM.Text=="123456")
    {
        //label3设为可见状态,提示"登录成功"
        label3.Text="登录成功!";
        label3.Visible=true;
        //密码正确,显示文本编辑器窗口
        Form2 frm2=new Form2();
        frm2.Show();
    }
    else
    {
        //密码不正确,提示"密码错误,请重新输入"
        label3.Visible=true;
        label3.Text="密码错误,请重新输入!";
        //焦点移到"密码"文本框,并清空"密码"文本框
        txtMM.Focus();
        txtMM.Clear();
    }
}
//"取消"按钮
private void button2_Click(object sender,EventArgs e)
{
    this.Close();                    //关闭"登录"窗口
}
```

在 Form2 的"代码编辑窗口"中添加如下代码:

```csharp
//用来保存剪切和复制的文本内容
private string temp=string.Empty;
private void Form2_Load(object sender,EventArgs e)
{
    //设置源文本框显示的内容
    textBox1.Text ="Windows 系统中处处是事件:鼠标按下、鼠标释放、键盘键按下……"+
    "Windows 的驱动方式是事件驱动,程序流程不由事件的顺序控制,而由事件的发生来控制。";
}
private void Copy_Click(object sender,EventArgs e)
{
    //保存"复制"的文本内容
    this.temp=textBox1.SelectedText;
}
private void Cut_Click(object sender,EventArgs e)
{
    //保存"剪切"的文本内容,并将选中的文本内容清空
    this.temp=textBox1.SelectedText;
```

```
        textBox1.SelectedText="";
    }
    private void Paste_Click(object sender,EventArgs e)
    {
        textBox2.Text=this.temp;
    }
    private void Font_Click(object sender,EventArgs e)
    {
        //设置字体为黑体,12磅,加粗,颜色为红色
        textBox2.Font=new Font("黑体",12,FontStyle.Bold);
        textBox2.ForeColor=Color.Red;
    }
```

(4) 运行程序,并测试各个功能。

**注意**：把鼠标移动到文本框控件的上面,在控件的右上角就会出现一个带三角形的小按钮。单击这个按钮,就会打开一个小窗口,即 Actions 窗口,用于访问选中控件的属性和方法,Visual Studio 2010 中的许多控件都有这个特性,例如文本框控件的 Actions 窗口可以设置 MultiLine 属性。

**4. 列表框**

列表框控件(ListBox)通常提供一组字符串列表,用户可从中选择一项或多项。当选项总数超过可显示项目数时,列表框的滚动条自动出现,以便上下滚动查看并选择。列表框中的项目称为列表项,第 1 个项目的索引号为 0,以后加入列表框的项目其索引号依次递增。表 6.9 是列表框控件的常用属性和方法。

表 6.9 列表框的常用属性和方法

| 属 性 | 说 明 |
| --- | --- |
| ColumnWidth | 指示多列列表框中各列的宽度 |
| MultiColumn | 为 True 时,列表框以多列形式显示项 |
| Items | 保存列表框中显示的各项 |
| SelectionMode | 设置列表框中项的选择方式,属性值为枚举类型 SelectionMode,其取值如下：one,一次选择一项,默认值；MultiSimple,可以选择多项,只能通过单击或空格键来选择；MultiExtended,允许一次选择多项,可以通过 Shift 和 Ctrl 组合键来实现扩展；None,不能在列表框中选择 |
| SelectedIndex | 返回对应于列表框中第一个选定项的索引值。选定多项时,SelectedIndex 值反映列表中最先出现的选定项；未选定时,返回-1 |
| SelectedItem | 当列表框只能单选时,返回当前选择项的内容,通常是字符串值(object) |
| SelectedItems | 当列表框允许多选时,返回当前选择项的集合,通常是 SelectedObjectCollection 类实例 |
| Sorted | 设置列表框所包含的各项是否可以自动按字母排序,值为 True 或 False |
| Text | 返回当前选定项的文本 |
| Sorted | 是否自动按字母排序 |

续表

| 方 法 | 说 明 |
|---|---|
| FindString | 查找 ListBox 中以指定字符串开始的第一个项 |
| GetSelected | 返回一个值,该值指示是否选定了指定的项 |
| Items.Add | 向 ListBox 的项列表添加项,例如,将对象 item 添加到列表框 listBox1 中的格式为:listBox1.Items.Add(item),其中 item 为一个对象,它表示要添加到集合中的项 |
| Items.AddRange | 一次向列表框中添加多项 |
| Items.Clear | 清除列表框中的所有项,格式:Items.Clear( ) |
| Items.Insert | 将项插入列表框的指定索引处,格式:listBox1.Items.Insert (index,item),其中参数 index 是新增列表项在列表框中的索引号,参数 item 为要插入的对象 |
| Items.Remove | 从列表框中删除一个列表项,格式:listBox1.Items.Remove(object item) |
| Items.RemoveAt | 从列表框移除指定索引处的项,格式:listBox1.Items.RemoveAt(index) |

| 事 件 | 说 明 |
|---|---|
| Click | 单击列表框的选项时发生 |
| DoubleClick | 双击列表框的选项时发生 |
| SelectedIndexChanged | SelectedIndex 属性值更改时发生 |
| SelectedValueChanged | SelectedValue 属性值更改时发生 |

**5. 组合框**

组合框控件(ComboBox)用于在下拉组合框中显示数据,默认情况下,ComboBox 控件分两部分显示:顶部是允许用户输入列表项的文本框;下部是一个列表框,显示一个项列表。ComboBox 的列表框不支持多项选择。

列表框和组合框都能提供一组选项列表供用户选择,但二者又有以下一些区别。

(1) 项目条数较少时,列表框的项目可"一目了然",进而可快速选择,而对于组合框,无论项目多少,都需列表展开后才能选择。

(2) 在实际操作时,用户只能从列表框提供的列表项中选择,不能向其中添加新的选项,而组合框不仅提供了一个可供选择的列表项,还能够直接在其文本框中添加新的选项(前提是:DropDownStyle 属性设置为 DropDown)。

(3) 组合框比列表框更节省空间。因为组合框中可见的部分只有文本框和按钮部分。

由于组合框同时具有列表框的特点,因此它的属性、方法和事件同列表框类似,表 6.10 为组合框的常用属性、方法和事件。

表 6.10 组合框的常用属性、方法和事件

| 属 性 | 说 明 |
|---|---|
| DropDownStyle | 控制组合框的外观和功能,Simple:文本部分可编辑,列表部分总可见;DropDown:文本部分可编辑,单击箭头按钮显示列表部分;DropDownList:不能直接编辑文本部分,单击箭头显示列表 |

续表

| 属　　性 | 说　　明 |
|---|---|
| Items | 保存组合框中显示的各项 |
| SelectedIndex | 获取或设置指定当前选定的项在组合框中的索引,选项从零开始索引,如果未选定任何项,则返回值为—1 |
| SelectedItem | 获取或设置组合框中当前选择项的内容 |
| SelectedText | 获取或设置组合框的可编辑部分中选定的文本 |
| Sorted | 指示是否对组合框的列表部分中的项进行排序 |
| Text | 获取或设置与此控件关联的文本 |
| Sorted | 获取或设置指示是否对组合框中的项进行了排序的值,如果对组合框进行了排序,则为 True;否则为 False。默认值为 False |

| 方　　法 | 说　　明 |
|---|---|
| FindString | 查找组合框中以指定字符串开始的第一个项 |
| Items.Add | 向组合框的项列表添加项 |
| Items.AddRange | 一次向组合框中添加多项 |
| Items.Clear | 清除列表框中的所有项 |
| Items.Contains | 确定指定项是否位于集合内 |
| Items.IndexOf | 检索指定的项在集合中的索引 |
| Items.Insert | 将项插入组合框的指定索引处 |
| Items.Remove | 从组合框中移除一个指定的项 |
| Items.RemoveAt | 从组合框中移除指定索引处的项 |

| 事　　件 | 说　　明 |
|---|---|
| DropDown | 当显示组合框的下拉部分时发生 |
| SelectedIndexChanged | SelectedIndex 属性值更改后发生 |
| SelectedValueChanged | SelectedValue 属性值更改时发生 |
| DoubleClick | 双击组合框的选项时发生 |
| TextChanged | 在 Text 属性值更改时发生 |

**6. 单选按钮**

单选按钮控件(RadioButton)为用户提供了由两个或两个以上彼此互斥的选项构成的选项集合,即在同一选项组中,某一选项被选中,其他所有选项无论是否已经选择,均被取消,但是不同组之间的选择相互不影响。在一个窗体中直接添加的所有单选按钮将为同一组,如果要创建多组,就需要借助具有容器功能的控件,如分组框(GroupBox)等,此时,若同组的某个单选按钮被选中时,该组的其他单选按钮将自动处于未被选中状态,但不会影响其他组单选按钮的选中。表 6.11 为单选按钮的常用属性和事件。

表 6.11 单选按钮的常用属性和事件

| 属 性 | 说 明 |
| --- | --- |
| CheckAlign | 获取或设置单选按钮文字和小圆圈的位置关系 |
| Checked | 获取或设置一个值,该值指示是否已选中控件;若该属性值为 true 则控件被选中,否则控件未被选中 |
| AutoCheck | 获取或设置一个值,它指示:在单击控件时,RadioButton.Checked 值和控件的外观是否自动更改 |
| Appearance | 获取或设置一个值,该值用于确定单选按钮的外观 |

| 事 件 | 说 明 |
| --- | --- |
| CheckedChanged | 当单选按钮的 Checked 属性的值更改时发生 |
| Click | 选中单选按钮时发生 |

### 7. 复选框

复选按钮控件(CheckBox)与单选按钮控件一样,也为用户提供一组可供选择的选项。但它与单选按钮又有所不同,即每个复选按钮都是一个独立选项,多个复选按钮间不存在彼此互斥的问题,所以,它允许零个或多个选择。若单击复选框,那么复选框中间出现一个对号,表示该项被选中,若再次单击该复选框,则取消了对复选框的选择。复选框控件的常用属性和事件如表 6.12 所示。

表 6.12 复选框的常用属性和事件

| 属 性 | 说 明 |
| --- | --- |
| Checked | 获取或设置一个值,该值指示是否已选中控件。复选框可以支持三种状态(增加一种不确定状态),这需要用到 ThreeState 属性,默认值为 False,设为 True 将激活第三种状态 |
| CheckState | 用来判断或设置复选框状态,有三种可能:Checked,Unchecked,Indeterminate(未被选中也未被清除,且显示禁用复选标记)。复选框处于选中或不确定状态时,Checked 属性都为 True |
| Appearance | 获取或设置确定 CheckBox 控件外观的值,当复选框的 Appearance 属性设置成 Button 时,不确定状态是平面按钮,选中状态是按下的按钮,未选定状态是凸起按钮 |
| ThreeState | 获取或设置一个值,该值指示此 CheckBox 是否允许三种复选状态而不是两种。如果 CheckBox 可以显示三种复选状态,则为 True;否则为 False。默认值为 False |
| TextAlign | 获取或设置 CheckBox 控件上的文本对齐方式 |

| 事 件 | 说 明 |
| --- | --- |
| CheckedChanged | 改变复选框 Checked 属性时触发 |
| CheckStateChanged | 改变复选框 CheckedState 属性时触发 |

当鼠标单击复选框时,会触发 Click 事件,同时也改变了该控件的 Checked 属性和 CheckState 属性的值。

## 8. 分组框

分组框(GroupBox)控件使用 GroupBox 类封装，它是一个容器控件，可以包含其他控件，用于对控件进行逻辑分组。其最典型的应用之一就是给单选按钮控件(RadioButton)分组。

在窗体设计器中，分组框中的控件可以作为一个整体进行操作，例如整体移动控件时，把控件添加到分组框中的方法有以下两个。

(1) 直接从工具箱拖动目标控件到分组框中。

(2) 先把需要的控件剪切到剪贴板，然后选中分组框，将控件粘贴到分组框中。

GroupBox 控件常用属性如表 6.13 所示。

表 6.13 分组框的常用属性和事件

| 属性 | 说明 |
| --- | --- |
| Text | 为分组框设置标题 |
| BackColor | 获取或设置控件的背景色 |
| BackgroundImage | 获取或设置在控件中显示的背景图像 |
| TabStop | 获取或设置一个值，该值指示用户按 Tab 键后是否可以使分组框获得焦点 |
| AutoSize | 获取或设置分组框是否可以根据其内容调整大小 |
| AutoSizeMode | 获取或设置启用 AutoSize 属性时分组框的行为方式 |
| Controls | 分组框中包含的控件的集合。可以使用这个属性的 Add、Clear 等方法 |

AutoSizeMode 属性值为 AutoSizeMode 枚举值。

(1) GrowAndShrink，根据内容增大或缩小；

(2) GrowOnly(默认)，可以根据其内容任意增大，但不会缩小至小于它的 Size 属性值。

**例 6.3** 设计 Windows 窗体应用程序，使用单选按钮、复选框、下拉列表、组合框及分组框控件创建个人信息登记表，其运行效果如图 6.7 所示。

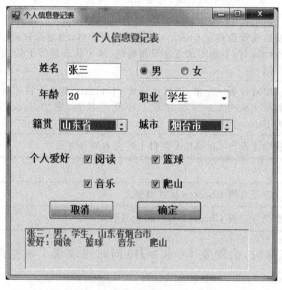

图 6.7 例 6.3 运行效果图

**要求：**

（1）输入个人基本信息，单击"确定"按钮时，可以对"姓名"和"年龄"进行校验，即：姓名为必填项，若没有输入内容则通过消息框提示必须输入，并将姓名文本框内容清空；年龄必须为数字，否则给出提示信息"年龄必须输入正整数值"；如果验证没问题，在文本框中显示输入的信息。

（2）"职业"用组合框控件实现，"籍贯"和"城市"用列表框实现。当在"籍贯"中选择特定的省份时，"城市"对应的列表框控件会显示对应的城市列表。

其操作步骤如下。

（1）创建 Windows 窗体应用程序。

启动 Visual Studio 2010，选择"文件"→"新建"→"项目"命令，创建名为 Chapter6_3 的 Windows 窗体应用程序。

（2）窗体设计。

从工具箱中拖放适当的控件到该窗体 Form1 上。按照如表 6.14 所示的内容，设置各控件的相应属性值。

表 6.14 窗体 Form1 的控件属性设置

| 控件(Name) | 属 性 | 值 | 说 明 |
| --- | --- | --- | --- |
| Form1 | Text | 个人信息登记表 | 说明标签 |
| label1 | Text | 姓名 | 说明标签 |
| label2 | Text | 年龄 | 说明标签 |
| label3 | Text | 职业 | 说明标签 |
| label4 | Text | 籍贯 | 说明标签 |
| label5 | Text | 城市 | 说明标签 |
| label6 | Text | 个人爱好 | 说明标签 |
| label7 | Text |  | 说明标签，单击"确定"按钮时显示用户信息 |
| label8 | Text | 个人信息登记表 | 说明标签 |
| textBox1 | Name | name | 姓名，必须输入 |
|  | MaxLength | 8 | 用户名最多能输入 8 个字符 |
| textBox2 | Name | age | 年龄，必须输入整数值 |
| comboBox1 | Name | zy | 职业 |
|  | Items | 学生<br>教师<br>医生 | "职业"组合框的选择项 |
| listBox1 | Name | jg | 籍贯列表框 |
|  | Items | 山东省<br>江苏省<br>福建省<br>上海市<br>北京市 | "籍贯"列表框的选择项 |

| 控件(Name) | 属 性 | 值 | 说 明 |
|---|---|---|---|
| listBox2 | Name | city | "城市"列表框 |
| groupBox1 | Text | | 分组框,用来对性别分组 |
| radioButton1 | Text | 男 | "性别"单项按钮 |
| radioButton2 | Text | 女 | "性别"单项按钮 |
| checkBox1 | Text | 阅读 | "个人爱好"复选项 |
| checkBox2 | Text | 篮球 | "个人爱好"复选项 |
| checkBox3 | Text | 音乐 | "个人爱好"复选项 |
| checkBox4 | Text | 爬山 | "个人爱好"复选项 |
| button1 | Text | 确定 | "确定"按钮 |
| button2 | Text | 取消 | "取消"按钮 |

(3) 创建窗体事件处理程序。

在 Form1 的代码视图中添加如下代码：

```csharp
private bool on=false;                    //省份未被选中
private void listBox1_SelectedIndexChanged(object sender,EventArgs e)
{
    on=true;                              //表示已选择籍贯
    if (jg.SelectedItem !=null)           //如果所在省不为空
    { //根据选择的省显示对应城市信息
        string sheng=jg.SelectedItem.ToString ();
        string[] shandong={"济南市","青岛市","淄博市","烟台市"};
        string[] jiangsu={"南京市","无锡市","徐州市","常州市"};
        string[] fujian={"福州市","厦门市","莆田市","三明市"};
        city.Items.Clear();
        switch (sheng)
        { //根据所选的省份,将对应城市显示在列表框
            case "山东省": city.Items.AddRange(shandong); break;
            case "江苏省": city.Items.AddRange(jiangsu); break;
            case "福建省": city.Items.AddRange(fujian); break;
            case "北京市": city.Items.Add("北京"); break;
            case "上海市": city.Items.Add("上海"); break;
        }
    }
}
private void button1_Click(object sender,EventArgs e)
{
    bool infoflag=true ;                  //信息输入是否合法
    string info="";
    label4.Text="";                       //清空确认文本框的内容
    if (name.Text=="")
    {
```

```
        MessageBox.Show("姓名不能为空!");
        name.Clear();
        name.Focus();                    //将光标定位到姓名文本框中
        infoflag=false;
    }
    int a=0;                             //用来存放输入的年龄
    if(!int.TryParse (age.Text,out a ))
    {
        infoflag=false;
        MessageBox.Show("年龄必须是合法的正整数。");
        age.Clear();
    }
    if (infoflag)
    { //如果姓名和年龄验证通过,将用户登记信息记录下来并显示在文本框
        info=info+name.Text+",";
        if (radioButton1.Checked)
            info +=radioButton1.Text+",";
        else
            info +=radioButton2.Text+",";
        info = info + age. Text +"," + zy. SelectedItem. ToString () +"," + jg.
            SelectedItem.ToString()+city.SelectedItem.ToString()+"\n"+"爱好: ";
        if (checkBox1.Checked)
            info +=checkBox1.Text+" ";
        if (checkBox2.Checked)
            info +=checkBox2.Text+" ";
        if (checkBox3.Checked)
            info +=checkBox3.Text+" ";
        if (checkBox4.Checked)
            info +=checkBox4.Text+" ";
        label4.Text=info;                //文本框中显示用户信息
    }
}
private void city_Click(object sender,EventArgs e)
{
    //提示先选择籍贯再选择城市
    if(!on)
        MessageBox.Show("请先选择省份");
}
private void button2_Click(object sender,EventArgs e)
{
    this.Close();                        //关闭当前窗口
}
```

(4) 运行程序,并测试各个功能。

### 9. 图片框

PictureBox 表示可用于显示图像的 Windows 图片框控件,可以显示位图文件(＊.bmp)、图标文件(＊.ico)、图元文件(＊.wmf、＊.jpg、＊.png 和＊.gif)等。图片框控件的常用属

性和方法如表 6.15 所示。

表 6.15 图片框的常用属性和方法

| 属　　性 | 说　　明 |
| --- | --- |
| Image | 获取或设置图片框显示的图像。该图像可在设计或运行时设置 |
| ImageLocation | 获取或设置在图片框中显示的图像的路径或 URL |
| SizeMode | 用于指定图像的显示方式 |
| 方　　法 | 说　　明 |
| Show | 显示控件 |

**注**：SizeMode 包括 AutoSize(调整控件大小,使其等于所包含的图像大小)、CenterImage (若控件比图像大,则图像居中显示;若图像比控件大,则图片居中显示,但是多余内容被裁剪)、Normal(图像被置于左上角,若图像大,超出部分被裁掉)和 StretchImage(图像被拉伸或收缩以适合控件的大小)。默认值为 Normal。

图片框中图片的常用设置方法有以下两种。

(1) 窗体设计时,通过"属性"窗口的 Image 属性来指定。

(2) 代码设计时,通过下列三种方法来实现。

① 产生一个 Bitmap 类的实例并赋值给 Image 属性。

```
Bibmap b=new Bitmap(图像文件名);
pictureBox1.Image=b;
```

② 通过 Image.FromFile 方法直接从文件中加载。

```
pictureBox1.Image=Image.FromFile(图像文件名);
```

③ 通过 Load 方法传入要读取的图像文件路径。

```
pictureBox1.Load(图像文件名);
```

其中,"图像文件名"参数是图像文件的路径字符串,例如,在 pictureBox1 图片框中显示当前路径下的 BFLY1.BMP 图片可以使用以下代码实现：

```
Bibmap b=new Bitmap(@"BFLY1.BMP");
pictureBox1 .Image=b;
```

或

```
pictureBox1.Image=Image.FromFile(@"BFLY1.BMP");
```

或

```
pictureBox1.Load(@"BFLY1.BMP");
```

**10. 定时器**

定时器控件(Timer)是一种能够按照设定的时间间隔,周期性地自动触发事件的控件,利用它可以实现各种复杂的控制,如延时或动画等。定时器控件在运行时不可见,在窗体设计视图下方的专用面板显示。

Time 控件常用属性和事件如表 6.16 所示。

表 6.16 定时器的常用属性和事件

| 属 性 | 说 明 |
|---|---|
| Enable | 获取或设置计时器是否正在运行,如果计时器当前处于启用状态,则为 True;否则为 False。默认值为 False |
| 方 法 | 说 明 |
| Start | 启动定时器,相当于把 Enable 属性设为 True |
| Stop | 停止定时器,相当于把 Enable 属性设为 False |
| 事 件 | 说 明 |
| Tick | 在定时器处于运行状态并且指定的时间间隔到达时触发这个事件 |

定时器的属性、方法和事件不是很多,但是在动画制作和定期执行某个操作等方面有着重要的作用。

**例 6.4** 设计 Windows 窗体应用程序,使用图片框和定时器控件模拟"蝴蝶飞舞"(蝴蝶从窗体的左下角飞到右上角,飞出窗体时从原位置重新进入),效果如图 6.8 所示。

操作步骤如下。

(1) 创建 Windows 窗体应用程序。

启动 Visual Studio 2010,选择"文件"→"新建"→"项目"命令,创建名为 Chapter6_4 的 Windows 窗体应用程序。

图 6.8 例 6.4 运行效果图

(2) 窗体设计。

从工具箱中拖放 PictureBox 和 Timer 控件到窗体 Form1 上,按照如表 6.17 所示的内容,设置各控件的相应属性值。

表 6.17 例 6.4 各控件属性的设置

| 控件(Name) | 属 性 | 值 | 说 明 |
|---|---|---|---|
| Form1 | Text | 蝴蝶飞舞 | 窗体标题 |
| | BackColor | white | 窗体背景颜色设置为白色 |
| label1 | Text | 蝴蝶飞舞 | 说明标签 |
| pictureBox1 | SizeMode | AutoSize | 图片框的大小等于所包含的图像大小 |

(3) 创建窗体事件处理程序。

在 Form1 的"代码视图"中添加如下代码:

```
int i=1;              //当 i=1 时,图片框中显示 BFLY1.bmp 图片,否则显示 BFLY2.bmp 图片
//创建图片对象
```

```csharp
Bitmap b=null;
//l,t 用来记录图片框距窗体左端和上端的距离
int l=0;
int t=0;
private void Form1_Load(object sender,EventArgs e)
{
    //启动定时器
    timer1.Enabled=true;
    timer1.Interval=300;
    //初始化图片框距窗体左端和上端的值
    l=pictureBox1.Left;
    t=pictureBox1.Top;
}
private void timer1_Tick(object sender,EventArgs e)
{
    if (i==1) i=2;
    else i=1;
    //相对路径,前提:将图片放在/bin/debug目录下
    b=new Bitmap("BFLY"+i+".BMP");
    pictureBox1.Image=b;
    //通过左边和上边的值变化来产生移动的效果
    pictureBox1.Top=pictureBox1.Top -5;
    pictureBox1.Left=pictureBox1.Left+5;
    if (pictureBox1.Left>this.Width)
    { //如果图片框飞出窗体,从原位置重新飞入
        pictureBox1.Left=l;
        pictureBox1.Top=t;
    }
}
```

(4)运行程序,并测试各个功能。

**11. 滚动条**

滚动条(ScrollBar)常用在文本阅读器中,是一种出现频率较高的控件。滚动条可以分为两大类:水平滚动条 HScrollBar 和垂直滚动条 VScrollBar。

滚动条控件常用属性和事件如表 6.18 所示。

表 6.18 滚动条控件常用属性和事件

| 属性 | 说明 |
| --- | --- |
| Maximum | 获取或设置可滚动范围的上限值,即最大值,默认值为 100 |
| Minimum | 获取或设置可滚动范围的值的下限,即最小值,默认值为 0 |
| SmallChange | 获取或设置小距离移动滑块时,在 Value 属性中加上或减去的值,即单击滚动条两边箭头时,滑块滚动的值,默认值为 1 |
| LargeChange | 获取或设置一个值,当滑块长距离移动时向 Value 属性加上该值或从中减去该值,即单击滚动条端点和滑块之间时,滑块滚动的值,默认值为 10 |

续表

| 属　性 | 说　　明 |
|---|---|
| Value | 获取或设置表示滚动框在滚动条控件中的当前位置的数值,处于滚动条的最小值Minimum和最大值Maximum范围内的数值,默认值为0 |

| 事　件 | 说　　明 |
|---|---|
| Scroll | 通过鼠标或键盘移动滚动条上的滑块时,将触发该事件 |
| ValueChanged | 更改Value属性的值时,将触发该事件。Value属性的值可由滚动事件更改,也可以通过程序来更改 |

**注意**:当滚动条滑块在水平滚动条的最左端,或在垂直滚动条的顶端位置时,滑块的位置最小,即Value属性值最小,由左至右或由上至下Value值依次递增;当滑块在水平滚动条的最右端,或在垂直滚动条的底部位置时,滑块的位置最大,即Value属性值最大。

**例 6.5** 设计Windows窗体应用程序,使用滚动条控件计算1~18任意整数的阶乘,效果如图6.9所示。

其操作步骤如下。

(1) 创建Windows窗体应用程序。

启动Visual Studio 2010,选择"文件"→"新建"→"项目"命令,创建名为Chapter6_5的Windows窗体应用程序。

(2) 窗体设计。

从工具箱中拖放HScrollBar和两个Label控件到窗体Form1上,按照如表6.19所示的内容,设置各控件的相应属性值。

图6.9　例6.5运行效果图

表6.19　例6.5各控件属性的设置

| 控件(Name) | 属　性 | 值 | 说　　明 |
|---|---|---|---|
| Form1 | Text | 滚动条控件的应用 | 窗体标题 |
| hScrollBar1 | Maximum | 18 | 滑块在滚动条最右端时的Value属性值 |
| | Minimum | 1 | 滑块在滚动条最左端时的Value属性值 |
| | SmallChange | 1 | 单击滚动条左右箭头时Value改变的值 |
| | LargeChange | 3 | 单击滚动条端点和滑块之间时Value改变的值 |
| label1 | Text | 计算1~18之间某个数的阶乘 | 说明标签 |
| label2 | Text | | 说明标签 |
| | BorderStyle | Fixed3D | 标签的边框样式 |

(3) 创建窗体事件处理程序。

在Form1的"代码视图"中添加如下代码:

```
private void hScrollBar1_Scroll(object sender,ScrollEventArgs e)
```

```
{
    int sum=1;
    for (int i=1; i<=hScrollBar1.Value; i++)
        sum=sum * i;
    label2.Text=hScrollBar1.Value.ToString()+"!="+sum.ToString();
}
```

（4）运行程序,并测试各个功能。

**12．进度条**

进度条(ProgressBar)常用在运行需要大量时间的程序中,可以用该控件指示当前处理的进度,完成的百分比。例如,显示文件下载进度、显示批量文件格式的转换、显示播放器的当前播放进度、显示软件当前的安装进度等。进度条控件常用属性和方法如表6.20所示。

表 6.20　滚动条控件常用属性

| 属　性 | 说　　明 |
| --- | --- |
| Maximum | 获取或设置控件范围的最大值,默认值为100 |
| Minimum | 获取或设置控件范围的最小值,默认值为0 |
| Value | 获取或设置进度条的当前值 |
| Step | 获取或设置一个值,该值用来决定每次调用PerformStep方法时,Value属性增加的幅度。例如,如果要复制一组文件,则可将Step属性的值设置为1,并将Maximum属性的值设置为要复制的文件总数。在复制每个文件时,可以调用PerformStep方法按Step属性的值显示当前复制进度 |
| Style | 获取或设置在进度栏上指示进度应使用的方式,该属性是ProgressBarStyle枚举值,其取值为Blocks、Continuous、Marquee,其中最常用的值是Blocks,它通过在ProgressBar中增加分段块的数量来指示进度 |

**例 6.6**　设计 Windows 窗体应用程序,使用进度条控件模拟实现软件升级的效果。运行效果如图6.10所示。

操作步骤:

（1）创建 Windows 窗体应用程序。

启动 Visual Studio 2010,选择"文件"→"新建"→"项目"命令,创建名为 Chapter6_6 的 Windows 窗体应用程序。

（2）窗体设计。

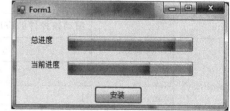

图 6.10　例 6.6 运行效果图

从工具箱中拖放两个 ProgressBar 控件、两个 Label 控件和一个 Button 控件到窗体上。

（3）创建窗体事件处理程序。

```
private void button1_Click(object sender,EventArgs e)
{
    button1.Enabled=false;
    progressBar1.Maximum=1000;
    progressBar2.Maximum=100000;
```

```
        for (int i=1; i<=1000; i++)
        {
            for (int j=1; j<=100000; j++)
            {
                if (j %2000==0)
                    progressBar2.Value=j;
            }
            progressBar1.Value=i;
        }
        button1.Enabled=true;
    }
```

(4) 运行程序,并测试各个功能。

### 13. 工具提示

工具提示(ToolTip)控件是一个简单,但非常有用的控件。它能够为软件提供非常漂亮的提示信息,提高软件的可用性,给用户比较好的体验。在窗体上添加 ToolTip 控件后,当鼠标位于其关联的控件上并停留一段时间,会显示该控件的提示信息。该控件的主要属性和方法如表 6.21 所示。

表 6.21 滚动条控件常用属性和事件

| 属　性 | 说　明 |
| --- | --- |
| Active | 获取或设置一个值,指示工具提示当前是否活动,如果工具提示当前处于活动状态,则为 True;否则为 False。默认值为 True |
| AutomaticDelay | 获取或设置工具提示的自动延迟(以 ms 为单位),默认值为 500ms |
| AutoPopDelay | 获取或设置鼠标指针在控件上停留多长时间后消失 |
| IsBalloon | 获取或设置工具提示是否以气球状窗口的形式显示,该属性值为 True 时,显示气球状提示窗口,否则,显示标准矩形提示窗口 |
| ToolTipIcon | 获取或设置一个值,该值定义要在工具提示文本旁显示的图标的类型 |
| ToolTipTitle | 获取或设置工具提示窗口的标题 |
| 方　法 | 说　明 |
| SetToolTip | 使工具提示文本与指定的控件相关联 |

**例 6.7** 将例 6.2 的按钮加上提示信息,运行效果如图 6.11 所示。

图 6.11 例 6.7 运行效果图

操作步骤:
(1) 修改窗体设计。

打开例 6.2 中的 Form1 窗体,从工具箱中拖动两个 ToolTip 控件到该窗体上,按照表 6.22 修改各控件的属性。

表 6.22 例 6.7 各控件属性的设置

| 控件(Name) | 属 性 | 值 | 说 明 |
| --- | --- | --- | --- |
| toolTip1 | ToolTipTitle | 确定输入 | 设置工具提示的标题 |
| toolTip2 | ToolTipTitle | 取消 | 设置工具提示的标题 |
| | AutoPopDelay | 5000 | 设置在"取消"按钮上停留的时间为 5s |
| botton1 | Text | 确定 | "确定"按钮 |
| | toolTip1 上的 ToolTip | 单击"确定"按钮,确认你的输入信息! | "确定"按钮关联的工具提示 |
| botton2 | Text | 取消 | "取消"按钮 |
| | toolTip2 上的 ToolTip | 单击"取消"按钮,放弃信息的输入,并关闭当前窗口 | "取消"按钮关联的工具提示 |

(2) 运行程序,并测试各个功能。

**14. 数值选择**

数值选择控件(NumericUpDown)是一个显示和输入数值的控件。用户可以单击该控件的上下箭头来选择数值,也可以直接输入数值。在设计程序中,当需要从列表中选择某个选项,而又不希望占用窗体太多的空间,或为了防止用户输入的数据超过允许的范围时,都可以选择数值选择控件。该控件的主要属性和方法如表 6.23 所示。

表 6.23 数值选择控件常用属性和事件

| 属 性 | 说 明 |
| --- | --- |
| DecimalPlaces | 获取或设置数字显示框中要显示的十进制位数 |
| Hexadecimal | 获取或设置一个值,该值指示数字显示框是否以十六进制格式显示所包含的值 |
| Maximum | 获取或设置数字显示框的最大值,默认值为 100 |
| Minimum | 获取或设置数字显示框的最小允许值 |
| ParseEditText | 将数字显示框中显示的文本转换为数值,并计算该值 |
| ThousandsSeparator | 获取或设置一个值,该值指示在适当的时候数字显示框中是否显示千位分隔符 |
| Value | 获取或设置赋给数字显示框的值 |
| ReadOnly | 获取或设置一个值,该值指示是否只能使用向上或向下按钮更改文本,如果只能使用向上或向下按钮更改文本,则为 True;否则为 False。默认值为 False |
| 事 件 | 说 明 |
| ValueChanged | 当控件的值发生变化时,发生该事件 |

**注意：**

（1）DecimalPlaces 属性的默认值为 0，它的值不能小于 0 或大于 99，否则会引发 ArgumentOutOfRangeException 异常（当参数值超出调用的方法所定义的允许取值范围时引发的异常）。

（2）Maximum 属性可以设置数值的最大值，如果输入的数值大于这个属性的值，则自动把数值改为设置的最大值。Minimum 用于设置数值的最小值，如果输入的数值小于这个属性的值，则自动把数值修改为用户设置的值。

**例 6.8** 设计 Windows 窗体应用程序，使用 NumericUpDown 控件显示当前系统日期。运行效果如图 6.12 所示。

操作步骤：

（1）创建 Windows 窗体应用程序。

启动 Visual Studio 2010，选择"文件"→"新建"→"项目"命令，创建名为 Chapter6_8 的 Windows 窗体应用程序。

图 6.12　例 6.8 运行效果图

（2）窗体设计。

从工具箱中拖放三个 NumericUpDown 控件和 6 个 Label 控件到窗体上，按照表 6.24 的内容设置各控件的属性。

表 6.24　例 6.8 各控件属性的设置

| 控件(Name) | 属性 | 值 | 说明 |
|---|---|---|---|
| Form1 | Text | 显示当前系统日期 | 窗体标题 |
| label1 | Text | 当前系统日期 | 说明标签 |
| label2 | Text | 年 | 说明标签 |
| label3 | Text | 月 | 说明标签 |
| label4 | Text | 日 | 说明标签 |
| label5 | Text | 修改后的日期 | 说明标签 |
| label6 | Text |  | 说明标签 |
| numericUpDown1 | Name | year | 用来显示当前系统日期的年份 |
| | Maximum | 9999 | 设置显示年份的最大值 |
| numericUpDown2 | Name | month | 用来显示当前系统日期的月份 |
| | Maximum | 12 | 设置显示月份的最大值 |
| | Minimum | 1 | 设置显示月份的最小值 |
| numericUpDown3 | Name | day | 用来显示当前系统日期的天 |
| | Maximum | 31 | 设置显示天数的最大值 |
| | Minimum | 1 | 设置显示天数的最小值 |

(3) 创建窗体事件处理程序。

```
private void Form1_Load(object sender,EventArgs e)
{
    //设置当前系统日期中的年份
    year.Value=Convert.ToDecimal(DateTime.Now.Year);
    //设置当前系统日期中的月份
    month.Value=Convert.ToDecimal(DateTime.Now.Month);
    //设置当前系统日期中的日
    day.Value=Convert.ToDecimal(DateTime.Now.Day);
    //设置显示年份的区域为只读的
    year.ReadOnly=true;
    //设置显示月份的区域为只读的
    month.ReadOnly=true;
    //设置显示日的区域为只读的
    day.ReadOnly=true;
}
private void year_ValueChanged(object sender,EventArgs e)
{
    //实现控件的值改变时,显示当前最新的值
    label6.Text=year.Value+"年"+month.Value+"月"+day.Value+"日";
}
private void month_ValueChanged(object sender,EventArgs e)
{
    //实现控件的值改变时,显示当前最新的值
    label6.Text=year.Value+"年"+month.Value+"月"+day.Value+"日";
}
private void day_ValueChanged(object sender,EventArgs e)
{
    //实现控件的值改变时,显示当前最新的值
    label6.Text=year.Value+"年"+month.Value+"月"+day.Value+"日";
}
```

(4) 运行程序,并测试各个功能。

## 6.2 菜　　单

菜单是 Windows 应用程序中用户界面的常见元素,在 Windows 环境下,几乎所有的操作都是通过窗口提供的菜单来完成的,并且菜单可以将不同的功能组织在一起,为用户完成所需操作提供了方便。

通常将程序中的菜单分为两种:下拉式菜单和快捷菜单。

(1) 下拉式菜单:它是一种典型的窗体式菜单,一般通过单击窗口中菜单栏的菜单标题来打开,一般有一个主菜单,即菜单栏(位于窗口标题栏的下方),其中包含一个或多个选择项,称为主菜单项或顶级菜单。主菜单下面还可以包含许多子菜单。例如,Word 文档的"插入"菜单下有"分隔符"、"页码"、"图片"等子菜单,子菜单又可能仍然有子菜单,菜单的组

成如图 6.13 所示。

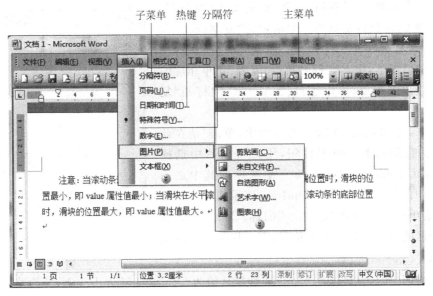

图 6.13　菜单的组成结构示意图

（2）快捷菜单（上下文菜单或弹出式菜单）：在程序窗体中右击某对象将会弹出相应的快捷菜单，能为用户提供更方便和快捷的操作。

在 Visual Studio 2010 集成开发环境中使用菜单编辑器，可以很轻松地创建与最终的应用程序的菜单栏十分相似的菜单系统。也可以通过编程方式来添加菜单，具体方式可以参考菜单编辑器自动产生的代码。下面主要是讨论使用菜单编辑器来创建菜单。

### 6.2.1　MenuStrip 控件和下拉式菜单

MenuStrip 控件表示窗体菜单结构的容器，属于非用户界面控件，它支持多文档界面、菜单合并、工具栏提示等功能。当从"工具箱"把 MenuStrip 控件拖放到窗体时，MenuStrip 控件将自动添加到窗体的上部边缘，并将在窗体下方的专用面板区域内显示一个代表菜单的图标，如图 6.14 所示。

下拉式菜单中菜单项的建立有两种常用方法。

方法一：鼠标单击"请在此处键入"框，当文本框呈可编辑状态时，用户可直接输入该菜单项的标题，如"编辑"、"字体"等。

（1）Name 属性值为菜单标题信息加上一串英文字母，例如"红色 ToolStripMenuItem"。

（2）若在文本框中输入一个减号，该菜单项将以分隔线的形式显示，或者在要添加分隔线的下一个菜单处右击，选择"插入"→Seperator 命令。

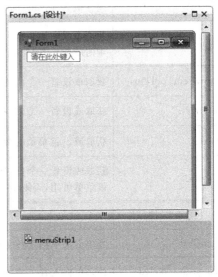

图 6.14　下拉式菜单设计器

(3) 若在文本框输入的某个字符前加上"&",该字符的下方会显示一个下划线,该字符称为菜单命令的热键(快捷键)。例如,若要为"复制"菜单指定热键 C,可以将菜单的标题指定为"复制(&C)",最终将显示"复制(C)"。这样,在"复制"菜单所在的主菜单打开的情况下,按下 C 键会执行"复制"菜单相应的命令。若是顶级菜单,可以通过按 Alt+C 键打开"复制"菜单。

方法二:在如图 6.15 所示的界面中,单击"请在此处键入"框右侧的下三角形按钮,用户可以从中选择 MenuItem、ComboBox、TextBox 三个选项的其中之一作为菜单项的类型。其中:MenuItem 表示建立一个菜单项,该菜单项的左侧可以加"√"图标;ComboBox 表示以组合框的形式建立一个菜单项;TextBox 表示以文本框的形式建立一个菜单。

图 6.15 下拉式菜单的类型

该方法创建的菜单项,其 Name 属性默认值为 ToolStripMenuItemN,N 为整数值。

MenuStrip 控件常用的属性如表 6.25 所示,子菜单项的属性和事件如表 6.26 所示。

表 6.25 MenuStrip 控件常用属性和事件

| 属 性 | 说 明 |
| --- | --- |
| AllowItemReorder | 当程序运行时,按下键是否允许改变各菜单项的左右排列顺序。默认值为 False,当更改该属性值为 True 时,按下 Alt 键的同时可以用鼠标拖动各菜单项以调整其在菜单栏上的左右位置 |
| Dock | 指示菜单栏在窗体中出现的位置,默认值为 Top |
| GripStyle | 是否显示菜单栏的指示符,即纵向排列的多个凹点,默认值为 Hidden。当更改该属性值为 Visible 时,显示位置由 GripMargin 属性指定 |
| Name | 菜单项的名称。每一个菜单项都必须有唯一的名称,在程序代码中引用该菜单项时就使用其名称 |
| ShowItemToolTips | 获取或设置一个值,指示是否显示 MenuStrip 的工具提示 |
| Stretch | 获取或设置一个值,指示 MenuStrip 是否在其容器中从一端拉到另一端 |
| Text | 获取或设置菜单的标题 |
| Enabled | 获取或设置一个值,通过该值指示菜单是否可用。当该属性值为 True 时,表示该菜单可用,否则不可用 |
| 事 件 | 说 明 |
| ItemClick | 当单击菜单栏上各主菜单项时触发的操作 |
| LayoutCompleted | 当菜单栏上各主菜单项的排列顺序发生变化后触发的操作 |

表 6.26　子菜单项的常用属性和事件

| 属　　性 | 说　　明 |
| --- | --- |
| Checked | 获取或设置一个值,该值指示是否选中子菜单项 |
| ShortCutKyes | 获取或设置一个值,该值指示与子菜单项相关联的快捷键 |
| ShowShortCutKeys | 获取或设置一个值,该值指示与子菜单项相关的快捷键是否在菜单标题旁边显示。当该属性值为 True 时,快捷键在菜单标题的旁边显示,属性值为 False 时不显示快捷键 |
| 事　　件 | 说　　明 |
| Click | 当单击子菜单项时触发的操作 |

## 6.2.2　ContextMenuStrip 控件和弹出式菜单

ContextMenuStrip 控件也属于非用户界面控件,当从"工具箱"把 ContextMenuStrip 控件拖放到窗体时,ContextMenuStrip 控件将自动添加到窗体的上部边缘,并将在窗体下方的专用面板区域内显示一个代表菜单的图标,如图 6.16 所示,这是弹出式菜单设计器,利用它可以进行弹出式菜单的设计。

图 6.16　弹出式菜单设计器

弹出式菜单的创建过程与下拉菜单的创建过程相似,但由于弹出式菜单是在右击某个对象时才弹出的菜单,因此需要建立 ContextMenuStrip 控件所关联的对象。具体方法是,将某个对象的 ContextMenu 属性值设置为窗体中对应的 ContextMenuStrip 控件名称,这样两者就建立了联系,当右击该对象时就可以弹出相应的弹出式菜单。

ContextMenuStrip 控件常用的属性和事件与 MenuStrip 基本相同,具体可以参照表 6.25。

## 6.2.3　ToolStrip 控件和工具栏

在窗体中,工具栏通常把常用的功能以按钮图标的形式表示。

Visual C♯ .NET 中,工具栏的创建使用 ToolStrip 控件来实现,该控件可以创建自定义的工具栏,让这些工具栏支持高级用户界面和布局功能,如停靠、漂浮、带文本和图像的按钮、下拉按钮和控件、"溢出"按钮和 ToolStrip 项的运行时重新排序等。

在工具箱中双击 ToolStrip 控件,可以在窗体上添加 ToolStrip 控件,单击右边的三角形按钮,将弹出一个下拉列表,如图 6.17 所示,其中包括 Button、Label、SplitButton 等 8 个不同类型的对象。也就是说,ToolStrip 作为对象的容器,可以在工具栏中添加按钮、文本、左侧标准按钮和右侧下拉按钮的组合、下拉菜单、垂直线或水平线、文本框和进度条。

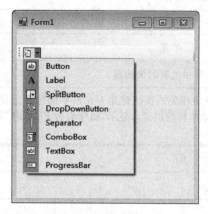 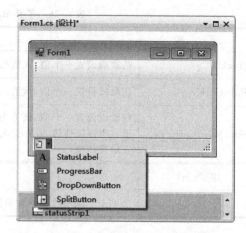

图 6.17　工具栏设计器　　　　　图 6.18　将 StatusStrip 控件拖曳到窗体中

### 6.2.4　StatusStrip 控件和状态栏

状态栏通常位于窗体的最底部,用于显示窗体上对象的相关信息,或者显示应用程序的信息。状态栏的创建通过 StatusStrip 控件来实现。在工具箱中双击 StatusStrip 控件,可以在窗体上添加 StatusStrip 控件,它将默认在窗体的最下方。单击该控件右边的三角形按钮,将弹出一个下拉列表,如图 6.18 所示。一般情况下,StatusStrip 由 StatusLabel 对象组成,每个这样的对象都可以显示文本、图标或同时显示这两者。StatusStrip 还可以包含 ProgressBar、DropDownButton、SplitButton 等。StatusStrip 常用的属性和事件类似 ToolStrip,可参照 ToolStrip 来学习。

**例 6.9**　设计 Windows 窗体应用程序,建立一个类似记事本的应用程序,完成复制、剪切和粘贴的编辑操作以及字体的格式设置。

其操作步骤如下。

(1) 创建 Windows 窗体应用程序。

启动 Visual Studio 2010,选择"文件"→"新建"→"项目"命令,创建名为 Chapter6_9 的 Windows 窗体应用程序。

(2) 窗体设计。

分别从"公共控件"和"菜单和工具栏"工具箱中将一个 RichTextBox 控件(该控件的属性和方法与 TextBox 控件类似)、一个 MenuStrip 控件、一个 ToolStrip 控件、一个 ContextMenuStrip、一个 StatusStrip 控件拖动到窗体上。各控件的属性及说明如表 6.27 所示。

表 6.27　例 6.9 所使用的控件及说明

| 控件(Name) | 属　　性 | 值 | 说　　明 |
| --- | --- | --- | --- |
| Form1 | Text | 我的编辑器 | Windows 窗体标题 |
| MenuStrip | Name | menuStrip1 | 主菜单控件 |

续表

| 控件(Name) | 属　　性 | 值 | 说　　明 |
|---|---|---|---|
| ToolStrip | Name | toolStrip1 | 工具栏控件 |
| ContextMenuStrip | Name | contextMenuStrip1 | 弹出式菜单控件 |
| StatusStrip | Name | statusStrip1 | 状态栏控件 |
| RichTextBox | Name | richTextBox1 | 富文本框 |

① 创建主菜单。选中窗体设计器底部的 MenuStrip 控件,在窗体的顶部将出现主菜单设计器。参照如图 6.19 所示主菜单的布局,依次输入 ToolStripMenuItem 的文本。

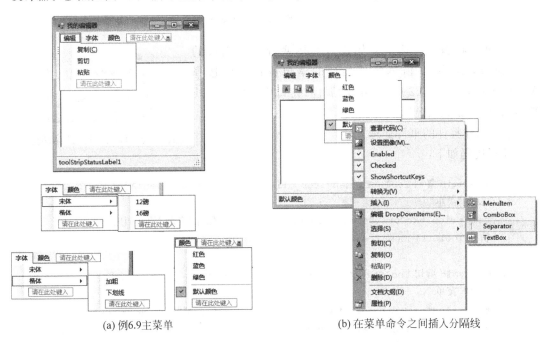

(a) 例6.9主菜单　　　　(b) 在菜单命令之间插入分隔线

图 6.19　例 6.9 设计效果

② 创建上下文菜单。选中窗体设计视图底部专用面板中的 ContextMenuStrip 控件,在窗体的上部将出现菜单设计器,添加"红色"、"蓝色"、"默认颜色"三个菜单项,如图 6.20 所示。设置 richTextBox1 控件的 ContextMenuStrip 属性值为"contextMenuStrip1"。

③ 创建工具栏。选中窗体设计视图底部专用面板中的 ToolStrip 控件,在窗体的上部将出现菜单设计器,从下拉列表中选择 Button,如图 6.21(a)所示,然后在出现的 Button 图标上右击,在弹出的快捷菜单中选择"设置图像"命令,利用"选择资源"对话框导入所需的图片,如图 6.21(b)所示。工具栏的设置效果如图 6.21(c)所示,各图片分别用来表示"剪切"、"复制"和"粘贴"命令。

图 6.20　例 6.9 弹出式菜单的设置

(a) ToolStrip控件的设置　　　　　　(b) "选择资源"对话框　　　　　(c) 例6.9工具栏的设置效果

图 6.21　例 6.9 创建工具栏

④ 创建状态栏。选中窗体设计视图底部专用面板的 statusStrip1 控件,在窗体底部出现的菜单设计器中选择 StatusLabel,如图 6.22 所示,并在"属性"窗口中,将 Text 属性值修改为"默认颜色"。

图 6.22　例 6.9 状态栏的设置

(3) 创建控件的事件处理方法。

编写代码如下:

```
private void 复制 ToolStripMenuItem_Click(object sender,EventArgs e)
{ //"复制"菜单
    temp=richTextBox1.SelectedText;         //保存"复制"的文档内容
    粘贴 ToolStripMenuItem.Enabled=true;
}
private void 剪切 ToolStripMenuItem_Click(object sender,EventArgs e)
{ //"剪切"菜单
    temp=richTextBox1.SelectedText;         //保存被"剪切"的文档内容
    richTextBox1.SelectedText="";
    粘贴 ToolStripMenuItem.Enabled=true;
}
private void 粘贴 ToolStripMenuItem_Click(object sender,EventArgs e)
{ //"粘贴"菜单
    richTextBox1.SelectedText=temp;
}
private void toolStripButton1_Click(object sender,EventArgs e)
{ //剪切 --快捷菜单
    temp=richTextBox1.SelectedText;         //保存被"剪切"的文档内容
    richTextBox1.SelectedText="";
    粘贴 ToolStripMenuItem.Enabled=true;
}
private void toolStripButton2_Click(object sender,EventArgs e)
{ //复制 --快捷菜单
```

```csharp
        temp=richTextBox1.SelectedText;          //保存"复制"的文档内容
        粘贴ToolStripMenuItem.Enabled=true;
}
private void toolStripButton3_Click(object sender,EventArgs e)
{ //粘贴--快捷菜单
        richTextBox1.SelectedText=temp;
}
private void 磅ToolStripMenuItem_Click(object sender,EventArgs e)
{ //宋体,12磅
        richTextBox1.Font=new Font ("宋体",12);
}
private void 磅ToolStripMenuItem1_Click(object sender,EventArgs e)
{ //宋体,16磅
        richTextBox1.Font=new Font("宋体",16);
}
private void 加粗ToolStripMenuItem2_Click(object sender,EventArgs e)
{ //楷体,加粗
        richTextBox1.Font=new Font("楷体",12,FontStyle.Bold);
}
private void 楷体ToolStripMenuItem1_Click(object sender,EventArgs e)
{ //楷体,下划线
        richTextBox1.Font=new Font("楷体",12,FontStyle.Underline);
}
//自定义方法:设置各颜色菜单项为"未选定"状态
private void FontColor()
{
        //设置主菜单的各颜色菜单项为未选定状态
        红色ToolStripMenuItem.Checked=false;
        蓝色ToolStripMenuItem.Checked=false;
        绿色ToolStripMenuItem.Checked=false;
        默认颜色ToolStripMenuItem.Checked=false;
        //设置快捷菜单各菜单项为未被选中状态
        红色ToolStripMenuItem1.Checked=false;
        蓝色ToolStripMenuItem1.Checked=false;
        绿色ToolStripMenuItem1.Checked=false;
        默认颜色ToolStripMenuItem1.Checked=false;
}
private void 红色ToolStripMenuItem_Click(object sender,EventArgs e)
{ //主菜单:红色
        //设置文本框的字体颜色为红色
        richTextBox1.ForeColor=Color.Red;
        FontColor ();                    //调用自定义方法:设置各颜色菜单项为"未选定"状态
        红色ToolStripMenuItem.Checked=true;    //主菜单项
        红色ToolStripMenuItem1.Checked=true;   //快捷菜单项
        //设置状态栏的字体标签
```

```csharp
        toolStripStatusLabel1.Text="红色";
    }
    private void 红色ToolStripMenuItem1_Click(object sender,EventArgs e)
    { //快捷菜单,红色
        红色ToolStripMenuItem_Click( sender, e);
    }
    private void 绿色ToolStripMenuItem_Click(object sender,EventArgs e)
    { //主菜单,绿色
        //设置文本框的字体颜色为绿色
        richTextBox1.ForeColor=Color.Green;
        FontColor();                              //设置各颜色菜单项为"未选定"状态
        //修改绿色菜单项为选定状态
        绿色ToolStripMenuItem.Checked=true;
        绿色ToolStripMenuItem1.Checked=true;
        //设置状态栏的字体标签
        toolStripStatusLabel1.Text="绿色";
    }
    private void 绿色ToolStripMenuItem1_Click(object sender,EventArgs e)
    { //快捷菜单,绿色
        绿色ToolStripMenuItem_Click( sender, e);
    }
    private void 蓝色ToolStripMenuItem_Click(object sender,EventArgs e)
    { //主菜单：蓝色
        //设置文本框的字体颜色为蓝色
        richTextBox1.ForeColor=Color.Blue;
        //设置各颜色菜单项为"未选定"状态
        FontColor();
        //修改蓝色菜单项为选定状态
        蓝色ToolStripMenuItem.Checked=true;
        蓝色ToolStripMenuItem1.Checked=true;
        //设置状态栏的字体标签
        toolStripStatusLabel1.Text="蓝色";
    }
    private void 蓝色ToolStripMenuItem1_Click(object sender,EventArgs e)
    {
        //快捷菜单：蓝色
        蓝色ToolStripMenuItem_Click(sender,e);
    }
    private void 默认颜色ToolStripMenuItem1_Click(object sender,EventArgs e)
    {
        //快捷菜单：默认颜色
        默认颜色ToolStripMenuItem_Click(sender,e);
    }
    private void 默认颜色ToolStripMenuItem_Click(object sender,EventArgs e)
    {
```

```
//主菜单:默认颜色
//设置文本框的字体颜色为默认颜色
richTextBox1.ForeColor=Color.Black;
//设置各颜色菜单项为"未选定"状态
FontColor();
//修改绿色菜单项为选定状态
默认颜色 ToolStripMenuItem.Checked=true;    //主菜单
默认颜色 ToolStripMenuItem1.Checked=true;   //快捷菜单
//设置状态栏的字体标签
toolStripStatusLabel1.Text="默认颜色";
}
```

(4) 运行并测试应用程序。单击工具栏上的"启动调试"按钮 ▶,或者按快捷键 F5 键运行并测试应用程序。

## 6.3 对话框设计

不同的 Windows 应用程序常常使用功能相同的对话框,如"打开"、"保存"以及"打印"等对话框,这类对话框称为通用对话框,利用它们不仅可以快速创建与用户交互的窗口,也可方便用户的操作,因此,它们的应用十分广泛。对话框的一般风格如下。

(1) 边框固定,没有最大、最小化按钮,不能改变对话框的大小。

(2) 一般有"确定"、"取消"按钮,或"是"、"否"等类似的按钮。

(3) 在对话框中,当单击"确定"、"是"等按钮后,对话框的设置或输入有效,并关闭对话框。单击"取消"、"否"按钮后,放弃对话框的设置或输入,并关闭对话框。

.NET 平台提供了一组基于 Windows 的通用对话框界面,其中包括 OpenFileDialog、SaveFileDialog、ColorDialog 以及 FontDialog 等。通用对话框是 Windows 操作系统的一部分,具有一些相同的方法和事件,如表 6.28 所示。

表 6.28 标准对话框的常用方法和事件

| 方 法 | 说 明 |
| --- | --- |
| ShowDialog | 显示一个通用对话框,该方法返回一个 DialogResult 枚举 |
| Reset | 把对话框内的所有属性设置为默认值,即对话框初始化 |
| 事 件 | 说 明 |
| HelpRequest | 当用户单击通用对话框上的 Help 按钮时触发该事件 |

在 C#中,通用对话框可通过两种方法创建,一种方法是,直接从工具箱中拖放一个通用对话框控件(如字体设置对话框 FontDialog、打开文件对话框 OpenFileDialog 等)至窗体;另一种方法是,程序运行时创建对话框对象,设置它的属性并调用 ShowDialog 方法。前一种方法快速简单,但其占用资源多一些;后一种方法相对复杂,但其创建的对话框仅在使用过程中临时占用操作系统内存,因而更节省系统资源。

下面分别介绍常用的对话框的创建和使用方法。

### 6.3.1 消息对话框

在交互式程序中，系统经常需要反馈一些消息，如出现了错误，或者给用户进行提示，应该进行什么操作等。在 C# 中可以利用 MessageBox.Show() 方法创建消息对话框，并利用 DialogResult 类型的变量来接收返回值，以此来判断用户的操作行为或功能选项，进而执行相应的任务。Show 方法的有多种重载形式，其最常用的语法格式为：

```
MessageBox.Show(string text, string caption, MessageBoxButtons buttons, MessageBoxIcon icon);
```

说明：

（1）text：要在消息框中显示的文本。

（2）caption：要在消息框的标题栏中显示的文本。

（3）buttons：MessageBoxButtons 值之一，可指定在消息框中显示哪些按钮。MessageBoxButtons 是枚举类型，其成员如下。

```
OK=0,                    //消息框包含"确定"按钮
OKCancel=1,              //消息框包含"确定"和"取消"按钮
AbortRetryIgnore=2,      //消息框包含"中止"、"重试"和"忽略"按钮
YesNoCancel=3,           //消息框包含"是"、"否"和"取消"按钮
YesNo=4,                 //消息框包含"是"和"否"按钮
RetryCancel=5,           //消息框包含"重试"和"取消"按钮
```

（4）icon 参数：指定定义哪些信息要显示的常数。MessageBoxIcon 也是枚举类型值，其成员如下。

```
None=0,              //消息框未包含符号
Error=16,            //该消息框包含由一个红色背景的圆圈及其中的白色 x 组成的符号
Hand=16,             //该消息框包含由一个红色背景的圆圈及其中的白色 x 组成的符号
Stop=16,             //该消息框包含由一个红色背景的圆圈及其中的白色 x 组成的符号
Question=32,         //该消息框包含由一个圆圈和其中的一个问号组成的符号
Exclamation=48,      //该消息框包含由一个黄色背景的三角形及一个感叹号组成的符号
Warning=48,          //该消息框包含由一个黄色背景的三角形及一个感叹号组成的符号
Information=64,      //该消息框包含由一个圆圈及其中的小写字母 i 组成的符号
Asterisk=64,         //该消息框包含由一个圆圈及其中的小写字母 i 组成的符号
```

### 6.3.2 文件对话框

文件对话框分为打开文件对话框和保存文件对话框。

打开对话框（OpenFileDialog）可利用 Visual Studio 2010 提供的 OpenFileDialog 控件来实现。它为用户提供了一个从文件夹中选择相应文件的快捷操作，同时可以通过指定初始目录和限定打开的文件类型来提高文件选择效率。但是，它并不能真正打开一个文件，而仅提供了一个打开文件的用户操作界面，供用户选择所要打开的文件，并把选中的文件路径、文件名等信息放入 OpenFileDialog 控件的相应属性中。用户可以在程序代码中读取和利用这些属性的值，进一步编程来实现打开文件的具体工作。

保存对话框(SaveFileDialog)可利用 Visual Studio 2010 提供的 SaveFileDialog 控件来实现。它为用户在存储文件时提供一个标准用户界面，供用户选择或输入所要保存的文件路径和文件名。与打开文件对话框相同，它并不能提供真正的存储文件操作，存储文件的操作需要用户编程来实现。该控件的属性和方法都与 OpenFileDialog 控件相同。

OpenFileDialog 控件和 SaveFileDialog 控件都属于非用户界面控件，即：在窗体中加入这些控件后，对应的控件会显示在窗体下方的专用面板中。

OpenFileDialog 控件和 SaveFileDialog 控件的常用属性和方法如表 6.29 所示。

表 6.29 OpenFileDialog 和 SaveFileDialog 控件常用属性和方法

| 属 性 | 说 明 |
| --- | --- |
| Title | 对话框的标题 |
| InitialDirectory | 对话框显示的初始目录 |
| FileName | 获取在打开文件对话框中选定的文件名的字符串。文件名既包含文件路径也包含扩展名。如果未选定文件，该属性将返回空字符串 |
| FileNames | 获取对话框所有选定文件的文件名。每个文件名既包含文件路径也包含扩展名。如果未选定文件，该属性将返回空数组 |
| Filter | 获取或设置当前文件名筛选器字符串 |
| FilterIndex | 获取或设置初始文件类型（扩展名） |
| ShowReadOnly | 获取或设置一个值，该值指示对话框是否包含只读复选框 |
| RestoreDirectory | 获取或设置一个值，该值指示对话框在关闭前是否还原当前目录 |
| Multiselect | 获取或设置一个值，该值指示对话框是否允许选择多个文件 |
| 方 法 | 说 明 |
| ShowDialog | 显示"打开"对话框 |

其中，Filter 属性决定对话框的"文件类型"框中出现的选择内容。对于每个筛选选项，筛选器字符串都包含筛选器说明、垂直线条(|)和筛选器模式。不同筛选选项的字符串由垂直线条隔开，例如"文本文件(*.txt)|*.txt|所有文件(*.*)|*.*"，还可以通过分号分隔各种文件类型，例如：JPEG 文件交换格式(*.jpg; *.jpeg; *.jfif; *.jpe)。

ShowDialog 是通用对话框中最常用的方法，其作用是显示对话框。用法：

对话框名.ShowDialog()

该方法的返回值为 System.Windows.Forms 命名空间中的 DialogResult 枚举类型，如在对话框中单击"打开"或"保存"按钮时，该方法的返回值为 DialogResult.OK。

## 6.3.3 字体对话框

"字体"对话框是通过 FontDialog 控件来实现的，该控件属于非用户界面控件。该对话框用于设置并返回所选字体的名称、样式、大小及效果等，其外观如图 6.23 所示。单击对话框中的"确定"按钮后，系统会根据选中的情况自动将设置的结果值存放到 Font 属性中，这样，用户就可以在程序中读取对话框控件相应的属性值进行后续的处理和操作。

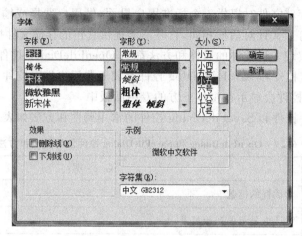

图 6.23 "字体"对话框的外观及组成结构示意图

FontDialog 控件的常用属性如表 6.30 所示。

表 6.30 FontDialog 控件常用属性

| 属　　性 | 说　　明 |
| --- | --- |
| AllowVectorFonts | 获取或设置一个值，该值指示对话框是否允许选择矢量字体 |
| AllowVerticalFonts | 获取或设置一个值，该值指示对话框是既显示垂直字体又显示水平字体，还是只显示水平字体 |
| Color | 获取或设置选定字体的颜色 |
| Font | 获取或设置选定的字体 |
| ShowApply | 获取或设置一个值，该值指示对话框是否包含"应用"按钮 |
| ShowColor | 获取或设置一个值，该值指示对话框是否显示颜色选择，默认值为 False |
| ShowReadOnly | 获取或设置一个值，该值指示对话框是否包含只读复选框 |
| ShowEffects | 获取或设置一个值，该值指示对话框是否包含允许用户指定删除线、下划线和文本颜色选项的控件，默认值为 True |
| MaxSize | 获取或设置用户可选择的最大磅值 |
| MinSize | 获取或设置用户可选择的最小磅值 |

### 6.3.4 颜色对话框

"颜色"对话框是通过 ColorDialog 控件来实现的，该控件属于非用户界面控件。该对话框用来在调色板中选择颜色，或者创建自定义颜色。选中的颜色存入 Color 属性中，后面的程序可以用 Color 属性中的颜色值来设置某个对象的颜色属性，如设置文本框的前景色和背景色等。

ColorDialog 控件的常用属性如表 6.31 所示。

表 6.31 ColorDialog 控件常用属性

| 属 性 | 说 明 |
|---|---|
| AllowFullOpen | 获取或设置一个值,该值指示用户是否可以使用该对话框定义自定义颜色。如果允许用户自定义颜色,该属性值为 True(默认值),否则,为 Flase |
| FullOpen | 获取或设置一个值,该值指示用于创建自定义颜色的控件在对话框打开时是否可见,值为 True 时可见,值为 False 时不可见 |
| AnyColor | 获取或设置一个值,该值指示对话框是否显示基本颜色集中可用的所有颜色,值为 True 时显示所有颜色,否则不显示所有颜色 |
| Color | 获取或设置用户选定的颜色 |

## 6.3.5 打印对话框

"打印"对话框是通过 PrintDialog 控件来实现的,该控件属于非用户界面控件。它允许用户从 Windows 窗体应用程序中选择一台打印机,并选择文档中要打印的部分。PrintDialog 控件的常用属性如表 6.32 所示。

表 6.32 PrintDialog 控件常用属性

| 属 性 | 说 明 |
|---|---|
| AllowCurrentPage | 获取或设置一个值,该值指示是否显示"当前页"选项按钮 |
| AllowPrintToFile | 获取或设置一个值,该值指示是否启用"打印到文件"复选框 |
| AllowSelection | 获取或设置一个值,该值指示是否启用"选择"选项按钮 |
| AllowSomePages | 获取或设置一个值,该值指示是否启用"页"选项按钮 |
| Document | 获取或设置一个值,指示用于获取 Printing.PrintDocument |
| PrinterSettings | 获取或设置对话框修改的打印机设置 |
| PrintToFile | 获取或设置一个值,该值指示是否选中"打印到文件"复选框 |
| ShowHelp | 获取或设置一个值,该值指示是否显示"帮助"按钮 |
| ShowNetwork | 获取或设置一个值,该值指示是否显示"网络"按钮 |
| UseEXDialog | 获取或设置一个值,该值指示在运行 Windows XP Home Edition、Windows Server 2003 或更高版本的系统上,此对话框是否应当以 Windows XP 样式显示 |
| Reset | 将所有选项、最后选定的打印机和页面设置重新设置为其默认值 |

**例 6.10** 设计 Windows 窗体应用程序,利用各种对话框实现下列要求。

(1) 利用打开文件对话框,选择一个 Word 文件,并将选中文件的文件名显示在 textBox1 文本框中。

(2) 利用保存文件对话框,将 textBox1 文本框的文件保存。

(3) 利用字体对话框,设置 textBox1 文本框的字体样式。

(4) 利用颜色对话框,设置 textBox2 文本框的背景色。

(5) 利用打印对话框实现文件的打印。

其操作步骤如下。

(1) 创建 Windows 窗体应用程序。

启动 Visual Studio 2010，选择"文件"→"新建"→"项目"命令，创建名为 Chapter6_10 的 Windows 窗体应用程序。

(2) 窗体设计。

从"对话框"工具箱中将一个 OpenFileDialog 控件、一个 SaveFileDialog 控件、一个 FontDialog 控件、一个 ColorDialog 控件拖动到窗体上，从"打印"工具箱中将一个 PrintDialog 控件拖动到窗体上，并添加两个 TextBox 控件、两个 Label 控件和一个 ToolTrip 控件，将这些控件放置在如图 6.24 所示的位置上。

图 6.24　例 6.10 窗体布局

(3) 代码编写如下：

```
private void toolStripButton1_Click(object sender,EventArgs e)
{   //"保存"对话框
    //设置文件的保存类型
    saveFileDialog1.Filter="Word 文件（* .doc)|* .doc|所有文件（* .*）|* .*";
    DialogResult dr=saveFileDialog1.ShowDialog();
    string folderPath;
    //判断在打开文件对话框中是否单击了"打开"按钮
    if (dr==DialogResult.OK)
    {
        folderPath=saveFileDialog1.FileName;
        textBox2.Text=folderPath;
        MessageBox.Show("文件保存成功","保存文件",MessageBoxButtons .OK);
    }
    else
        textBox2.Text="未保存文件";
}
private void toolStripButton2_Click(object sender,EventArgs e)
```

```csharp
{   //"打开"文件
    openFileDialog1.InitialDirectory=@"d:\program";    //设置初始目录
    openFileDialog1.Title="打开 Word 文件";             //打开文件对话框的标题
    openFileDialog1.FileName="new";
    //设置当前文件名筛选器字符串
    openFileDialog1.Filter="Word 文件(*.doc)|*.doc|所有文件(*.*)|*.*";
    DialogResult dr=openFileDialog1.ShowDialog();      //显示打开文件对话框
    string folderPath;
    if (dr==DialogResult.OK)
    {
        folderPath=openFileDialog1.FileName; //获取打开文件的文件名
        textBox1.Text=folderPath;            //将文件名显示在 textBox1 文本框中
    }
    else
    {
        MessageBox.Show("未选择任何文件,请重新选择","警告信息",MessageBoxButtons.
        OKCancel,MessageBoxIcon.Warning);
        textBox1.Text="未选择文件";
    }
}
private void toolStripButton3_Click(object sender,EventArgs e)
{   //"字体"对话框
    //设置对话框包含"应用"按钮
    fontDialog1.ShowApply=true;
    //显示字体对话框
    DialogResult dr=fontDialog1.ShowDialog();
    if (dr==DialogResult.OK)
    {
        textBox1.Font=fontDialog1.Font;
    }
}
private void toolStripButton4_Click(object sender,EventArgs e)
{   //"颜色"对话框
    DialogResult dr=colorDialog1.ShowDialog();
    if (dr==DialogResult.OK)
    {
        //通过颜色对话框设置 textBox2 的背景颜色
        textBox2.BackColor=colorDialog1.Color;
    }
}
private void toolStripButton5_Click(object sender,EventArgs e)
{   //"打印"对话框
    DialogResult dr=printDialog1.ShowDialog();
    if (dr==DialogResult.OK)
    {
```

```
            printDialog1.PrintToFile=true;
        }
    }
```

（4）运行并测试应用程序。单击工具栏上的"启动调试"按钮 ▶，或者按快捷键 F5 运行并测试应用程序。

## 小　　结

C♯是一种可视化的程序设计语言，Windows 窗体和控件是开发 C♯应用程序的基础，基于 Windows 窗体的应用程序可提供丰富的用户交互界面，从而实现复杂的功能。本章主要介绍了 Windows 窗体的创建过程，如何向窗体中添加控件，常用控件的属性、方法和事件的使用，对话框和菜单的创建及操作。本章学习要点如下。

（1）理解 Windows 窗体的运行机制。

（2）掌握常用控件的相关操作。

（3）掌握菜单的创建。

（4）掌握对话框的使用。

# 第 7 章 窗体的高级应用

窗体的高级应用包括高级控件的创建、控件的事件、属性和方法的设置,以及通过对窗体应用程序的编程实现多文档界面,从而完成 Windows 图形界面的设计。

## 7.1 高 级 控 件

Windows 窗体应用程序以其简单可操作性著称,除了前面介绍的常用控件以外,C♯还提供了其他功能丰富的控件供开发人员使用。本节将介绍几个高级控件的用法。

### 7.1.1 RichTextBox

RichTextBox 控件是一种既可以输入文本,也可以编辑文本的文字处理控件。它的文字处理功能更丰富,不仅可以打开 ASCII 文本格式文件即 Unicode 编码格式的文件,而且能够打开、编辑和存储 .rtf 格式文件。

RichTextBox 控件的大部分属性、方法和事件与 TextBox 相同,它比普通的 TextBox 控件具有更高级的格式特征,例如,设置文本使用粗体,改变字体的颜色,设置段落左右缩进或不缩进等。RichTextBox 控件的常用属性和方法如表 7.1 所示。

表 7.1 RichTextBox 控件的常用属性和方法

| 属　性 | 说　明 |
| --- | --- |
| Rtf | 获取或设置 RichTextBox 控件的文本,包括所有 RTF 格式代码 |
| SelectedRtf | 获取或设置控件中当前选择的 RTF 格式的格式化文本 |
| SelectionAlignment | 获取或设置应用到当前选定内容或插入点的对齐方式,其值是 HorizontalAlignment 枚举值(左对齐、右对齐和居中对齐) |
| SelectionBackColor | 获取或设置 RichTextBox 控件中选中文本的背景颜色 |
| SelectionColor | 获取或设置当前选定文本或插入点的文本颜色 |
| SelectionFont | 获取或设置当前选定文本或插入点的字体 |
| 方　法 | 说　明 |
| Redo | 重新应用控件中上次撤销的操作 |
| Find | 从 RichTextBox 控件中查找指定的字符串 |
| SaveFile | 把 RichTextBox 中的信息保存到指定的文件中 |
| LoadFile | 使用该方法将文本文件、RTF 文件装入 RichTextBox 控件 |
| Undo | 撤销文本框中的上一个编辑操作 |

Find 方法的常用重载形式有以下几种。

(1) int Find(string str)

在指定的 RichTextBox 控件中搜索字符串,并返回搜索字符串的第一个字符在控件中的位置。如果没有找到搜索字符串或 str 参数指定的字符串为空,则返回值为-1。

(2) int Find(string str, RichTextBoxFinds options)

在指定的 RichTextBox 中查找 str 参数指定的文本,并返回文本的第一个字符在控件中的位置。如果返回值为负数,则表明没有找到要查找的字符串。其中,option 为指定如何在控件中执行文本搜索,它是 RichTextBoxFinds 的枚举值(例如,仅定位大小写正确的搜索文本的实例)。

(3) int Find(string str, int start, RichTextBoxFinds options)

在对搜索应用特定选项的情况下,在 RichTextBox 控件的文本中搜索位于控件内特定位置的字符串。str 参数是要在控件中查找的文本;start:控件文本中开始搜索的位置;options:RichTextBoxFinds 枚举值。

(4) int Find(string str, int start, int end, RichTextBoxFinds options)

这里 Find 方法与前面的格式 3 类似,不同的是不仅可以指定搜索的起始范围,还可以限定搜索的结束位置。

SaveFile 方法的几种重载形式如下。

(1) void SaveFile(string path)

将 RichTextBox 控件的内容保存到 path 所指定的 RTF 格式文件中。

(2) void SaveFile(Stream data, RichTextBoxStreamType fileType)

将 RichTextBox 控件的内容保存到 fileType 参数指定的格式文件中,path 指定要保存的文件的名称和位置。

LoadFile 方法的几种重载形式如下。

(1) void LoadFile(string path)

将 RTF 格式文件或标准 ASCII 文本文件加载到 RichTextBox 控件中,参数 path 指定要加载到控件中的文件的名称和位置。

(2) void LoadFile(Stream data, RichTextBoxStreamType fileType)

将现有数据流的内容加载到 RichTextBox 控件中。

(3) void LoadFile(string path, RichTextBoxStreamType fileType)

将特定类型的文件加载到 RichTextBox 控件中。

**例 7.1** 设计 Windows 窗体应用程序,实现文档的打开、保存操作,以及文档左右对齐等格式操作,运行效果如图 7.1 所示。涉及文件的操作请参考第 9 章。

其操作步骤如下。

(1) 创建 Windows 窗体应用程序。

启动 Visual Studio 2010,选择"文件"→"新建"→"项目"命令,创建名为 Chapter7_1 的 Windows 窗体应用程序。

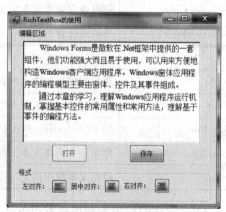

图 7.1 例 7.1 运行效果

（2）窗体设计。

从工具箱中拖放 3 个 Label 控件，5 个 Button 控件、1 个 RichTextBox 控件和两个 GroupBox 控件到窗体上。按照如表 7.2 所示的内容，设置各控件的相应属性值。

表 7.2　例 7.1 控件的属性设置

| 控件(Name) | 属　　性 | 值 | 说　　明 |
|---|---|---|---|
| Form1 | Text | RichTextBox 的使用 | 设置窗体的标题 |
| groupBox1 | Text | 编辑区域 | 用于放置显示文档的相关控件 |
| groupBox2 | Text | 格式 | 用于放置格式设置的相关控件 |
| label1 | Text | 左对齐： | 说明标签 |
| label2 | Text | 居中对齐： | 说明标签 |
| label3 | Text | 右对齐： | 说明标签 |
| button1 | Text | 打开 | "打开"文档按钮 |
| button1 | Name | Open | "打开"按钮的名称 |
| button2 | Text | 保存 | "保存"文档按钮 |
| button2 | Name | Save | "保存"按钮的名称 |
| button3 | Text |  | "左对齐"按钮 |
| button3 | Name | justifyLeft | 左对齐按钮的名称 |
| button3 | Image | left.jpg | 设置按钮显示的图片 |
| button4 | Text |  | "居中对齐"按钮 |
| button4 | Name | justifyCenter | 居中对齐按钮的名称 |
| button4 | Image | center.jpg | 设置按钮显示的图片 |
| button5 | Text |  | 按钮不显示文本 |
| button5 | Name | justifyRight | "右对齐"按钮的名称 |
| button5 | Image | right.jpg | 设置按钮显示的图片 |

（3）代码编写如下：

```
using System.IO;
string path=".\test1.rtf";              //保存文件的路径
//加载窗体时,如果程序中存在 RTF 文件,那么就直接显示在 RichTextBox 控件中
private void Form1_Load(object sender,EventArgs e)
{
    //当在指定路径下存在该文件时
    if (File.Exists(path))
    {
        //从指定的位置加载 RTF 文件
        this.richTextBox1.LoadFile(path,RichTextBoxStreamType.RichText);
        //设定"打开"按钮为不可用状态
```

```csharp
            Open.Enabled=false;
        }
        //设定"保存"按钮为不可用状态
        Save.Enabled=false;
    }
    //当程序中不存在 RTF 文件时,单击"打开"按钮选定要打开的文件
    private void Open_Click(object sender,EventArgs e)
    {
        //声明一个用于打开文件对话框的对象
        OpenFileDialog TxTOpenDialog=new OpenFileDialog();
        //定义打开文件对话框的过滤参数
        TxTOpenDialog.Filter="RTF 文件(*.RTF)|*.RTF";
        //当在打开对话框中单击"打开"按钮时
        if (TxTOpenDialog.ShowDialog()==DialogResult.OK)
        {
            //保存打开文件的路径
            path=TxTOpenDialog.FileName;
            //从指定的位置加载 RTF 文件
            this.richTextBox1.LoadFile(TxTOpenDialog.FileName,RichTextBoxStreamType.
            RichText);
            //设置"保存"按钮为不可用状态
            Save.Enabled=false;
            //设置"打开"按钮为不可用状态
            Open.Enabled=false;
            //弹出读取成功时的提示信息
            MessageBox.Show("读取成功!","提示信息",MessageBoxButtons.OK,MessageBoxIcon.
            Asterisk);
        }
    }
    //如果没有 RTF 文件,那么可以直接在 RichTextBox 控件中输入内容,然后单击"保存"按钮创建
    private void Save_Click(object sender,EventArgs e)
    {
        //定义一个用于保存文件的保存对话框
        SaveFileDialog TxTSaveDialog=new SaveFileDialog();
        //设置保存文件的过滤参数
        TxTSaveDialog.Filter="RTF 文件(*.RTF)|*.RTF";
        //当在指定路径下存在该路径时
        if (File.Exists(path))
        {
            //保存指定文件到指定位置
            this.richTextBox1.SaveFile(path,RichTextBoxStreamType.RichText);
            //弹出保存成功的提示信息
            MessageBox.Show("保存成功!","提示信息",MessageBoxButtons.OK,
            MessageBoxIcon.Asterisk);
            this.richTextBox1.Clear();          //清空 RichTextBox 控件中的所有内容
```

```csharp
            Save.Enabled=false;            //设置"保存"按钮为不可用状态
        }
        else
        {
            //当在保存对话框中单击"保存"按钮时
            if (TxTSaveDialog.ShowDialog()==DialogResult.OK)
            {
                //保存文件到指定的位置
                this.richTextBox1.SaveFile(TxTSaveDialog.FileName,
                RichTextBoxStreamType.RichText);
                //弹出保存成功的提示信息
                MessageBox.Show("保存成功!","提示信息",MessageBoxButtons.OK,
                MessageBoxIcon.Asterisk);
                this.richTextBox1.Clear();   //清空 RichTextBox 控件中的所有内容
                Save.Enabled=false;          //设定"保存"按钮为不可用状态
            }
        }
    }
    private void richTextBox1_TextChanged(object sender,EventArgs e)
    {
        //设置"保存"按钮为可用状态
        Save.Enabled=true;
        //当 RichTextBox 控件中的内容不存在或者为空值时
        if (this.richTextBox1.Text=="" || this.richTextBox1.Text==null)
        {
            //设置"打开"按钮为可用状态
            Open.Enabled=true;
        }
    }
    //当单击"左对齐"按钮时,选定的文本就居左对齐
    private void justifyLeft_Click(object sender,EventArgs e)
    {
        //设置选定的文本为左对齐
        this.richTextBox1.SelectionAlignment=HorizontalAlignment.Left;
    }
    private void justifyCenter_Click(object sender,EventArgs e)
    {
        //设置选定的文本为居中对齐
        this.richTextBox1.SelectionAlignment=HorizontalAlignment.Center;
    }
    //当单击"右对齐"按钮时,选定的文本就居右对齐
    private void justifyRight_Click(object sender,EventArgs e)
    {
        //设置选定的文本为右对齐
        this.richTextBox1.SelectionAlignment=HorizontalAlignment.Right;
    }
```

(4) 运行程序,并测试各个功能。

## 7.1.2 CheckedListBox

CheckedListBox 控件即复选列表框,该控件能完成列表框 ListBox 可以完成的所有任务,除此之外,还可以在选项旁边显示复选标记。与列表框不同的是,复选列表框只支持 DrawMode.Normal,并且复选列表框中至多只能有一项被选定。

CheckedListBox 控件除了具有列表框 ListBox 控件的全部属性外,还有一些特有的属性,如表 7.3 所示。

表 7.3 CheckedListBox 控件的属性

| 属性 | 说明 |
| --- | --- |
| CheckOnClick | 获取或设置一个值,该值指示当选定项时是否应切换左侧的复选框。如果立即应用选中标记,则为 True;否则为 False。默认值为 False,为了操作方便,一般情况下将该值修改为 True |
| CheckedItems | 该属性是复选列表框中选中项的集合,只代表处于 CheckState.Checked 或 CheckState.indeterminate 状态的那些项。该集合中的索引按升序排列 |
| CheckedIndices | 该属性是复选列表框中选中项索引的集合 |

**例 7.2** 设计 Windows 窗体应用程序,利用 CheckedList 控件实现多项选择,运行效果如图 7.2 所示。

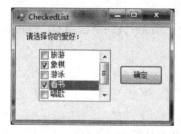

图 7.2 例 7.2 运行效果

其操作步骤如下。

(1) 创建 Windows 窗体应用程序。

启动 Visual Studio 2010,选择"文件"→"新建"→"项目"命令,创建名为 Chapter7_2 的 Windows 窗体应用程序。

(2) 窗体设计。

从工具箱中拖放一个 Label 控件、一个 Button 控件、一个 CheckedList 控件到窗体上。

(3) 代码编写如下:

```
//单击"确定"按钮的事件处理程序
private void button1_Click(object sender,EventArgs e)
{
    string str="";
    //遍历 checkedListBox1 的选中项
    for (int i=0; i<checkedListBox1.CheckedIndices.Count; i++)
```

```
        {
            str +=checkedListBox1.Items[checkedListBox1.CheckedIndices[i]].ToString
            ()+"\n";
        }
        MessageBox.Show(str,"你的爱好");
        str="";
        //方法二
        foreach (string s in checkedListBox1.CheckedItems)
        {
            str +=s+"\n";
        }
        MessageBox.Show(str,"你的爱好");
}
```

（4）运行程序，并测试各个功能。

### 7.1.3 TabControl

TabControl 控件由 TabControl 类封装。该控件的工作方式与前面的控件有一些区别，它能够将相关的控件集中在一起，放在一个页面中用以显示多种综合信息，用户可以通过单击选项卡标签来实现各页面的快速切换。由于该控件的集约性，使得在相同操作面积下可以执行多页面的信息操作，因此被广泛应用于 Windows 设计开发之中。

在工具箱中双击 TabControl 时，就会显示一个已添加了两个标签页（TabPage）的控件，如图 7.3 所示，把鼠标移动到该控件的上面，打开 Actions 窗口，可以方便地在设计期间添加和删除 TabPages。每个选项卡都是一个 TabPage 对象。TabPages 属性的设置方法为：在"属性"窗口中单击 TabPages 右边的按钮，显示 TabPages 集合编辑器对话框，通过它来添加删除选项卡页面及设置页面属性。若要为特定页面添加控件，通过单击选项卡标签切换到相应页面，然后把控件拖动到页面中。TabControl 控件的常用属性如表 7.4 所示。

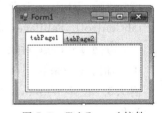

图 7.3 TabControl 控件

表 7.4 TabControl 控件的属性

| 属　　性 | 说　　明 |
| --- | --- |
| Alignment | 获取或设置选项卡在其中对齐的控件区域 |
| Appearance | 获取或设置控件选项卡的可视外观 |
| ImageList | 获取或设置在控件的选项卡上显示的图像 |
| ItemSize | 获取或设置控件的选项卡的大小 |
| Multiline | 获取或设置一个值，该值指示是否可以显示一行以上的标签 |
| HotTrack | 获取或设置一个值，该值指示在鼠标移到控件的选项卡时，这些选项卡是否更改外观 |
| RowCount | 获取控件的选项卡条中当前正显示的行数 |

续表

| 属 性 | 说 明 |
|---|---|
| SizeMode | 获取或设置调整控件的选项卡大小的方式,其值为 TabSizeMode 枚举 |
| TabPages | 获取该选项卡控件中选项卡页的集合,可以通过它对选项卡进行管理 |
| TabCount | 获取选项卡条中选项卡的数目 |
| SelectedIndex | 获取或设置当前选定的选项卡页的索引。若没有选中项,返回-1 |
| SelectedTab | 获取或设置当前选定的选项卡页。若没有选中项,返回 null |

TabControl 控件的 TabPages 属性的常用方法。

(1) 添加 TabPage 对象

Add(string text):创建带有指定文本的选项卡页,并将其添加到集合,text 参数为要在选项卡页上显示的文本。

AddRange(TabPage[] pages):将一组选项卡页添加到集合。

(2) 删除 TabPage 对象

Remove(TabPage value):从集合中移除 value 选项卡。例如,从 tabControl1 控件中移除 tabPage1 选项卡的实现方法为:tabControl1.TabPages.Remove(tabPage1)。

RemoveAt(int index):从集合中移除指定索引 index 处的选项卡页。

(3) 清除 TabPage 对象

tabControl1.TabPages.Clear()

(4) 访问 TabPage 对象

可以通过索引来访问 TabPage 对象,例如:tabControl1.TabPages[0].Text="高级"。

**例 7.3** 设计 Windows 窗体应用程序,利用 TabControl 控件模拟实现用户注册功能的三个流程。

其操作步骤如下。

(1) 创建 Windows 窗体应用程序。

启动 Visual Studio 2010,选择"文件"→"新建"→"项目"命令,创建名为 Chapter7_3 的 Windows 窗体应用程序。

(2) 窗体设计。

从工具箱的"容器"面板中选择 TabControl 控件添加到窗体,选择 TabControl 控件,单击控件右上角的按钮,弹出"TabControl 任务"面板,如图 7.4 所示,通过这个选择项可以方便地添加和移除选项卡。

选择 TabControl 控件的 TabPages 属性,在弹出的"TabPages 集合编辑器"对话框中,设置每个选项卡的属性,如图 7.5 所示。

在"协议"选项卡中添加一个 TextBox 控件、两个 Button 控件,将 TextBox 控件的 ReadOnly 属性设置为 True。在"注册"选项卡中添加三个 TextBox 控件、两个 Button 控件和三个 Label 控件,在"完成"选项卡中添加一个 Label 控件和一个 Button 控件,三个选项卡的设计效果如图 7.6 所示。

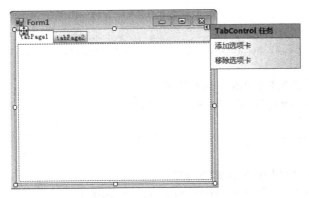

图 7.4 添加选项卡

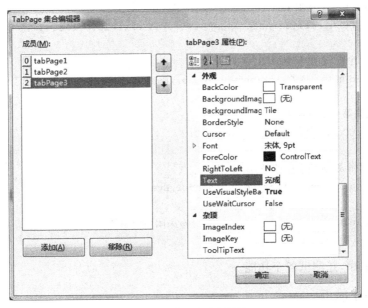

图 7.5 编辑选项卡属性

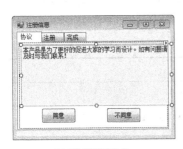

(a) "协议"选项卡　　　　　　(b) "注册"选项卡　　　　　　(c) "完成"选项卡

图 7.6 例 7.3 选项卡的设计效果

(3) 代码编写如下：

//当用户在"协议"选项卡中单击"同意"按钮
private void button1_Click(object sender,EventArgs e)

```
    {
        //切换到下一个选项卡
        this.tabControl1.SelectedIndex=this.tabControl1.SelectedIndex+1;
    }
    //当用户在"协议"选项卡中单击"不同意"按钮
    private void button2_Click(object sender,EventArgs e)
    {
        this.Close();                    //关闭当前窗体
    }
    //用户单击"注册"选项卡中的"注册"按钮时
    private void button3_Click(object sender,EventArgs e)
    {
        //切换到下一个选项卡
        this.tabControl1.SelectedIndex=this.tabControl1.SelectedIndex+1;
    }
    //用户单击"注册"选项卡中的"上一步"按钮时
    private void button4_Click(object sender,EventArgs e)
    {
        //切换到第一个选项卡
        this.tabControl1.SelectedIndex=0;
    }
    //用户单击"完成"选项卡中的"完成"按钮时
    private void button5_Click(object sender,EventArgs e)
    { //切换
        this.Close();                    //关闭当前窗体
    }
```

(4) 运行程序,并测试各个功能。

### 7.1.4 ImageList

ImageList 控件是一个专门用来给其他控件提供图片的控件,其本身在运行时并不显示在窗体上。ImageList 控件的主要属性如表 7.5 所示。

表 7.5 ImageList 控件的主要属性

| 属　性 | 说　明 |
| --- | --- |
| Images | 该属性表示图像列表中包含的图像的集合 |
| ImageSize | 该属性表示图像的大小,默认高度和宽度为 16×16,最大为 256×256 |

其中,Images 属性集合可以在设计时通过"属性"窗口设定。单击右侧的按钮即可进入"图像集合编辑器"。或者在设计视图下,选择 ImageList 控件,单击右上角的黑色箭头打开其"任务窗口",选择"选择图像"选项,如图 7.7 所示,也可以打开"图像

图 7.7 ImageList 控件的任务窗口

集合编辑器"。

可以通过指定其他控件如 TabControl、pictureBox、ListView 等的 ImageList 属性来使用 ImageList 中的图片，或通过代码来指定，如：pictureBox1.Image=imageList1.Images[0]。

## 7.1.5 ListView

ListView 控件也称为列表视图控件，该控件以列表的形式显示信息，每条数据都是一个 ListViewItem 对象。列表视图通常用于显示数据，用户可以对这些数据和显示方式进行控制，可以把包含在控件中的数据显示为列和行，或者显示为一列，或者显示为图标形式。ListView 控件的主要属性如表 7.6 所示。

表 7.6 ListView 控件的主要属性

| 属 性 | 说 明 |
| --- | --- |
| View | 获取或设置项在控件中的显示方式，该属性值由 View 枚举类型指定 |
| HeaderStyle | 获取或设置列标题样式 |
| LargeImageList SmallImageList | 在大图标模式下，显示 LargeImageList 中的图像列表；在其他三个模式下，显示 SmallImageList 中的图像列表 |
| MultiSelect | 获取或设置一个值，该值指示是否可以选择多个项 |
| Sorting | 获取或设置控件中项的排序顺序 |
| Scrollable | 获取或设置一个值，该值指示在没有足够空间来显示所有项时，是否给滚动条添加控件 |
| Items | 获取包含控件中所有项的集合，每个列表项都可以通过 SubItems 属性来访问它的各个子项，例如：listView1.Items[0].SubItems[0] |
| SelectedItems | 获取在控件中选定的项 |
| CheckBoxes | 获取或设置一个值，该值指示控件中各项的旁边是否显示复选框 |
| CheckedItems | 获取控件中当前选中的项 |
| FullRowSelect | 获取或设置一个值，该值指示单击某项是否选择其所有子项 |
| GridLines | 获取或设置一个值，该值指示：在包含控件中项及其子项的行和列之间是否显示网格线 |
| LabelEdit | 获取或设置一个值，该值指示用户是否可以编辑控件中项的标签 |
| LabelWrap | 获取或设置一个值，该值指示当项作为图标在控件中显示时，项标签是否换行 |
| Columns | 获取控件中显示的所有列标题的集合 |

通过 ListView 控件的 Items 属性对各项进行插入、删除及获取子项的方法如下。

### 1. 插入项

```
public ListViewItem Insert(int index, ListViewItem item);
```

例如，在 listView1 索引为 0 处插入一项的代码：

```
string[] itemstr={"001","张三","男","山东"};
ListViewItem itemadd=new ListViewItem(itemstr);
listView1.Items.Insert(0,itemadd);
```

### 2. 添加项

```
public virtual ListViewItem Add(ListViewItem value);
```

例如，在 listView1 中添加一项：

```
listView1.Items.Add(itemadd);
```

### 3. 移除项

移除某项目：

```
public virtual void Remove(ListViewItem item);
```

移除指定索引的项：

```
public virtual void RemoveAt(int index);
```

移除具有指定键的项：

```
public virtual void RemoveByKey(string key);
```

例如，从 listView1 中移除第一项：

```
listView1.Items.RemoveAt(0);
```

### 4. 获取列项

例如，获取 listView1 中第 1 项中的第 4 列的值：

```
listView1 .Items [0].SubItems [3].Text
```

ListView 控件的常用方法和事件如表 7.7 所示。

表 7.7 ListView 控件的常用方法和事件

| 方 法 | 说 明 |
| --- | --- |
| BeginUpdate | 调用该方法，会告诉列表视图停止更新，直到调用 EndUpdate 为止。当一次插入多个选项时，调用该方法会禁止视图闪烁，提高插入速度 |
| EndUpdate | 该方法通常在调用 BeginUpdate 后使用，它会使得列表视图显示出所有的选项 |
| Clear | 从控件中移除所有项和列 |
| GetItemAt | 检索位于指定位置的项 |
| 事 件 | 说 明 |
| AfterLabelEdit | 当用户编辑项的标签时发生 |
| BeforeLabelEdit | 当用户开始编辑项的标签时发生 |
| ColumnClick | 当用户在列表视图控件中单击列标题时发生 |
| SelectedIndexChanged | 当对列表视图中项的选择发生改变时触发该事件 |

**例 7.4** 设计 Windows 窗体应用程序，利用 ListView 控件显示学生信息，可以添加、删除学生信息。

其操作步骤如下。

(1) 创建 Windows 窗体应用程序。

启动 Visual Studio 2010,选择"文件"→"新建"→"项目"命令,创建名为 Chapter7_4 的 Windows 窗体应用程序。

(2) 窗体设计。

从工具箱中拖放 1 个 ListView 控件、3 个 TextBox 控件、5 个 Label 控件、1 个 Combox 控件、两个 RadioButton 控件和两个 Button 控件。

添加 1 个 ImageList 控件(imageList1),向该控件中添加 1 个 16×16 的图标文件,再添加 1 个 ImageList 控件(imageList2),向该控件中添加 1 个 32×32 的图标文件。

按照如表 7.8 所示的内容,设置各控件的相应属性值。

表 7.8　例 7.4 各控件的属性设置

| 控件(Name) | 属　　性 | 值 | 说　　明 |
| --- | --- | --- | --- |
| Form1 | Text | 学生信息 | 设置窗体的标题 |
| combox1 | Items | 大图标<br>小图标<br>列表<br>详细列表 | 设置组合框的选项内容 |
| textBox1 | Name | txtStuName | 姓名文本框控件 |
| textBox2 | Name | txtStuNo | 学号文本框控件 |
| textBox3 | Name | txtAddress | 籍贯文本框控件 |
| button1 | Name | btnAdd | "添加"按钮 |
| button2 | Name | btnDelete | "删除"按钮 |
| listView1 | LargeImageList | imageList2 | 设置大图标显示时使用的图像 |
| | SmallImageList | imageList1 | 设置小图标显示时使用的图像 |
| | View | Details | 设置当前的显示模式为详细列表 |
| | Scrollable | True | 显示滚动条 |

打开 ImageList 控件的集合编辑器,向该控件中添加列(学号、姓名、性别、籍贯),并设置列宽(width 属性)为 60,如图 7.8 所示。

设计完成后的窗体 Form1 如图 7.9 所示。

(3) 代码编写如下:

```
private void Form1_Load(object sender,EventArgs e)
{
    //设置显示模式组合框的内容为"详细列表"
    comboBox1.SelectedIndex=3;
}
private void btnAdd_Click(object sender,EventArgs e)
{
    //获取listView1控件中项的数目
    int count=listView1.Items.Count;
```

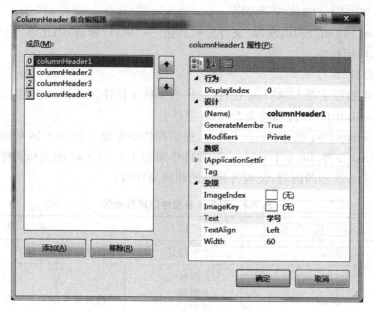

图 7.8 ImageList 控件的集合编辑器

图 7.9 例 7.4 效果图

```
    string sex="";
    if(radioButton1.Checked)
        sex=radioButton1.Text;
    else
        sex=radioButton2.Text;
    string[] subItem={ txtStuNo.Text,txtStuName.Text,sex,txtAddress.Text};
    listView1.Items.Insert(count,new ListViewItem(subItem));
    listView1.Items[count].ImageIndex=0;
}
private void btnDelete_Click(object sender,EventArgs e)
{
    for (int i=listView1.SelectedItems.Count-1; i>=0; i--)
    {
        ListViewItem item=listView1.SelectedItems[i];
```

```
            listView1.Items.Remove(item);
        }
    }
    private void comboBox1_SelectedIndexChanged(object sender,EventArgs e)
    {
        string str=comboBox1.SelectedItem.ToString();
        switch (str)
        {
            case "大图标":
                listView1.View=View.LargeIcon;
                break;
            case "小图标":
                listView1.View=View.SmallIcon;
                break;
            case "列表":
                listView1.View=View.List;
                break;
            default :
                listView1.View=View.Details;
                break;
        }
    }
    private void listView1_Click(object sender,EventArgs e)
    {
        string str;
        str=listView1.SelectedItems[0].Text;
        MessageBox.Show("该学生的学号为: "+str);
    }
```

(4) 运行程序,并测试各个功能。

## 7.1.6 MonthCalendar

MonthCalender 控件(月历控件)提供了一个直观的图形界面,可以让用户查看和设置日期。MonthCalender 控件中可以使用鼠标进行拖曳,用于选择一段连续的时间,此段连续的时间包括时间的起始和结束。MonthCalender 控件的常用属性如表 7.9 所示。

表 7.9 MonthCalender 控件的常用属性

| 属　　性 | 说　　明 |
| --- | --- |
| BackColor | 获取或设置控件的背景色 |
| BackgroundImage | 获取或设置 MonthCalendar 的背景图像 |
| TitleBackColor | 获取或设置指示日历标题区的背景色的值 |
| TitleForeColor | 获取或设置指示日历标题区的前景色的值 |
| TrailingForeColor | 获取或设置一个值,该值指示控件中没有完全显示的月中日期的颜色 |

续表

| 属　性 | 说　　明 |
|---|---|
| ShowToday | 获取或设置一个值,该值指示控件底端是否显示 TodayDate 属性表示的日期 |
| ShowTodayCircle | 获取或设置一个值,该值指示是否用圆圈或正方形标识今天的日期 |
| CalendarDimensions | 获取或设置所显示月份的列数和行数 |
| SelectionStart | 获取或设置所选日期范围的开始日期 |
| SelectionEnd | 获取或设置选定日期范围的结束日期 |

**例 7.5** 使用 MonthCalendar 控件设计 Windows 窗体应用程序。

操作步骤如下。

(1) 创建 Windows 窗体应用程序。

启动 Visual Studio 2010,选择"文件"→"新建"→"项目"命令,创建名为 Chapter7_5 的 Windows 窗体应用程序。

(2) 窗体设计。

从工具箱中向窗体添加 1 个 MonthCalendar 控件,6 个标签控件,设计的窗体界面如图 7.10 所示。

图 7.10　日历控件设计界面

(3) 代码编写如下:

```
private void Form1_Load(object sender,EventArgs e)
{
    label1.Text="今天是: "+monthCalendar1.TodayDate.ToString();
    label2.Text="";
    label3.Text="";
    label4.Text="";
    label5.Text="";
    label6.Text="";
    monthCalendar1.BackColor=Color.Blue;
}
private void monthCalendar1_DateChanged(object sender,DateRangeEventArgs e)
{
    label3.Text="起始日期: "+monthCalendar1.SelectionStart.ToString();
    label5.Text="结束日期: "+monthCalendar1.SelectionEnd.ToString();
```

```
        label2.Text="加 3 月日期: " +
            monthCalendar1.SelectionStart.AddMonths(3).ToString();
        label4.Text="加 3 天日期: "+
            monthCalendar1.SelectionStart.AddDays(3).ToString();
        label6.Text="加 3 年日期: "+
            monthCalendar1.SelectionStart.AddYears(3).ToString();;
}
```

(4) 运行程序,并测试各个功能。

### 7.1.7 DateTimePicker

DateTimePicker 控件(日期控件)用于选择日期和时间,但只能选择一个时间,而不是连续的时间段,也可以直接输入日期和时间。DateTimePicker 控件的常用属性如表 7.10 所示。

表 7.10 DateTimePicker 控件的常用属性

| 属性 | 说明 |
| --- | --- |
| Value | 获取或设置分配给控件的日期/时间值 |
| ShowCheckBox | 获取或设置一个值,该值指示在选定日期的左侧是否显示一个复选框 |
| ShowUpDown | 获取或设置一个值,该值指示是否使用数值调节钮控件(也称为 up-down 控件)调整日期/时间值 |
| Format | 获取或设置控件中显示的日期和时间格式,该属性的取值由枚举类型 DateTimePickerFormat 指定,具体显示与操作系统的时区设置有关<br>Long:长格式显示日期(默认),如 2013 年 12 月 12 日<br>Short:短格式显示日期,如 2013/12/12<br>Time:标准格式显示时间,如 10:10:00<br>Custom:用 CustomFormat 属性指定的自定义格式显示时间和日期 |
| CustomFormat | 获取或设置自定义日期/时间格式字符串 |
| HotTrack | 获取或设置一个值,该值指示在鼠标移到控件的选项卡时,这些选项卡是否更改外观,该属性值为 True 或 False |

其中,Value 属性是 DateTimePicker 控件最常用的属性,该属性是一个 DateTime 值,因此,DateTime 类的常用方法和属性都可以直接使用。

**例 7.6** 设计 Windows 窗体应用程序,利用 DateTimePicker 控件自定义格式来显示时间和日期。

操作步骤如下。

(1) 创建 Windows 窗体应用程序。

启动 Visual Studio 2010,选择"文件"→"新建"→"项目"命令,创建名为 Chapter7_6 的 Windows 窗体应用程序。

(2) 窗体设计。

从工具箱中拖放一个 DateTimePicker 控件、一个 TextBox 控件和一个 Label 控件到窗体上。设计的窗体界面如图 7.11 所示。

图 7.11 例 7.6 运行效果图

(3) 代码编写如下：

```
private void dateTimePicker1_ValueChanged(object sender,EventArgs e)
{
    dateTimePicker1.Format=DateTimePickerFormat.Custom;
    dateTimePicker1.CustomFormat="HH:mm:ss MM/dd yyyy dddd";
    this.textBox1.Text=dateTimePicker1.Value.ToString();
}
```

(4) 运行程序，并测试各个功能。

### 7.1.8 TreeView

TreeView 控件也称为树视图控件，用 TreeView 类封装，用于显示层次结构的信息，比如磁盘目录、文件和数据库结构等。常见的是在 Windows 操作系统的资源管理器的左窗格中显示文件和文件夹。

TreeView 控件中各项信息都有一个与之相关联的 Node 对象，各个节点都可以包含子节点，用户可以按展开或折叠的方式显示父节点或包含子节点的节点，并且每个节点都可以包含标题和图标。TreeView 控件的常用属性、事件和方法如表 7.11 所示。

表 7.11 TreeView 控件的常用属性、事件和方法

| 属 性 | 说 明 |
| --- | --- |
| ImageList | 获取或设置包含树节点所使用的小图标来源 |
| ImageIndex | 获取或设置树节点显示的默认图像的图像列表索引值 |
| Indent | 获取或设置每个子树节点级别的缩进距离 |
| ShowLines | 获取或设置一个值，用以指示是否在树视图控件中的树节点之间绘制连线 |
| ShowRootLines | 获取或设置一个值，用以指示是否在树视图根处的树节点之间绘制连线 |
| Nodes | 获取分配给树视图控件的树节点集合，这是该控件最重要的属性 |
| SelectedNode | 获取或设置当前在树视图控件中选定的树节点 |
| TopNode | 获取或设置树视图控件中第一个完全可见的树节点 |
| PathSeparator | 获取或设置树节点路径所使用的分隔符串 |
| LabelEdit | 获取或设置一个值，用以指示是否可以编辑树节点的标签文本 |
| 事 件 | 说 明 |
| BeforeCollapse | 在折叠树节点前发生 |
| AfterCollapse | 在折叠树节点后发生 |
| BeforeExpand | 在展开树节点前发生 |
| IsExpanded | 在展开树节点后发生 |
| IsSelected | 获取一个值，用以指示树节点是否处于选定状态 |
| AfterSelect | 在选定树节点后发生 |

续表

| 事件 | 说　　明 |
|---|---|
| AfterLabelEdit | 在编辑树节点的标签文本后发生,该事件需要将 LabelEdit 属性设置为 True |
| Click | 节点被单击后触发该事件 |
| DoubleClick | 节点被双击后触发该事件 |
| Nodes | 返回该节点的父节点 |

| 方法 | 说　　明 |
|---|---|
| Add | 添加节点 |
| CollapseAll | 折叠所有树节点 |
| ExpandAll | 展开所有树节点 |
| GetNodeCount | 检索分配给树视图控件的树节点数(可以选择性地包括所有子树中的树节点) |
| Remove | 从树视图控件中移除当前树节点 |

TreeView 节点的常用属性如表 7.12 所示。

表 7.12　TreeView 节点的常用属性

| 属性 | 说　　明 |
|---|---|
| FirstNode | 获取或设置包含树节点所使用的小图标来源 |
| FullPath | 设置从根树节点到当前树节点的路径 |
| Index | 获取树节点在树节点集合中的位置 |
| IsExpanded | 获取一个值,用以指示树节点是否处于可展开状态 |
| IsSelected | 获取一个值,用以指示树节点是否处于选定状态 |
| IsVisible | 获取一个值,用以指示树节点是否是完全可见或部分可见 |
| LastNode | 获取最后一个子树节点 |
| NextNode | 获取下一个同级树节点 |
| Nodes | 获取分配给当前树节点的 TreeNode 对象的集合 |
| Parent | 获取当前树节点的父树节点 |
| PrevNode | 获取上一个同级树节点 |
| Text | 获取或设置在树节点标签中显示的文本 |
| TreeView | 获取树节点分配到的父树视图 |

**例 7.7**　设计 Windows 窗体应用程序,利用 TreeView 控件建立一个学校的分层列表,可以添加、删除学院和班级的信息。

操作步骤如下。

(1) 创建 Windows 窗体应用程序。

启动 Visual Studio 2010,选择"文件"→"新建"→"项目"命令,创建名为 Chapter7_7 的

Windows 窗体应用程序。

（2）窗体设计。

从工具箱中拖放一个 TreeView 控件、两个 TextBox 控件和 4 个 Button 控件。设计的窗体界面如图 7.12 所示。

图 7.12 例 7.7 窗体界面

从工具箱中向窗体添加一个 ImageList 控件，打开"图像集合编辑器"对话框，添加 4 幅图像，如图 7.13 所示。设置 TreeView 控件的 ImageList 属性值为 imageList1，LabelEdit 属性值为 True。

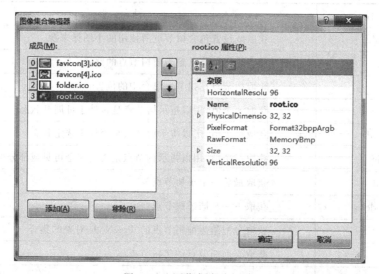

图 7.13 图像集合编辑器

（3）代码编写如下：

```
private void button1_Click(object sender,EventArgs e)
{   //添加院系
    TreeNode newNode=new TreeNode(textBox1.Text,0,1);
    this.treeView1.Nodes.Add(newNode);
    this.treeView1.Select();
}
private void button2_Click(object sender,EventArgs e)
```

```csharp
{   //添加班级
    TreeNode selectedNode=treeView1.SelectedNode;
    if (selectedNode==null)
    {
        MessageBox.Show("必须先选定院系,才能添加班级");
        return;
    }
    TreeNode subNode=new TreeNode(textBox2.Text,2,3);
    selectedNode.Nodes.Add(subNode);
    selectedNode.Expand();
    treeView1.Select();
}
private void button3_Click(object sender,EventArgs e)
{   //删除节点
    TreeNode selectNode=treeView1.SelectedNode;
    if (selectNode==null)
    {
        MessageBox.Show("请选择你要删除的院系或班级");
        return;
    }
    TreeNode parentNode=selectNode.Parent;
    if (parentNode==null)
        treeView1.Nodes.Remove(selectNode);
    else
        parentNode.Nodes.Remove(selectNode);
    treeView1.Select();
}
private void button4_Click(object sender,EventArgs e)
{   //清空节点
    treeView1.Nodes.Clear();
}
private void treeView1_AfterLabelEdit(object sender,NodeLabelEditEventArgs e)
{
    MessageBox.Show("修改成功!");
}
```

(4) 运行程序,并测试各个功能。

## 7.2 Windows 窗体的调用

在一个复杂的窗体应用程序中常常包含多个窗体,每个窗体可以有自己的用户界面和程序代码。多重窗体的应用程序设计实际上是在创建单一窗体的基础上,实现各个窗体之间的相互联系。

## 7.2.1 添加窗体与设置启动窗体

**1. 添加窗体**

当新建一个项目时,系统自动向该项目中添加一个名称为 Form1 的窗体,随着程序的需要,可以向当前项目中添加其他窗体,方法如下。

在解决方案资源管理器中右击项目名称,在出现的快捷菜单中选择"添加"→"Windows 窗体"或"添加"→"新建项"→"Windows 窗体",此时会添加一个新窗体 Form2(文件名为 Form2.cs),同样的方法可以添加新窗体 FormN(其中 N 是一个正整数,且被系统依次编号)。

**2. 设置启动窗体**

当一个项目中有多个窗体时,默认情况下,Form1 为启动窗体,程序运行时,在屏幕上首先看到的是窗体 Form1。若要指定项目中的其他窗体为启动窗体,则可以通过如下方法。

在该项目的 Program.cs 文件中修改 Application.Run(new 窗体名()),例如,将 Form2 设为启动项目,Application.Run(new Form2())。

## 7.2.2 模式窗体和非模式窗体

在 C#中一个 Windows 应用程序可以包含多个窗体,根据打开的多个窗体之间是否存在相互制约关系,可将窗体分为模式窗体和非模式窗体两种。

**1. 模式窗体**

所谓的"模式窗体"(或"模式对话框"),是指该窗体在屏幕上显示后用户必须响应,只有在它关闭后才能操作其他窗体或程序。例如,从 Word 中选择"格式"菜单下的"字体"子菜单,打开的就是一种模式窗体。

在 C#中模式窗体的显示方法:

窗体名.ShowDialog()

其中,窗体名为要作为模式窗体显示的窗体名称。

**2. 非模式窗体**

所谓的"非模式窗体"(或"非模式对话框"),是指该窗体在屏幕上显示后用户可以不必响应,可以随意切换到其他窗体或程序继续操作。Word 中的"查找和替换"对话框就是一种非模式窗体,它不仅可以直接快速查找替换当前窗体中的文本,而且还可通过"查找下一个"按钮找到相应文本后,暂时离开该替换窗体,直接在当前窗体上手动修改或替换文本。通常情况下,当建立新的窗体时都默认设置为非模式窗体。

非模式窗体的显示方法:

窗体名.Show()

例如,新添加的窗体 Form2,若要以非模式窗体的形式显示,可用语句 Form2.Show() 来实现。

**3. 窗体的隐藏和关闭**

隐藏窗体:

窗体名.Hide()

窗体的 Hide 方法使窗体暂时隐藏起来,即不在屏幕上显示,但窗体仍在内存中,并没有卸载。当省略"窗体名"时,默认将当前窗体隐藏。

关闭窗体:

窗体名.Close()

窗体的 Close 方法关闭指定窗体,并释放窗体所占用的资源。当省略"窗体名"时,默认将当前窗体关闭。

**例 7.8** 设计 Windows 窗体应用程序,实现一个 100 以内的加法测试程序,基本功能如下。

(1) 程序随机产生两个 1~100 的随机整数,由用户输入和。

(2) 测试限制在 1 分钟内,也可以中途停止。

(3) 当时间结束或用户中途停止,程序会给出"正确率"等信息。

其操作步骤如下。

(1) 创建 Windows 窗体应用程序。

启动 Visual Studio 2010,选择"文件"→"新建"→"项目"命令,创建名为 Chapter7_8 的 Windows 窗体应用程序。在解决方案资源管理器中,右击该项目,从快捷菜单中选择"添加"→"Windows 窗体"命令,默认窗体名称"Form2",同样的方法添加窗体 Form3。

(2) 窗体设计。

① 在 Form1 窗体中添加 4 个 Lable 控件,3 个 TextBox 控件,3 个 Button 控件,1 个 Timer 控件,其控件布局如图 7.14(a)所示。Form1 窗体各控件的属性设置如表 7.13 所示。

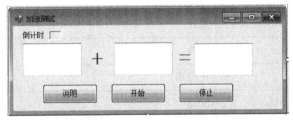

(a) Form1窗体各控件布局

(b) Form2窗体各控件布局

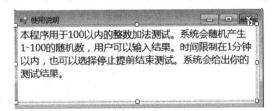

(c) Form3窗体效果

图 7.14 Form1、Form2、Form3 窗体布局

② 在 Form2 窗体中添加 3 个 Lable 控件,3 个 TextBox 控件,其控件布局如图 7.14(b)所示。Form2 窗体各控件的属性设置如表 7.13 所示。

③ 在 Form3 窗体中添加 1 个 TextBox 控件,其控件布局如图 7.14(c)所示。Form3 窗体各控件的属性设置如表 7.13 所示。

表 7.13  Form1、Form2、Form3 窗体各控件属性设置

| 控件(Name) | 属　　性 | 值 |
| --- | --- | --- |
| Form1 | Text | 加法测试 |
| label1 | Text | + |
| label2 | Text | = |
| label3 | Text | 倒计时 |
| label4 | BorderStyle | Fixed3D |
|  | Text |  |
| textBox1 | Enabled | false |
| textBox2 | Enabled | false |
| button1 | Text | 说明 |
| button2 | Text | 开始 |
| button3 | Text | 停止 |
| 控件(Name) | 属　　性 | 值 |
| Form2 | Text | 测试结果 |
| label1 | Text | 总计 |
| label2 | Text | 正确 |
| label3 | Text | 正确率 |
| textBox1 | Enabled | false |
| textBox2 | Enabled | false |
| textBox3 | Enabled | false |
| 控　件 | 属　　性 | 值 |
| Form3 | Text | 使用说明 |
| textBox1 | Text | 本程序用于 100 以内的整数加法测试。系统会随机产生 1～100 的随机数,用户可以输入结果。时间限制在 1 分钟以内,也可以选择停止提前结束测试。系统会给出你的测试结果 |

(3) 代码编写如下。

Form1 窗体的代码设计如下:

```csharp
public static int Count=0;                    //题目总数
private int t=60;                             //测试时间为 60 秒
public static int right=0;                    //正确的题目总数
private void button1_Click(object sender,EventArgs e)
{
    label4.Text=t.ToString();
    timer1.Enabled=true;
    timer1.Interval=1000;
    timer1.Start();
    RandomNum();
}
//自定义方法：产生 1~100 的随机数并在文本框中显示
private void RandomNum()
{
    Random ran=new Random();
    int n1,n2;
    n1=ran.Next(1,101);                       //产生一个加数
    n2=ran.Next(1,101);                       //产生一个加数
    textBox1.Text=n1.ToString();
    textBox2.Text=n2.ToString();
    textBox3.Text="";
    Count++;
}
private void timer1_Tick(object sender,EventArgs e)
{
    if (t<=0)
    {
        timer1.Enabled=false;
        textBox3.Enabled=false;
        MessageBox.Show("时间到!");
        textBox3.Enabled=false;               //不允许输入
        Form2 frm2=new Form2();
        //以模式对话框的形式显示测试结果
        frm2.ShowDialog();
    }
    t=t -1;
    label4.Text =t.ToString();
}
//当按下回车键时,表示确认输入结果
private void textBox3_KeyDown(object sender,KeyEventArgs e)
{
    int sum;
    sum=int.Parse (textBox1 .Text )+int .Parse (textBox2 .Text );
    if (e.KeyCode==Keys.Enter)
    {
```

```
        if (textBox3.Text ==sum.ToString ())
            right++;
        RandomNum();
    }
}
//用户自行结束测试
private void button2_Click(object sender,EventArgs e)
{
    textBox3.Enabled=false;                //不允许输入
    Form2 frm2=new Form2();
    frm2.ShowDialog();
}
//以非模式窗体的形式显示测试程序的使用说明窗体
private void button3_Click(object sender,EventArgs e)
{
    new Form3().Show();
}
```

Form2 窗体的代码设计如下：

```
//显示测试结果
private void Form2_Load(object sender,EventArgs e)
{
    textBox1.Text=Form1.Count.ToString ();    //题目总数
    textBox2.Text=Form1.right.ToString ();    //正确题目数
    //正确率
    textBox3.Text= ((Form1.right / (double) (Form1.Count) ) *
        100).ToString()+"%";
}
```

（4）运行程序，并测试各个功能。

### 7.2.3 多文档界面 MDI

在 C♯ 的 Windows 程序设计中，一个实际的应用系统可以包含多个窗体。从对这些多个窗体的管理角度来看，C♯ 程序设计通常可分为两种：基于单文档界面的应用程序和基于多文档界面的应用程序。

**1. 基于单文档的应用程序**

基于单文档的应用程序（Single Document Interface，SDI）一次仅支持打开一个窗口或文档。如果需要编辑多个文档，必须创建 SDI 应用程序的多个实例。Windows 自带的记事本和画图工具就是基于单文档的应用程序。

**2. 基于多文档的应用程序**

基于多文档的应用程序（Multiple Document Interface，MDI），与单文档应用程序最大的不同是多文档应用程序中包含多个窗体（或者叫文档），其窗体通常分为"父窗体"和"子窗体"两种，包含其他窗体的窗体称为父窗体，且只能有一个父窗体；只能被包含的窗体则称为子窗体,可以有多个子窗体,但某个时刻处于活动状态的子窗体最大数目是 1。子窗体本身不能再成为父窗体,也不能移动到它们的父窗体区域之外,父窗体一旦关闭,所有子窗体随之自动关闭。除此之外,子窗体可以正常关闭、最小化和调整大小。Microsoft Office Word 便是一个典型的多文档应用程序。

MDI 父窗体与子窗体的常用属性如表 7.14 所示。

表 7.14　MDI 父窗体常用属性

| 父窗体属性 | 说　明 |
| --- | --- |
| ActiveMdiChild | 表示当前活动的 MDI 子窗体,如果当前没有子窗体,则返回 null |
| IsMdiContainer | 获取或设置一个值,该值指示窗体是否为多文档界面(MDI)子窗体的容器,即 MDI 父窗体。值为 True 时,表示是父窗体,否则不是父窗体 |
| MdiChildren | 以数组形式返回 MDI 子窗体,每个数组元素对应一个 MDI 子窗体 |
| AllowSomePages | 获取或设置一个值,该值指示是否启用"页"选项按钮 |
| 子窗体属性 | 说　明 |
| IsMdiChild | 获取或设置一个值,该值指示窗体是否为多文档界面(MDI)的子窗体。值为 True 时,表示是子窗体,否则不是子窗体 |
| MdiParent | 指定该子窗体的 MDI 父窗体 |

在 MDI 应用程序设计中,最常用的方法即父窗体的 LayoutMdi 方法,该方法的调用格式如下:

```
MDIForm.LayoutMdi(Value)
```

该方法用来在 MDI 父窗体中排列 MDI 子窗体,以便导航和操作父窗体。其中 Value 参数决定了具体的排列方式,取值如下:

```
MdiLayout.ArrangeIcons      //所有 MDI 子窗口均以图标形式排列在 MDI 父窗体的工作区内
MdiLayout.Cascade           //所有 MDI 子窗口均层叠在 MDI 父窗体的工作区内
MdiLayout.TileHorizontal    //所有 MDI 子窗口均水平平铺在 MDI 父窗体的工作区内
MdiLayout.TileVertical      //所有 MDI 子窗口均垂直平铺在 MDI 父窗体的工作区内
```

**例 7.9**　设计 Windows 窗体应用程序,实现一个 MDI 记事本的功能。

操作步骤如下。

(1) 创建 Windows 窗体应用程序。

启动 Visual Studio 2010,选择"文件"→"新建"→"项目"命令,创建名为 Chapter7_9 的 Windows 窗体应用程序。在解决方案资源管理器中,右击该项目,从快捷菜单中选择"添加"→"Windows 窗体"命令,窗体名称为系统默认值 Form1。将 Form1 的 IsMdiContainer 属性值设置为 True。

(2) 窗体设计。

① Form1 窗体的设计。

为 Form1 添加一个 OpenFileDialog,一个 MenuStrip,设置两个菜单项:文件、布局;其中"文件"菜单设置如图 7.15(a)所示,"布局"菜单设置如图 7.15(b)所示,并将该 MenuStrip 的 MidWindowListItem 属性值设置为"布局"菜单,运行时,所有打开的子窗体名会显示在"布局"菜单下。

(a) MDI窗体"文件"菜单

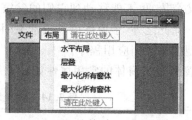
(b) MDI窗体"布局"菜单

图7.15　例7.9 MDI窗体布局

② Form2窗体设计。

为Form2添加一个RichTextBox，一个SaveFileDialog，一个MenuStrip，设置两个菜单项：文件、编辑；为了使得菜单合并后，界面变得美观，需要将该MenuStrip控件的Visible设置为False。"文件"菜单设置如图7.16(a)所示，"编辑"菜单设置如图7.16(b)所示。

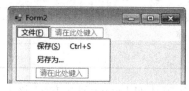
(a) MDI子窗体"文件"菜单

(b) MDI子窗体"编辑"菜单

图7.16　MDI子窗体菜单

将Form2的MenuStrip中的"文件"菜单的MergeAction属性设置为MatchOnly，程序运行时，会将菜单名为"文件"的菜单项合并在一起。

(3) 代码编写如下。

Form1窗体的代码设计如下：

```
private void 新建 NToolStripMenuItem_Click(object sender,EventArgs e)
{   //Form1中的"新建"菜单
    Form2 childForm=new Form2();
    childForm.Text="新建文档.txt * ";      //文件名后面的 * 号表示该文件没有保存
    childForm.MdiParent=this;
    childForm.Show();                     //以非模式窗体的形式显示
}
private void 打开 OToolStripMenuItem_Click(object sender,EventArgs e)
{   //Form1中的"打开"菜单
    openFileDialog1.Filter="文本文档(*.txt)|*.txt";
    if (openFileDialog1.ShowDialog()==DialogResult.OK)
    {
        Form2 childForm=new Form2(openFileDialog1.FileName );
        childForm.MdiParent=this;
        childForm.Show();
    }
```

```csharp
}
private void 水平布局ToolStripMenuItem_Click(object sender,EventArgs e)
{
    //所有MDI子窗口均水平平铺在MDI父窗体的工作区内
    LayoutMdi(MdiLayout.TileHorizontal);
}
private void 层叠ToolStripMenuItem_Click(object sender,EventArgs e)
{
    //所有MDI子窗口均层叠在MDI父窗体的工作区内
    LayoutMdi(MdiLayout.Cascade);
}
private void 最小化所有窗体ToolStripMenuItem_Click(object sender,EventArgs e)
{
    //所有子窗体都最小化
    foreach (Form childForm in MdiChildren)
    {
        childForm.WindowState=FormWindowState.Minimized;
    }
}
private void 最大化所有窗体ToolStripMenuItem_Click(object sender,EventArgs e)
{
    //所有子窗体都最大化
    foreach (Form childForm in MdiChildren)
    {
        childForm.WindowState=FormWindowState.Maximized;
    }
}
```

Form2窗体的代码设计如下：

```csharp
public Form2(string filePath)
    : this()
{   //通过这种方式在两个窗体间直接传递数据
    richTextBox1.LoadFile(filePath,RichTextBoxStreamType.PlainText);
    this.Text=filePath;
}
private void 另存为ToolStripMenuItem_Click(object sender,EventArgs e)
{
    //设置过滤器字符串
    saveFileDialog1.Filter="文本文件(*.txt)|*.txt";
    if (saveFileDialog1.ShowDialog()==DialogResult.OK)
    {
        richTxtBox1.SaveFile (saveFileDialog1.FileName, RichTextBoxStreamType.
        PlainText);
        this.Text=saveFileDialog1.FileName;
    }
```

```
    }
    private void 复制CToolStripMenuItem_Click(object sender,EventArgs e)
    {
        //将文本框中选中的内容复制到剪贴板
        richTextBox1.Copy();
    }
    private void 粘贴ToolStripMenuItem_Click(object sender,EventArgs e)
    {
        //用"剪贴板"的内容替换文本框中的当前选定内容
        richTextBox1.Paste();
    }
    private void 保存SToolStripMenuItem_Click(object sender,EventArgs e)
    {
        另存为ToolStripMenuItem_Click(sender,e);
    }
```

(4)运行程序,并测试各个功能。

**注意**:在MDI应用程序设计过程中,父窗体和子窗体可以使用不同的菜单,这些菜单会在选择子窗体的时候合并。若要指定菜单的合并方式,可以通过设置MergeAction属性来实现。MergeAction属性的取值如下。

```
Append      //忽略匹配结果,将该项添加到集合末尾
Insert      //将该项添加到目标集合前
MatchOnly   //要求匹配项,但不进行任何操作
Remove      //移除匹配项
Replace     //用源项替换匹配项
```

## 小　　结

本章主要介绍了Windows窗体的高级控件的属性、方法和事件的使用,以及如何创建模式和非模式窗体,如何创建基于多文档应用程序等内容。本章学习要点如下。

(1)掌握高级控件的使用。

(2)掌握多文档应用程序的创建。

# 第 8 章 多 线 程

多线程是多任务的一种特殊形式,功能强大。通过多线程,用户可以在计算机执行程序的过程中执行其他一些操作,或者可以把同一件事情分开让计算机去做,或者可以在同一时间内需要处理几件不同的事情,或者可以在多核心处理器上实现并行运算的功能。

通过本章的学习,掌握.NET 基类中 Threading 命名空间提供的支持多线程编程的类和接口。通过实例来创建、启动新线程、给线程设定优先级,熟练应用如何同步多个线程,挂起、终止线程等。

## 8.1 多线程的概念

在计算机科学中,"线程"和进程是两个相关的概念,二者都表示必须按特定顺序执行的指令序列,但是不同线程或进程中的指令可以并行执行。

### 8.1.1 进程

进程是指一个程序(若干静态指令序列)的动态执行过程,当一个程序开始运行时,它就是一个进程,包括运行中的程序和程序所使用到的内在和系统资源。

在 C♯中,可以通过以下两种方法来开发进程程序。

(1) System.Diagnostics 命名空间下的 Process 类专门用于完成系统的进程管理任务,通过实例化一个 Process 类,就可以启动一个独立进程。

(2) C♯进程组件(Process)提供了对本地和远程进程的访问功能,并启用本地进程的开始和停止功能。

表 8.1 列出了 Process 类的常用属性和方法。

表 8.1 Process 类的常用属性和方法

| 属　　性 | 说　　明 |
| --- | --- |
| ProcessName | 获取进程名,不包含扩展名和路径 |
| StartInfo | 获取或者设置待启动进程的文件名及启动参数 |
| Id | 获取进程的 ID |
| Modules | 获取进程相关的加载模块,即加载到特定进程的 dll 或 exe 文件 |
| Threads | 获取进程中的线程 |
| MainModule | 获取主模块 |
| TotalProcessorTime | 获取进程的总的处理器时间 |
| HasExited | 获取进程是否已终止 |

续表

| 方法 | 说明 |
|---|---|
| GetProcessById | 通过进程 ID 获取进程，ID 具有唯一性 |
| GetProcesses | 获取所有执行进程 |
| GetProcessByName | 通过进程名称获取进程，进程名不具有唯一性 |
| Start | 启动进程 |
| Kill | 强行终止进程，常配合 WaitForExit 使用 |
| Refresh | 重新获取进程信息 |
| Close | 释放相关资源 |
| WaitForExit | 常与 Kill 配合使用 |

**例 8.1** 新建一个控制台应用程序，启动和关闭计算器进程。

(1) 添加命名空间引用"using System.Diagnostics;"。
(2) 使用 Process 的 Start()方法来启动指定的进程。
(3) 通过 GetProcessesByName()方法获取当前正在运行的指定进程。
(4) 调用 Kill()方法逐个强行终止这些进程。
(5) 代码编写如下：

```csharp
//添加命名空间引用
using System.Diagnostics;
public void StartProcess(int n)
{
    //实例化一个 Process 类,启动一个独立进程
    Process p;
    for (int i=1; i<=n; i++)
    {
        //待启动的程序文件 calc.exe
        p=Process.Start("calc.exe");
        Console.WriteLine("已运行{0}个计算器进程",i);
        //根据传入的 i 来启动计算器进程
    }
}
public void ExitProcess()
{
    //获取当前所有正在运行的进程,并逐个调用 Kill 方法强制结束它们
    Process[] ps=Process.GetProcessesByName("calc");
    foreach (Process p in ps)
    {
        Console.Write("请回车以结束一个计算器进程");
        Console.ReadLine();
        p.Kill();
```

            }
        }
//主调用函数代码:
static void Main(string[] args)
{
    ProcessDemo pd=new ProcessDemo();
    pd.StartProcess(3);
    pd.ExitProcess();
}

(6) 运行结果如图 8.1 所示。

图 8.1　例 8.1 运行结果

**例 8.2**　使用 Windows 窗体应用程序新建一个项目,启动和关闭一个画图进程。

(1) 新建一个 C♯项目 CProcess,从"公共组件"工具箱中拖放两个 Button 控件到新建窗体 Form1 上。

(2) 从"组件"工具箱中拖放一个 Process 组件到该窗体上,并将其 Name 属性设置为 paintProcess。设计效果如图 8.2 所示。

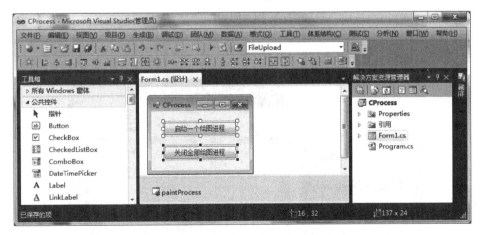

图 8.2　例 8.2 设计效果

（3）选择"开始"→"所有程序"→"附件"→右键选择"画图"命令，打开"画图属性"对话框，如图 8.3 所示。将"快捷方式"选项卡下的"目标"文件及前面的"\"合并至"起始位置"文本框之后，复制其中的全部内容，并单击"取消"按钮关闭此对话框。

（4）选择 paintProcess 组件的 StartInfo 属性，在其 FileName 属性值中粘贴此前复制的"起始位置"文本框中的内容。

（5）代码编写如下：

```
using System.Diagnostics;
//启动一个 Windows 绘图进程
private void button1_Click(object sender,EventArgs e)
{
    paintProcess.Start();
}
//关闭全部已启动的 Windows 绘图进程
private void button2_Click(object sender,EventArgs e)
{
    //创建一个 Process 组件的数组
    //将所建数组与指定进程名(mspaint)的所有进程资源相关联
    Process[] msPaintProcess=Process.GetProcessesByName("mspaint");
    //遍历当前启动程序,查找包含指定名称的进程
    foreach (Process p in msPaintProcess)
    {
        //终止当前进程,关闭应用程序窗体
        p.CloseMainWindow();
    }
}
```

图 8.3 设置进程启动信息

（6）运行结果如图 8.4 所示。

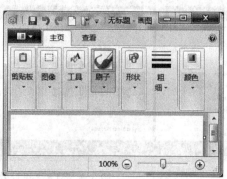

图 8.4 例 8.2 运行结果

## 8.1.2 线程

对于同一个进程,又可以分成若干个独立的执行流,这样的流则被称为"线程"。线程(Thread)也称为轻量级进程(Light Weight Process,LWP),它是程序执行流的最小单元。线程是操作系统向其分配处理器时间的基本单位,它可以独立占用处理器的时间片,同一进程中的线程可以共享其进程的资源和内存空间。每一个进程至少包含一个线程。

一个标准的线程由线程 ID、当前指令指针(PC)、寄存器集合和堆栈组成。另外,线程是进程中的一个实体,它是被系统独立调度和分派的基本单位,线程自己不拥有系统资源,只拥有一点在运行中必不可少的资源,但它可与同属一个进程的其他线程共享进程所拥有的全部资源。一个线程可以创建和撤销另一个线程,同一进程中的多个线程之间可以并发执行。线程之间的相互制约致使线程在运行中呈现出间断性。线程有就绪、阻塞和运行三种基本状态。

进程和线程都是由操作系统所执行程序的基本单元,系统利用该基本单元实现系统对应用的并发性。线程和进程的区别在于以下几个方面。

(1) 地址空间:线程是进程内的一个执行单元;进程至少有一个线程;它们共享进程的地址空间;而进程有自己独立的地址空间。

(2) 资源拥有:进程是资源分配和拥有的单位,同一个进程内的线程共享进程的资源。

(3) 线程是处理器调度的基本单位,但进程不是。

(4) 二者均可并发执行。当多个用户同时更新同一数据的时候,由于更新可能导致数据的不一致性,使得程序的业务数据发生错误,这种情况可以称为并发。

简而言之,一个程序至少有一个进程,一个进程至少有一个线程。

## 8.1.3 多线程

多线程是指程序中包含多个执行流,每个执行流可以执行各自不同的任务,而且并行执行。多线程的好处在于可以提高 CPU 的利用率。

在 .NET Framework 类库中,所有与多线程机制应用相关的类都是放在 System.Threading 命名空间中。其中提供 Thread 类用于创建线程,ThreadPool 类用于管理线程池等,此外还提供解决了线程执行并行、死锁、线程间通信等实际问题的机制。表 8.2 是 Thread 类的常用属性和方法。

表 8.2 Thread 类的常用属性和方法

| 属 性 | 说 明 |
| --- | --- |
| CurrentThread | 获取当前正在运行的线程 |
| IsAlive | 指示当前线程的执行状态 |
| Name | 获取或设置线程的名称 |
| Priority | 获取或设置线程的优先级 |
| CurrentContext | 获取线程其中执行的当前上下文 |
| IsBackground | 指示线程是否为后台线程 |
| ThreadState | 获取或设置线程的当前状态 |

续表

| 方　　法 | 说　　明 |
|---|---|
| Start | 启动线程 |
| Sleep | 静态方法，暂停当前线程指定的毫秒数 |
| Abort | 终止一个线程 |
| Suspend | 该方法并不终止未完成的线程，它仅挂起线程，以后还可恢复 |
| Resume | 恢复被 Suspend( )方法挂起的线程的执行 |
| Join | 阻塞调用线程，直到某个线程终止时为止 |
| GetDomain | 返回当前线程正在其中运行的当前域 |
| Interrupt | 中断处于 WaitSleepJoin 线程状态的线程 |
| ResetAbort | 取消为当前线程请求的 Abort |

线程的状态 ThreadState 是枚举类型，它具有以下状态，如表 8.3 所示。

表 8.3　ThreadState 类的常用属性

| 属　　性 | 说　　明 |
|---|---|
| Aborted | 线程已停止 |
| AbortRequested | 线程的 Thread.Abort( )方法已被调用，但是线程还未停止 |
| Background | 线程在后台执行，与属性 Thread.IsBackground 有关；不妨碍程序的终止 |
| Running | 线程正在正常运行 |
| Stopped | 线程已被停止 |
| StopRequested | 线程正在被要求停止 |
| Suspended | 线程已被挂起(此状态下，可以通过调用 Resume( )方法重新运行) |
| SuspendRequested | 线程正在要求被挂起，但是未来得及响应 |
| Unstarted | 未调用 Thread.Start( )开始线程的运行 |
| WaitSleepJoin | 线程因调用了 Wait( )，Sleep( )或 Join( )等方法处于封锁状态 |

线程的优先级 Priority 是枚举类型，具有以下值。

ThreadPriority.AboveNormal：高于普通。

ThreadPriority.BelowNormal：低于普通。

ThreadPriority.Highest：最高。

ThreadPriority.Lowest：最低。

ThreadPriority.Normal：普通。

使用格式如下：

线程名称.Priority=ThreadPriority.Highest;　　　　//设置某个线程的优先级为最高级

**例 8.3** 创建一个控制台应用程序，找到程序当前执行的线程，获得当前执行线程的相关信息。

（1）代码编写如下：

```
using System.Threading;                //添加命名空间引用
namespace currentInfo
{
    class Program
    {
        //主调用函数代码：
        static void Main(string[] args)
        {
            Console.WriteLine("----主线程状态----");
            Thread currentThread=Thread.CurrentThread;
            currentThread.Name="The Current Thread";
            //输出当前线程的相关信息
            Console.WriteLine("当前线程的应用程序域：{0},ID：{1}",
                Thread.GetDomain().FriendlyName,Thread.GetDomainID());
            Console.WriteLine("正在执行程序的当前上下文：{0}",
                Thread.CurrentContext);
            Console.WriteLine("名称：{0}",currentThread.Name);
            Console.WriteLine("当前是否处于活动状态：{0}",
                currentThread.IsAlive);
            Console.WriteLine("状态：{0}",currentThread.ThreadState);
            Console.WriteLine("优先级：{0}",currentThread.Priority);
            Console.WriteLine("当前线程是否为后台线程：{0}",
                currentThread.IsBackground);
            Console.WriteLine("主线程读取信息完毕");
            Console.Read();
        }
    }
}
```

（2）运行结果如图 8.5 所示。

图 8.5 例 8.3 执行结果

## 8.2 线程状态

线程具有生命周期,在线程的整个生存周期中,可以对其进行创建、销毁、挂起、休眠等操作。

### 8.2.1 线程控制

**1. 创建线程**

使用 Thread 类创建线程时,需要提供线程的入口,在 C# 中,线程入口是通过 ThreadStart 代理(Delegate)来提供的,可以把 ThreadStart 理解为一个函数指针,指向线程要执行的函数。示例代码如下:

```
Thread thread1=new Thread(new Threadstart(Method1));
```

其中,Method1 是将要被新线程执行的函数。

**2. 启动线程**

线程的启动,需要使用 Start()方法。示例代码如下:

```
thread1.Start();
```

线程间数据的传递有两种方法。第一种方法是使用带委托参数的 Thread 类构造函数,即:

```
Thread 线程实例名=new Thread(new ThreadStart(方法名));
线程实例名.Start();
```

另一种方法是自定义一个类,把线程的方法定义为实例方法,初始化实例的数据,然后启动线程。

**例 8.4** 新建一个控制台应用程序,创建并使用 Start 方法启动一个新线程。

(1) 代码编写如下:

```
static void Main(string[] args)
{
    //创建一个线程
    Thread thread1=new Thread(new ThreadStart(runner));
    thread1.Start();              //启动一个线程
    Console.WriteLine("运行 Main 程序函数");
    Console.Read();
}
//线程的主方法
static void runner()
{
    Console.WriteLine("运行 runner 函数");
}
```

(2) 运行结果如图 8.6 所示。

图 8.6 例 8.4 运行结果

**例 8.5** 创建一个控制台应用程序,通过自定义类的方法,显示由主程序传递过来的数据。

(1) 代码编写如下:

```
//自定义一个 MyThreadClass 类
public class MyThreadClss
{
    private string Msg;
    public MyThreadClss(string msg)           //带参数的构造函数
    {
        this.Msg=msg;
    }
    public void ThreadMain()                  //线程的主方法
    {
        Console.WriteLine("字段 Msg 的值是:{0}",Msg );
    }
}
//主调用函数代码:
static void Main(string[] args)
{
    MyThreadClss mtc=new MyThreadClss("若看到这里,表示数据传递成功!");
    //实例化对象,并传送值
    Thread thread1= new Thread(mtc.ThreadMain );
    //传送线程主方法
    thread1.Start();
    Console.Read();                           //获取输入焦点,在 DOS 窗口中停留
}
```

(2) 运行结果如图 8.7 所示。

图 8.7 例 8.5 运行结果

### 3. 销毁线程

因为计算机的资源是有限的,当一个线程的任务完成后,或此后不再使用,应及时释放其所占用的系统内存,即销毁该线程。通过调用 Abort()方法销毁一个线程。示例代码如下:

```
if (thread1.IsAlive)
{
    thread1.Abort();
}
```

### 4. 休眠线程

若一个线程需要以一定的周期运行,或是想需要延迟一段时间,以等待其他线程运行,可利用 Sleep()方法将当前线程临时终止或休眠一段时间(ms)。

### 5. 挂起线程

Suspend()方法用来挂起一个正在运行的线程。只有在调用 Resume()方法后,此线程

才可以继续执行。如果线程已被挂起,则此方法不起作用,因此在准备执行线程挂起操作前,先要判断其当前是否处于运行状态,示例代码如下:

```
if (thread1.ThreadState==ThreadState.Running)
{
    thread1.Suspend();
}
```

**6. 恢复线程**

Resume()方法用来恢复已经挂起的线程,让它继续执行。若线程并未挂起,则此方法不会起作用。因此在准备执行线程挂起操作之前,先要判断其当前是否处于挂起状态,示例代码如下:

```
if (thread1.ThreadState==ThreadState.Suspended)
{
    thread1.Resume();
}
```

**7. 终止线程**

Interrupt()方法用来终止处于 Wait、Sleep 或 Join 状态的线程。

**8. 阻塞线程**

Join()方法用来阻塞调用线程,直到某个线程终止时为止。

### 8.2.2 线程开发实例

**例 8.6** 创建一个线程类 subThread,该类中包含两个变量和一个方法,类的定义如下:

```
class SubThread
{
    int number;                    //记录当前数值
    public Thread workThrd;        //定义实例化线程
    public void Working();         //实现整数输出
}
```

创建三个子线程,每个子线程完成输出 1~3 的正整数功能,直到子线程运行结束,主线程才能宣布程序结束。要求保证这三个子线程的并发执行。

(1) 在 SubThread 子线程类中,定义一个 Working()方法,作为新线程的入口点。

(2) 在主线程中,实例化子线程,参数是线程赋予的名称,利用 Join()方法来等待子线程执行完毕,再接着运行主线程下面的内容。

(3) 代码编写如下:

```
class SubThread                         //定义 SubThread 类
{
    int number;                         //记录当前数值
    public Thread workThrd;             //定义实例化线程
    public SubThread(string name)       //构造函数
    {
```

```
            number=0;
            workThrd=new Thread(this.Working);
            workThrd.Name=name;
            workThrd.Start();
        }
        public void Working()              //实现整数输出
        {
            Console.WriteLine("----子线程:{0}开始执行-----",workThrd.Name);
            while (number<=3)
            {
                Thread.Sleep(500);         //当前线程挂起指定的时间0.5s
                Console.WriteLine("子线程:{0},现累计数值到:{1}",
                    workThrd.Name,number);
                number++;
            }
            Console.WriteLine("----子线程:{0}结束-----",workThrd.Name);
        }
    }
    class Program
    {
        static void Main(string[] args)
        {
            Console.WriteLine("主线程开始执行:");
            SubThread subT1=new SubThread("SubTreadOne");
            SubThread subT2=new SubThread("SubTreadTwo");
            SubThread subT3=new SubThread("SubTreadThr");
            //阻塞调用线程,直到某个线程终止为止
            subT1.workThrd.Join();
            subT2.workThrd.Join();
            subT3.workThrd.Join();
            Console.WriteLine("主线程结束。");
            Console.Read();
        }
    }
```

（4）运行结果如图 8.8 所示。

**例 8.7** 编写主线程调用子线程，通过类的方法输出 26 个大写英文字母，在主线程内部分别调用 Suspend()方法和 Resume()方法。

（1）定义一个类 SuspendText，通过其方法 Method 实现 26 个字母的输出，每输出一行暂停 0.5s。

图 8.8 例 8.6 运行结果

（2）主调函数让子线程运行 1s 后挂起，主线程运行 1s 后再唤醒子线程继续执行。

（3）子线程执行完毕后，主线程结束。

(4) 代码编写如下：

```csharp
class SuspendTest
{
    //启动线程,输出英文字母
    static void Method()
    {
        Console.WriteLine("----{0}线程启动----",Thread.CurrentThread.Name);
        int i=1;
        while (i<=26)
        {
            Console.Write(Convert.ToChar(i+Convert.ToInt32('A')-1)+"\t");
            if (i%8==0)
            {
                Console.WriteLine();
                Thread.Sleep(500);              //当前线程挂起指定的时间 0.5s
            }
            i++;
        }
        Console.WriteLine("\n----{0}线程结束----",Thread.CurrentThread.Name);
    }
    //主调用函数代码：
    static void Main(string[] args)
    {
        Thread.CurrentThread.Name="主线程";
        Console.WriteLine("{0}线程启动：",Thread.CurrentThread.Name);
        Thread MyThread=new Thread(new ThreadStart(Method));
        MyThread.Name="子线程";
        MyThread.Start();
        Thread.Sleep(1000);                     //让子线程运行 1s
        MyThread.Suspend();                     //挂起子线程 MyThread
        Console.WriteLine("\n----挂起{0}线程----",MyThread.Name);
        Thread.Sleep(1000);                     //让子线程运行 1s
        MyThread.Resume();                      //继续已挂起的线程
        Console.WriteLine("\n----唤醒{0}线程----",MyThread.Name);
        Thread.Sleep(1000);                     //让子线程运行 1s
        Console.WriteLine("{0}线程终止。",Thread.CurrentThread.Name);
        Console.Read();
    }
}
```

(5) 运行结果如图 8.9 所示。

# 第8章 多线程

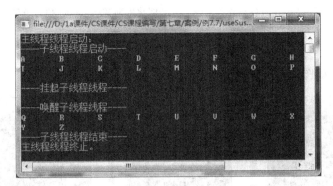

图8.9 例8.7运行结果

## 8.3 线程同步

在前面的介绍中,所涉及的线程大多是独立的,而且是异步执行的,即每个线程都包含运行时自身所需要的数据或方法,而不需要外部的资源或方法,也不必关心其他线程的状态或行为。但是,有时候在进行多线程的程序设计中需要实现多个线程共享同一段代码,从而实现共享同一个私有成员或类的静态成员的目的。这时,由于线程和线程之间互相竞争CPU资源,使得线程无序地访问这些共享资源,最终可能导致无法得到正确的结果。

**例8.8** 主线程和子线程并发调用示例。主线程和子线程分别执行一个方法,方法实现会输出三次当前线程名称。

(1) 代码编写如下:

```
class MyThread
{
    public void ActionMethod()
    {
        for (int i=1; i<=3; i++)
        {
            Console.WriteLine("线程{0}:"+Thread.CurrentThread.Name,i.ToString());
        }
        Console.WriteLine(Thread.CurrentThread.Name+"执行结束。");
    }
}
//主调用函数代码:
static void Main(string[] args)
{
    Thread.CurrentThread.Name="--主线程--";
    MyThread newObj=new MyThread();
    //启动子线程,并为该线程执行 ActionMethod
    Thread objThread=new Thread(new ThreadStart(newObj.ActionMethod));
    objThread.Name="**子线程**";
    objThread.Start();              //这将为主线程执行 ActionMethod
```

```
newObj.ActionMethod();        //实例化的对象 newObj 执行方法 ActionMethod
Console.Read();
}
```

（2）运行结果如图 8.10 所示。

　　(a) 第一次执行结果　　　　　(b) 第二次执行结果　　　　　(c) 第三次执行结果

图 8.10　例 8.8 运行结果

　　例 8.8 子线程通过委托调用 ActionMethod 方法，主线程也调用了此方法，但是该程序的执行结果每次几乎都不同。产生这样结果的原因，主要是程序员几乎无法控制底层操作系统和 CLR 对线程的调度。程序员创建了一段新线程代码并提交执行，但并不保证该线程能立即执行；通常线程调度程序给这个线程分配时间，通知操作系统尽快地执行这个线程。

　　当多个线程需要访问同一资源时，需要以某种顺序来确保该资源某一时刻只能被一个线程使用的方式称为同步。同步的实现，需要获得一个线程对象的锁。锁可以保证在同一时刻只有一个线程访问对象中的共享关键代码，并且在这个锁被释放前，其他线程就不能进入这个共享代码。此时，如果还有其他线程想要获得该对象的锁，就必须进入等待队列等待。只有当拥有该对象锁的线程退出共享代码时，锁被释放，等待队列中第一个线程才能获得该锁，从而进入共享代码区。Framework 提供了三个加锁的机制：lock 类、Monitor 类和 Mutex 类。

### 8.3.1　使用 lock 关键字

　　同步访问共享资源的首选技术是 lock 关键字。lock 语句使用 lock 关键字将语句块标识为临界区；当某个线程锁定一块临界区时，其他的线程就不能访问锁定的临界区内的代码块，线程释放该锁后，其他线程才能去申请使用该临界区。定义形式如下：

```
lock(object)
{
    //临界区代码
}
```

**例 8.9**　利用 lock 关键字来解决例 8.8 中代码混乱的问题。
（1）将共用方法 ActionMethod 中的当前线程输出三次语句添加 lock 关键字。
（2）代码编写如下：

```
class MyThread
```

```
{
    public void ActionMethod()
    {
        lock (this)
        {
            for (int i=1; i<=3; i++)
            {
                Console.WriteLine("线程{0}:"+Thread.CurrentThread.Name,
                    i.ToString());
            }
            Console.WriteLine(Thread.CurrentThread.Name+"执行结束。");
        }
    }
}
//主调用函数代码:
static void Main(string[] args)
{
    Thread.CurrentThread.Name="--主线程--";
    MyThread newObj=new MyThread();
    //启动子线程,并为该线程执行 ActionMethod
    Thread objThread=new Thread(new ThreadStart(newObj.ActionMethod));
    objThread.Name="**子线程**";
    objThread.Start();              //这将为主线程执行 ActionMethod
    newObj.ActionMethod();          //实例化的对象 newObj 执行方法 ActionMethod
    Console.Read();
}
```

(3) 运行结果如图 8.11 所示。

(a) 第一次执行结果　　　(b) 第二次执行结果　　　(c) 第三次执行结果

图 8.11　例 8.9 运行结果

通过例 8.9,说明 lock 的作用体现在以下几方面。

(1) 对于给定的对象,一旦把锁放置于代码的某一部分,对象就被锁定,其他对象就不能获得锁定部分代码的执行权。

(2) 试图获得同一对象上的锁的线程将进入等待状态,直到代码解锁。

(3) 当线程离开锁定块时,对象解锁。

## 8.3.2 使用 Monitor 关键字

Monitor 类(监视器)提供了与 lock 类相似的功能,它通过向单个线程授予对象锁来控制对该对象的访问。Monitor 类的常用静态方法如表 8.4 所示。

表 8.4  Monitor 类的常用静态方法

| 方　　法 | 说　　明 |
| --- | --- |
| Enter | 在指定对象上获取排他锁 |
| TryEnter | 尝试获取指定对象的排他锁,可以通过返回值判断锁是否设置成功 |
| Wait | 释放对象上的锁并阻塞当前线程,直到它重新获取该锁 |
| Pulse | 通知等待队列中的线程锁定对象状态的改变 |
| PulseAll | 通知所有的等待线程对象状态的改变 |
| Exit | 释放指定对象上的排他锁 |

Monitor 的定义形式如下:

```
//obj 是一个 private 级的内部变量,不表示任何意义,只是作为一种"令牌"的角色。
//如果要锁定一个类的实例,可以使用 this
private static Object obj=new object();
...
Monitor.Enter (obj);           //锁定开始
try
{
    //临界区代码
}
catch (ThreadAbortException 等异常)
{
    Monitor.Exit(obj);         //释放锁
}
//对象正常释放
finally
{
    Monitor.Exit (threadLock);  //释放锁
}
```

**例 8.10** 将例 8.9 改为用 Monitor 实现同步机制。

(1) 编写程序代码如下:

```
class MyThread
{
    public void ActionMethod()
    {
        Monitor.Enter(this);      //锁定开始
        try
```

```csharp
        {
            for (int i=1; i<=3; i++)
            {
                Console.WriteLine("线程{0}:"+Thread.CurrentThread.Name,
                    i.ToString());
            }
            Console.WriteLine(Thread.CurrentThread.Name+"执行结束。");
        }
        catch (ThreadAbortException e)
        {
            Monitor.Exit(this);        //释放锁
            Console.WriteLine("出现异常:{0}",e);
        }
        finally
        {
            Monitor.Exit(this);        //释放锁
        }
    }
}
//主调用函数代码:
static void Main(string[] args)
{
    Thread.CurrentThread.Name="--主线程--";
    MyThread newObj=new MyThread();
    //启动子线程,并为该线程执行 ActionMethod
    Thread objThread=new Thread(new ThreadStart(newObj.ActionMethod));
    objThread.Name="**子线程**";
    objThread.Start();            //这将为主线程执行 ActionMethod
    newObj.ActionMethod();        //实例化的对象 newObj 执行方法 ActionMethod
    Console.Read();
}
```

（2）运行结果如图 8.11 所示。

### 8.3.3 使用 Mutex 关键字

Mutex 类(互斥器)在使用方法上与 Monitor 类似,但是由于 Mutex 不具备 Wait()、Pulse()和 PulseAll()几种方法,因此,不能实现类似 Monitor 的唤醒功能。另外,因为互斥体 Mutex 属于内核对象,进行线程同步时,线程需在用户模式和内核模式间切换,所以,需要的互操作转换较耗资源,效率较低。Mutex 是跨线程的,可以在同一台机器甚至远程机器上的多个进程上使用同一个互斥体。Mutex 类的常用方法如表 8.5 所示。

表 8.5 Mutex 类的常用方法

| 方法 | 说明 |
| --- | --- |
| WaitOne | 捕获互斥对象 |
| ReleaseMutex | 释放被捕获的对象 |

Mutex 的定义形式如下：

```csharp
//对象实例化一个 Mutex 对象(不需声明一个"令牌")
private Mutex mut=new Mutex();
mut.WaitOne();                                    //锁定开始
try
{
    //临界区代码
}
catch (ThreadAbortException 等异常)
{
    mut.ReleaseMutex();;                          //释放锁
}
//对象正常释放
finally
{
    mut.ReleaseMutex();                           //释放锁
}
```

**例 8.11** 将例 8.10 改为用 Mutex 实现同步机制。

（1）编写程序代码如下：

```csharp
class MyThread
{
    private Mutex mut=new Mutex();                //实例化一个 Mutex 对象
    public void ActionMethod()
    {
        mut.WaitOne();                            //捕获互斥对象
        try
        {
            for (int i=1; i<=3; i++)
            {
                Console.WriteLine("线程{0}:"+Thread.CurrentThread.Name,
                    i.ToString());
            }
            Console.WriteLine(Thread.CurrentThread.Name+"执行结束。");
        }
        catch (ThreadAbortException e)
        {
            Monitor.Exit(this);                   //释放锁
            Console.WriteLine("出现异常:{0}",e);
        }
        finally
        {
            mut.ReleaseMutex();                   //释放锁
        }
    }
}
```

```
//主调用函数代码:
static void Main(string[] args)
{
    Thread.CurrentThread.Name="--主线程--";
    MyThread newObj=new MyThread();
    //启动子线程,并为该线程执行 ActionMethod
    Thread objThread=new Thread(new ThreadStart(newObj.ActionMethod));
    objThread.Name="**子线程**";
    objThread.Start();              //这将为主线程执行 ActionMethod
    newObj.ActionMethod();          //实例化的对象 newObj 执行方法 ActionMethod
    Console.Read();
}
```

(2) 运行结果如图 8.11 所示。

## 8.4 线 程 池

线程池也是一种多线程的处理形式,用于在后台执行多个任务的线程集合,它在处理过程中将任务添加到队列,然后在创建线程后自动启动这些任务。每个线程都使用默认的堆栈大小,以默认的优先级运行,并处于多线程单元中。如果某个线程在托管代码中空闲(如正在等待某个事件),则线程池将插入到另一个辅助线程来使所有处理器保持繁忙。如果所有线程池线程都始终保持繁忙,但队列中包含挂起的工作,则线程池将在一段时间之后创建另一个辅助线程。但线程的数目永远不会超过最大值。超过最大值的其他线程可以排除,但它们要等到前面的线程完成后才启动。

System. Threading. ThreadPool 类实现了线程池,该类是一个静态类,它提供了管理线程池的一系列方法。常用方法如表 8.6 所示。

表 8.6 ThreadPool 类的常用方法

| 方 法 | 说 明 |
|---|---|
| GetAvailableThreads | 返回线程池中当前可用线程数 |
| GetMaxThreads | 返回最大线程数,当任务数大于该值时,任务将排队 |
| QueueUserWorkItem | 将方法排队等待执行,方法在有空闲线程时执行 |
| SetMaxThreads | 设置最大线程数 |
| RegisterWaitForSingleObject | 注册一个委托等待 WaitHandle |

其中 ThreadPool. QueueUserWorkItem 方法在线程池中创建一个线程池线程来执行指定的方法(用委托 WaitCallback 来表示),并将该线程排入线程池的队列等待执行。QueueUserWorkItem 方法的原型为:

```
public static bool QueueUserWorkItem(WaitCallback callBack);
public static bool QueueUserWorkItem(WaitCallback callBack, object state);
```

**例 8.12** 利用线程池创建线程,完成 1~40 间所有偶数的输出。

(1) 在类 ThreadPoolTest 中编写方法实现输出 1~40 间的偶数，每行输出 8 个数。

(2) 在主调函数中通过 ThreadPool.QueueUserWorkItem 的两种方法将方法 Method()排入队列以便执行。

(3) 代码编写如下：

```csharp
class ThreadPoolTest
{
    //输出 1~40 间的偶数,每行输出 8 个数
    public void Method(object state)
    {
        string name=DateTime.Now.Millisecond.ToString();
        //获取日期的毫秒部分
        if (state==null)
        {
            Console.WriteLine("无参方法{0}线程开始执行：",name);
        }
        else
        {
            Console.WriteLine("{0}线程开始执行：",state.ToString());
        }
        int n=0;
        lock (this)
        {
            for (int i=1; i<=40; i++)
            {
                if (i%2==0)
                {
                    n++;
                    Console.Write(i+"\t");
                    if (n%8==0)
                    {
                        Console.WriteLine();
                        Thread.Sleep(500);
                    }
                }
            }
        }
        if (state==null)
        {
            Console.WriteLine("\n无参方法{0}线程结束执行。",name);
        }
        else
        {
            Console.WriteLine("\n{0}线程结束执行。",state.ToString());
        }
    }
}
```

```
//主调用函数代码：
static void Main(string[] args)
{
    ThreadPoolTest tpt=new ThreadPoolTest();
    //将方法 Method()排入队列以便执行
    ThreadPool.QueueUserWorkItem(new WaitCallback(tpt.Method));
    Thread.Sleep(100);
    //将方法 Method()排入队列以便执行,并指定包含该方法所用数据的对象
    ThreadPool.QueueUserWorkItem(new WaitCallback(tpt.Method),
        "采用带参数的方法：");
    Console.Read();
}
```

（4）运行结果如图 8.12 所示。

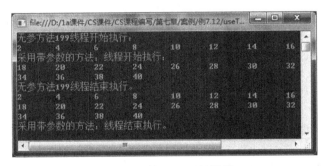

图 8.12　例 8.12 运行结果

通过例 8.12，ThreadPool 的创建和使用线程比 Thread 类简单。在以下情况下使用 ThreadPool 类。

（1）要以最简单的方式创建和删除线程。

（2）应用程序使用线程的性能要优先考虑。

在以下情况下使用 Thread 类。

（1）要设置所创建线程的优先级别。

（2）需要有一个带有固定标识的线程便于退出、挂起或通过名字使用它。

（3）所使用的线程的时间较长。

## 8.5　窗体控件的跨线程访问

在 Windows 窗体应用程序中，经常需要在子线程中访问用户界面线程中创建的控件，但是很明显不允许一个线程访问在另外一个线程中创建的对象。即实现跨线程访问的方法，有如下两种方式。

（1）设置控件的 CheckForIllegalCrossThreadCalls 值为 False，这种方法不推荐。

（2）通过委托和控件的 Invoke 方法。

**例 8.13**　使用 Windows 窗体应用程序，在窗体中添加一个 Button，命名为 button1，以及一个 Label，命名为 label1，使用跨线程的两种方法，当单击 button1 后，将 lable1 的 Text

值从 0 显示到 100。

方法一：设置"CheckForIllegalCrossThreadCalls = false;"

(1) 新建一个 Windows 窗体应用程序，在窗体上设置一个 Button 和一个 Label。

(2) 用函数的方式来实现 0~100 的显示功能。

(3) 通过启动"thread1.Start();"运行线程 thread1。

(4) 在关闭窗口的时候，撤销线程。

(5) 代码编写如下：

```csharp
public thread1()                                        //构造函数
{
    InitializeComponent();
    CheckForIllegalCrossThreadCalls=false;   //禁用此异常
}
private Thread threada;                                 //创建用来计数的线程对象
private void button1_Click(object sender,EventArgs e)
{
    threada=new Thread(new ThreadStart(runner));
    threada.Start();
}
private void runner()                                   //计数函数
{
    for (int i=0; i<101; i++)
    {
        label1.Text=i.ToString();
        Thread.Sleep(500);
    }
}
private void thread1_Load(object sender,EventArgs e)
{
    label1.Text="0";
}
private void thread1_FormClosing(object sender,FormClosingEventArgs e)
{   //销毁线程
    if (threada.IsAlive)
    {
        threada.Abort();
    }
}
```

方法二：使用委托及控件的 Invoke 方法。

(1) 创建一个函数 set_labelText(string s)，用来设置 lable1 的值。

(2) 声明一个委托：delegate void set_Text(string s)。

(3) 创建一个全局委托变量：set_Text ST。

(4) 实例化：ST = new set_Text(set_labelText)。

(5) 通过 Invoke 来调用委托。

(6) 代码编写如下:

```csharp
public thread2()                              //默认构造函数
{
    InitializeComponent();
}
private Thread threadb;                       //定义线程
delegate void set_Text(string s);             //定义委托
set_Text ST;                                  //创建委托
private void thread2_Load(object sender,EventArgs e)
{
    label1.Text="0";
    ST=new set_Text(set_labelText);           //实例化委托
}
private void button1_Click(object sender,EventArgs e)
{
    threadb=new Thread(new ThreadStart(runner));
    threadb.Start();
}
private void set_labelText(string s)          //主线程调用的函数
{
    label1.Text=s;
}
private void runner()
{
    for (int i=0; i<101; i++)
    {
        label1.Invoke(ST,new object[] { i.ToString() });
        //通过调用委托,来改变 lable1 的值
        Thread.Sleep(1000);                   //线程休眠时间,单位是 ms
    }
}
private void thread2_FormClosing(object sender,FormClosingEventArgs e)
{
    if (threadb.IsAlive)
    {
        threadb.Abort();                      //撤销 thread1
    }
}
```

(7) 运行结果如图 8.13 所示。

**例 8.14** 使用 Windows 窗体应用程序,设计实现一个银行取款程序,程序模拟实现多人(如 5 人)在多台(如 5 台)提款机上同时取款的情况,程序利用 lock 实现线程中的同步。

图 8.13 例 8.13 运行结果

(1) 新建一个名为 Bank 的 Windows 窗体应用程序，并添加相应控件，窗体设计如图 8.14 所示。

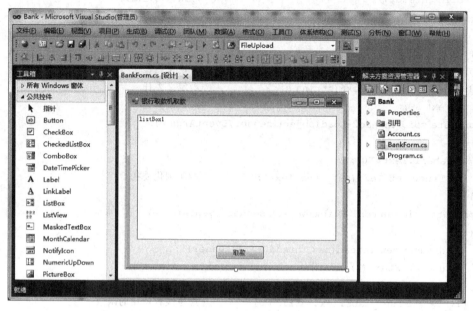

图 8.14　例 8.14 设计界面

(2) 在解决方案资源管理器中添加账户类 Account.cs，用于取款，包括在任意的 5 台取款机上自动取款，用随机数。

(3) 添加 BankForm.cs 类代码，将用户信息和取款信息添加到列表框。

```
//Account.cs
using System.Threading;
namespace Bank
{
    class Account
    {
        private Object obj=new Object();         //用于上锁
        int balance;                              //余额
        Random r=new Random();
        BankForm form1;
        public Account(int initial,BankForm frm)
        {
            this.form1=frm;
            this.balance=initial;
        }
        //取款
        public int Withdraw(int amount)          //amount 为要取的钱数
        {
            if (balance<0)
            {
```

```csharp
                form1.AddListBoxItem("余额为: "+balance+
                    " 余额已经是负数了,不能再取!");
            }
            lock (obj)                                  //上锁
            {
                if (balance>=amount)
                {
                    string str=Thread.CurrentThread.Name+"取款-----";
                    str +=string.Format("取款前余额为: {0,-6}取款: :{1}",balance,
                        amount);
                    balance=balance-amount;
                    str +="取款后余额为: "+balance.ToString ();
                    form1.AddListBoxItem(str);
                    return amount;
                }
                else
                {
                    return 0;
                }
            }
        }
        //自动取款
        public void DoTransactions()
        {
            for (int i=0; i<5; i++)
            {
                Withdraw(r.Next(1,6));
            }
        }
    }
}
//BankForm.cs
using System.Threading;
namespace Bank
{
    public partial class BankForm : Form
    {
        public BankForm()
        {
            InitializeComponent();
        }
        delegate void AddListBoxItemDelegate(string str);
        public void AddListBoxItem(string str)
        {
            if (listBox1.InvokeRequired)
```

```csharp
        {
            AddListBoxItemDelegate d=AddListBoxItem;
            listBox1.Invoke(d,str);
        }
        else
        {
            listBox1.Items.Add(str);
        }
    }
    private void button1_Click(object sender,EventArgs e)
    {
        listBox1.Items.Clear();                   //情况列表内容
        Thread[] threads=new Thread[6];
        //定义账户,初始款项为 1000 元
        Account acc=new Account(1000,this);
        for (int i=1; i<6; i++)
        {
            Thread t=new Thread(acc.DoTransactions);
            t.Name="用户"+i.ToString();
            threads[i]=t;
        }
        for (int i=1; i<6; i++)
        {
            threads[i].Start();
        }
    }
}
```

（4）程序运行结果如图 8.15 所示。

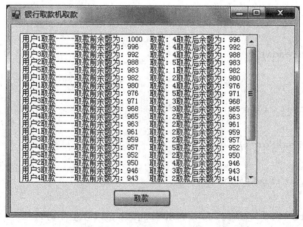

图 8.15　例 8.14 运行结果

## 小　　结

本章系统介绍了线程的有关知识，主要包括线程的基本概念、线程的基本问题、线程的高级问题等内容。本章学习要点如下。

（1）了解进程与线程的基本技术。

（2）掌握C♯进程应用程序的开发方法。

（3）掌握C♯常用多线程互斥与同步的应用程序开发方法。

（4）掌握C♯跨线程访问Windows控件的基本方法。

# 第9章 文 件

文件管理是操作系统的一个重要组成部分，而文件操作就是用户在应用程序中进行文件管理的一种手段。一个完整的应用程序涉及对系统和用户的信息进行存储、读取、修改等操作，因此有效地实现文件操作是一个完善的应用程序所必须具备的内容。

C♯提供了文件操作的强大功能，通过C♯程序的编写，可以实现文件的存储管理、对文件的读写等各种操作。

通过本章的学习，掌握 System.IO 命名空间中常用的类，掌握文件和文件夹的基本操作，掌握对文本文件和二进制文件进行读取和写入的方法。

## 9.1 文件和流概述

文件是指保存在磁盘或其他存储介质上的数据的集合，它是进行数据读写操作的基本对象。通常情况下文件按照树状目录进行组织，每个文件都有文件名、文件所在路径、创建时间、访问权限等属性。

文件按照不同的分类方式可以分为不同种类型。

（1）按文件的存取方式及结构，文件可以分为顺序文件和随机文件；按文件数据的组织格式，文件可分为 ASCII 文件和二进制文件。

（2）按文件的属性可分为只读、隐藏和归档等类型；按文件的访问方式，可分为读、读/写和写等类型；按文件的访问权限可分为读、写、追加数据等类型；按共享权限，可分为文件共享、文件不共享等类型。

在 C♯中可以通过.NET 的 System.IO 模型以流的方式对各种数据文件进行访问。

作为一种特殊的数据，流是一串连续不断的数据集合，它可以对一系列的通用对象进行操作，而不必关心 I/O 操作是和本机的文件有关还是和网络中的数据有关。流的特殊性在于它是动态的和线性的，动态是指数据的内容和时间相关，例如，在某个时刻从流中读取到一个数据，在下一时刻读取就不再是原来的内容。线性是指每次流只能读取一个字符，不可能一次同时读取两个字符。对于流有 5 种基本操作：打开、读取、写入、改变当前位置和关闭。

.NET Framework 中 System.IO 名称空间基本包含用于文件和流操作的各种类，其中常用的类如表 9.1 所示。

表 9.1 System.IO 命名空间的常用类

| 类 名 | 说 明 |
| --- | --- |
| BinaryReader | 用特定的编码将基元数据类型读作二进制值 |
| BinaryWriter | 以二进制形式将基元类型写入流，并支持用特定的编码写入字符串 |
| Directory | 公开用于创建、移动和枚举通过目录和子目录的静态方法，此类不能被继承 |

续表

| 类 名 | 说 明 |
|---|---|
| DirectoryInfo | 公开用于创建、移动和枚举目录和子目录的实例方法,此类不能被继承 |
| File | 提供用于创建、复制、删除、移动和打开文件的静态方法,并协助创建 FileStream 对象 |
| FileInfo | 提供创建、复制、删除、移动和打开文件的属性和实例方法,并且帮助创建 FileStream 对象,此类不能被继承 |
| FileStream | 公开以文件为主的 Stream,既支持同步读写操作,也支持异步读写操作 |
| MemoryStream | 创建其支持存储区为内存的流 |
| Path | 对包含文件或目录路径信息的 String 实例执行操作,这些操作以跨平台的方式执行 |
| Stream | 提供字节序列的一般视图 |
| StreamReader | 实现一个 TextReader,使其以一种特定的编码从字节流中读取字符 |
| StreamWriter | 实现一个 TextWriter,使其以一种特定的编码向流中写入字符 |
| StringReader | 实现从字符串进行读取的 TextReader |
| StringWriter | 实现一个用于将信息写入字符串的 TextWriter,该信息存储在基础 StringBuilder 中 |
| TextReader | 表示可读取连续字符系列的读取器 |
| TextWriter | 表示可以编写一个有序字符系列的编写器,该类为抽象类 |

## 9.2 磁盘的基本操作

DriveInfo 类提供方法和属性以查询驱动器信息。使用 DriveInfo 类可以确定可用的驱动器及其类型,确定驱动器的容量和可用空闲空间等。DriveInfo 类的常用属性和方法如表 9.2 所示。

表 9.2 DriveInfo 类的常用属性和方法

| 属 性 | 说 明 |
|---|---|
| AvailableFreeSpace | 指示驱动器上的可用空闲空间量 |
| DriveFormat | 获取文件系统的名称,例如 NTFS 或 FAT32 |
| DriveType | 获取驱动器类型 |
| IsReady | 获取一个指示驱动器是否已准备好的值 |
| Name | 获取驱动器的名称 |
| RootDirectory | 获取驱动器的根目录 |
| TotalFreeSpace | 获取驱动器上的可用空闲空间总量 |
| TotalSize | 获取驱动器上存储空间的总大小 |
| VolumeLabel | 获取或设置驱动器的卷标 |
| 方 法 | 说 明 |
| GetDrives | 检索计算机上的所有逻辑驱动器的驱动器名称 |

**例 9.1** 使用 DriveInfo 显示当前系统中所有驱动器的有关信息,包括驱动器的名称、类型、卷标、文件系统、可用空间和磁盘总大小等。

(1) 代码编写如下:

```
using System.IO;
DriveInfo[] allDrives=DriveInfo.GetDrives();
foreach (DriveInfo d in allDrives)
{
    Console.WriteLine("驱动器{0}",d.Name);              //驱动器的名称
    Console.WriteLine(" 类型{0}",d.DriveType);          //驱动器的类型
    if(d.IsReady==true)
    {
        Console.WriteLine(" 卷标:{0}",d.VolumeLabel);           //驱动器的卷标
        Console.WriteLine(" 文件系统:{0}",d.DriveFormat);       //NTFS 或 FAT32
        Console.WriteLine(" 当前用户可用空间:{0}",d.AvailableFreeSpace);
        Console.WriteLine(" 可用空间:{0}",d.TotalFreeSpace);
        Console.WriteLine(" 磁盘总大小:{0}",d.TotalSize);
    }
}
```

(2) 运行结果如图 9.1 所示。

图 9.1 例 9.1 运行结果

## 9.3 文件和文件夹操作

DirectoryInfo 和 Directory 类提供用于目录基本操作的方法,包括目录的创建、复制、移动、删除和重命名等。

### 9.3.1 DirectoryInfo 类

DirectoryInfo 用于创建、移动和枚举目录和子目录的实例方法,该类是密封类,不能被继承。DirectoryInfo 类的常用属性及说明如表 9.3 所示。

表 9.3 DirectoryInfo 类的常用属性和方法

| 属　　性 | 说　　明 |
| --- | --- |
| Name | 获取目录的名称 |
| FullName | 获取目录的名称及完整路径 |
| CreationTime | 获取或设置当前目录的创建时间 |
| LastAccessTime | 获取或设置上次访问当前目录的时间 |
| LastWriteTime | 获取或设置上次写入当前目录的时间 |
| Parent | 获取指定子目录的父目录 |
| Root | 获取路径的根部分 |
| Attributes | 获取或设置当前目录的特性 |
| 方　　法 | 说　　明 |
| Create | 创建一个目录 |
| CreateSubDirectory | 为当前目录创建子目录 |
| Delete | 删除一个目录和它的所有内容 |
| GetDirectories | 返回一个表示当前目录中所有子目录的字符串数组 |
| GetFiles | 返回 FileInfo 类型的数组,表示指定目录下的一组文件 |
| MoveTo | 将一个目录及其内容移动到一个新的路径 |

DirectoryInfo 的实例化需要指定一个目录路径作为构造函数的参数。如果需要访问当前应用程序目录(比如执行的应用程序的目录),可以使用"."符号。

例如:

```
//绑定到当前的应用程序目录
DirectoryInfo dir1=new DirectoryInfo(".");
//使用字符串绑定到 C:\Windows
DirectoryInfo dir2=new DirectoryInfo(@"C:\Windows");
//绑定到一个不存在的目录,然后创建它
DirectoryInfo dir3=new DirectoryInfo(@"C:\Windows\Testing");
dir3.Create();
```

注意,在接受路径作为输入字符串的成员中,路径格式必须正确,否则将引发异常。例如：下列字符串为有效的路径格式：

```
@"C:\Windows\Testing"
"C:\\Windows\\Testing"
```

**例 9.2**  使用 DirectoryInfo 类在 D 盘 CSharp 目录下创建子目录 D:\CSharp\testing。若该目录已存在,先将其删除再重新创建,并输出目录的根目录等信息。

(1) 代码编写如下：

```csharp
using System.IO;                          //引入命名空间
static void Main(string[] args)
{
    //绑定到指定目录
    DirectoryInfo dir=new DirectoryInfo(@"d:\C#程序设计\testing");
    try
    {
        //判断待创建的目录是否存在
        if (dir.Exists)
        {
            Console.WriteLine("{0}已存在",dir.FullName);
            dir.Delete();
            Console.WriteLine("已成功删除,请重新创建新目录");
        }
        dir.Create();                     //创建目录
        Console.WriteLine("***** Directory Info*****");
        Console.WriteLine("FullName: {0} ",dir.FullName);
        Console.WriteLine("Name: {0} ",dir.Name);
        Console.WriteLine("Parent: {0} ",dir.Parent);
        Console.WriteLine("Creation: {0} ",dir.CreationTime);
        Console.WriteLine("Attributes: {0} ",dir.Attributes);
        Console.WriteLine("Root: {0} ",dir.Root);
        Console.WriteLine("**************************\n");
    }
    catch (Exception ex)
    {
        Console.WriteLine("目录操作失败：{0}",ex.ToString ());
    }
}
```

(2) 运行结果如图 9.2 所示。

### 9.3.2 Directory 类

Directory 类公开了用于创建、移动、删除和枚举目录和子目录的静态方法,所以它的调用需要传入目录路径参数。因此若要在对象上进行单一方法调用,可

图 9.2  例 9.2 运行结果

以使用 Directory 类，而不必执行实例化新对象再调用其方法的过程。反之，如果要在目录上执行几种操作，则实例化 DirectoryInfo 对象并调用其方法的执行效率要高，因为静态类每次都需要重新查找文件，而对象将在文件系统上引用正确的文件。

Directory 类的常用方法如表 9.4 所示。

表 9.4 Directory 类的常用方法

| 方　　法 | 说　　明 |
| --- | --- |
| CreateDirectory | 创建指定路径中的所有目录 |
| Exists | 检查指定文件夹在磁盘上是否存在 |
| Move | 将文件或目录及内容移到新位置 |
| Delete | 删除指定目录 |
| GetFiles | 返回指定目录中的文件名称 |
| GetDirectories | 获取指定目录中子目录的名称 |
| GetDirectoryRoot | 返回指定路径的卷信息、根信息或两者同时返回 |
| GetParent | 检索指定路径的父目录，包括绝对路径和相对路径 |
| GetCurrentDirectory | 获取应用程序的当前工作目录 |
| SetCurrentDirectory | 将应用程序当前工作目录设为指定目录 |
| GetLastAccessTime | 返回上次访问指定目录的日期和时间 |
| SetLastAccessTime | 设置上次访问指定目录的日期和时间 |
| GetLastWriteTime | 返回上次写入指定目录的日期和时间 |
| SetLastWriteTime | 设置上次写入目录的日期和时间 |

**1．判断目录是否存在**

方法声明如下：

```
public static bool Exists(string path)
```

该方法判断参数指定的路径是否存在，其中，参数 path 用来指定目录的路径。如果目录存在，返回 True，如果不存在，或者该目录不具有可访问权限，返回 False。下面的代码判断是否存在 d:\csharp\mydir 目录。

```
if (Directory.Exists(@"d:\csharp\mydir"))
```

**2．创建目录**

创建目录的方法：

```
public static DirectoryInfo CreateDirectory(string path)
```

该方法将会创建 path 所指定路径的所有目录及子目录。如果由 path 参数指定的目录已存在，或 path 指定的目录格式不正确，将引发 ArgumentException 异常。

### 3. 删除目录

删除目录的方法：

```
public static void Delete(string path)                    //方法一：删除指定路径的空目录
public static void Delete(string path,bool recursive)    //方法二：删除指定目录及其子目录
```

方法一用于删除 path 参数所指定路径的目录，此目录必须为可写或为空。如果该目录为应用程序的当前工作目录或由 path 指定的目录不为空，将会引发 IOException。若要删除 path 指定路径的目录及其子目录，可以使用方法二。方法二的 recursive 参数为 True 时，会删除非空目录，否则为 False 时，仅当目录为空时才能删除。

### 4. 移动目录

移动目录的方法：

```
public static void Move(string sourceDirName, string destDirName)
```

该方法将文件或目录及其内容移到新位置，如果目标目录已存在，或者路径格式不正确，将引发异常。但是，只能在同一个逻辑盘下进行目录的移动。若要将 d 盘下的目录移动到 f 盘，则会发生错误。

### 5. 获取当前目录下所有子目录

```
public static string[] GetDirectories (string path)
```

该方法将获取指定目录中子目录的名称，path 为其返回子目录名称的数组的路径。

### 6. 获取当前目录下所有文件

```
public static string[] GetDirectories (string path)
```

该方法将返回指定目录中的文件的名称，path 为要检索文件的目录。

**例 9.3** 使用 Directory 类完成目录的基本操作。

（1）获取应用程序的当前工作目录及上次访问和写入的时间。
（2）判读指定目录是否存在。
（3）创建目录，设置指定目录的创建时间，重命名目录。
（4）获取指定目录中所有子目录清单。
（5）代码编写如下：

```
//添加命名空间引用
using System.IO;
static void Main(string[] args)
{
    string path1=@"d:\csharp\mydir";
    string path2=@"d:\csharp\mydestdir";
    try
    {
        //获取应用程序的当前工作目录及上次访问和写入的时间
        Console.WriteLine("应用程序当前工作目录为：{0}",Directory.GetCurrent_
            Directory());
```

```csharp
            Console.WriteLine("上次访问当前工作目录的时间为:{0}",
                Directory.GetLastAccessTime(Directory.GetCurrentDirectory()));
            if (Directory.Exists(path1))
            {
                Console.WriteLine(path1+"已存在");
            }
            else
            {
                Console.WriteLine("目录不存在,准备创建");
                DirectoryInfo dir=Directory.CreateDirectory(path1);      //创建目录
                DateTime dtime=new DateTime(2012,3,29);
                //设置指定目录的创建时间
                Directory.SetCreationTime(path1,dtime);
            }
            //目录的创建时间
            Console.WriteLine("目录创建时间为:{0}",Directory.GetCreationTime(path1));
            Console.WriteLine("其根目录是:{0}",Directory.GetDirectoryRoot(path1));
            Console.WriteLine("*******************************************\n");
            if (!Directory.Exists(path2))           //目标目录不存在时,才可以执行 move 操作
            {
                Console.WriteLine("目标目录不存在时可以执行重命名操作!");
                Directory.Move(path1,path2);       //将目录 path1 及内容移到 path2
                Console.WriteLine("{0}重命名为{1},成功!\n",path1,path2);
            }
            else
            {
                Console.WriteLine("要重命名的目标目录已存在,不允许操作!\n");
            }
            Console.WriteLine("*******************************************\n");
            //获取当前工作目录的父目录
            string root=Directory.GetDirectoryRoot(Directory.GetCurrentDirectory());
            string[] subdirectory=Directory.GetDirectories(root);
                                            //获取当前根目录中所有子目录清单
            foreach (string path in subdirectory)
            {
                Console.WriteLine(path);
            }
        }
        catch (Exception e)
        {
            Console.WriteLine("操作失败:{0}",e.ToString());
        }
    }
}
```

（6）运行结果如图 9.3 所示。

图 9.3　例 9.3 运行结果

### 9.3.3　FileInfo 类

FileInfo 类提供创建、复制、删除、移动和打开文件的实例方法，并且帮助创建 System. IO. FileStream 对象。此类不能被继承。

FileInfo 类的常用属性和方法如表 9.5 所示。

表 9.5　FileInfo 类的常用属性和方法

| 属　　性 | 说　　明 |
| --- | --- |
| Name | 获取文件名 |
| Extension | 获取表示文件扩展名部分的字符串 |
| CreationTime | 获取或设置当前文件的创建时间 |
| Directory | 获取父目录的实例 |
| DirectoryName | 获取表示目录的完整路径的字符串 |
| FullName | 获取文件的完整目录 |
| Exists | 获取指示文件是否存在的值 |
| IsReadOnly | 获取或设置确定当前文件是否为只读的值 |
| LastAccessTime | 获取或设置上次访问当前文件的时间 |
| LastWriteTime | 获取或设置上次写入当前文件的时间 |
| Length | 获取当前文件的大小（字节） |

续表

| 方　　法 | 说　　明 |
|---|---|
| Create | 创建文件 |
| Delete | 永久删除文件 |
| CopyTo(string destFileName) | 将现有文件复制到新文件，不允许覆盖现有文件 |
| CopyTo(string destFileName，bool overwrite) | 将现有文件复制到新文件，允许覆盖现有文件 |

**例 9.4** 使用 FileInfo 类完成文件的基本操作。

(1) 判断指定文件是否存在，若不存在则创建该文件。
(2) 文件创建成功后，输出文件的创建时间、文件名及长度等信息。
(3) 复制指定文件，若目标文件存在则覆盖。
(4) 代码编写如下：

```
//引入命名空间
using System.IO;
static void Main(string[] args)
{
    string path=@"d:\csharp\source.txt";
    string path1=@"d:\copyto.txt";
    try
    {
        FileInfo fi=new FileInfo(path);
        Console.Write("文件{0}是否存在：",path);
        Console.WriteLine(fi.Exists.ToString());
        //如果文件不存在则创建
        if (!fi.Exists)
        {
            FileStream fs=fi.Create();                      //创建文件
            Console.WriteLine("---------文件{0}创建成功----------",path);
            Console.WriteLine("文件名：{0}",fs.Name);
            Console.WriteLine("文件的创建时间：{0}",fi.CreationTime);
            Console.WriteLine("文件的长度：{0}",fs.Length);
        }
        Console.WriteLine("---------------复制文件---------------");
        Console.WriteLine("将{0}复制到{1}",path,path1);
        fi.CopyTo(path1,true);
    }
    catch (Exception ex)
    {
        Console.WriteLine(ex.ToString());
    }
}
```

(5) 运行结果如图 9.4 所示。

图 9.4　例 9.4 运行结果

### 9.3.4 File 类

File 和 FileInfo 类提供的方法相似，提供用于创建、复制、删除、移动和打开文件的方法，并协助创建 System.IO.FileStream 对象。区别在于：FileInfo 类提供实例方法，而 File 类所有的方法都是静态的，调用时需要传入目录路径参数；FileInfo 类适用于对文件执行多次操作的情况，若对文件仅执行一次操作，可选择 File 类的静态方法。

File 类的常用方法如表 9.6 所示。

表 9.6 File 类的常用方法

| 方法 | 说明 |
| --- | --- |
| Copy | 将现有文件复制到新文件 |
| Create | 在指定路径中创建或覆盖文件 |
| Delete | 删除指定的文件，如果指定的文件不存在，则不引发异常 |
| Exists | 确定指定的文件是否存在 |
| GetCreationTime | 返回指定文件或目录的创建日期和时间 |
| GetLastAccessTime | 返回上次访问指定文件或目录的日期和时间 |
| GetLastWriteTime | 返回上次写入指定文件或目录的日期和时间 |
| Move | 将指定文件移到新位置，并提供指定新文件名的选项 |
| Open | 打开指定路径上的 System.IO.FileStream |
| OpenRead | 打开现有文件以进行读取 |
| OpenText | 打开现有 UTF-8 编码文本文件以进行读取 |
| OpenWrite | 打开现有文件以进行写入 |
| ReadAllBytes | 打开一个文件，将文件的内容读入一个字符串，然后关闭该文件 |
| ReadAllLines | 打开一个文本文件，读取文件的所有行，然后关闭该文件 |
| ReadAllText | 打开一个文本文件，读取文件的所有行，然后关闭该文件 |
| SetCreationTime | 设置创建该文件的日期和时间 |
| SetLastAccessTime | 设置上次访问指定文件的日期和时间 |
| SetLastWriteTime | 设置上次写入指定文件的日期和时间 |
| WriteAllBytes | 创建一个新文件，在其中写入指定的字节数组，然后关闭该文件。如果目标文件已存在，则覆盖该文件 |
| WriteAllLines | 创建一个新文件，在其中写入一组字符串，然后关闭该文件 |
| WriteAllText | 创建一个新文件，在其中写入指定的字符串，然后关闭文件。如果目标文件已存在，则覆盖该文件 |

**例 9.5** 使用 File 类完成文件的基本操作。

（1）代码编写如下：

```
using System.IO;
```

```csharp
static void Main(string[] args)
{
    //file 类：类中的成员为静态成员
    string path1=@"d:\csharp\source.txt";
    string path2=@"d:\csharp\dest.txt";
    if (!File.Exists(path1))
    {
        //File 所有方法都是静态的,调用时需要传入目录路径参数
        FileStream f=File.Create(path1);
        if (File.Exists(path1))
        {
            Console.WriteLine("---------------文件创建成功-------");
            Console.WriteLine("文件{0}创建成功!",path1);
            Console.WriteLine("文件名:"+f.Name);
            Console.WriteLine("文件的大小:"+f.Length);
        }
        else
            Console.WriteLine("文件{0}创建失败!",path1);
        f.Close();                                          //关闭文件
    }
    else
    {
        Console.WriteLine("{0}文件已存在!",path1);
    }
    Console.WriteLine("---------------移动文件-------------");
    if (!File.Exists(path2))
    {
        Console.WriteLine("若目标文件{0}不存在,则移动。",path2);
        File.Move(path1,path2);
    }
    else
    {
        Console.WriteLine("目标文件{0}存在,无法移动。",path2);
    }
}
```

(2) 运行结果如图 9.5 所示。

**例 9.6** 新建一个 Windows 应用程序，实现在指定的路径上浏览所有的文件以及文件夹，并将其文件名称、大小、创建时间、最后修改时间以及完整路径在列表区域显示出来。界面如图 9.6 所示。

图 9.5　例 9.5 运行结果

要求：当单击"搜索"按钮时，会在指定路径下进行搜索，并将该路径下的文件夹及文件显示在对应的"所有子目录"及"所有文件"列表框中。单击"所有子目录"会更新各控件的内

图 9.6　例 9.6 运行结果

容,并将选中的目录的子目录及文件重新显示在对应的列表中。在"所有文件"列表框中单击任意选项,将会在"文件详细信息"分组框对应的控件中显示文件的基本信息。

操作步骤：

（1）新建一个 Windows 窗体应用程序。

（2）在窗体上添加 8 个 Lable 控件,6 个 TextBox 控件,两个 GroupBox 控件,一个 Button 和两个 ListBox 控件,各控件对应的属性设置如表 9.7 所示。

表 9.7　例 9.6 各控件属性设置

| 控件(Name) | 属　　性 | 值 | 说　　明 |
| --- | --- | --- | --- |
| Form1 | Text | 文件浏览器 | 文件浏览器窗口 |
| label1 | Text | 请输入要查找的文件 | 说明标签 |
| textBox1 | Name | FileName | 输入要搜索的文件路径 |
| button1 | Name | Search | 搜索指定文件 |
| groupBox1 | Text | 文件列表 | 分组控件 |
| groupBox2 | Text | 文件详细信息 | 分组控件 |
| label2 | Text | 所有子目录 | 说明标签 |
| label3 | Text | 所有文件 | 说明标签 |
| listBox1 | Name | Folder | 用来显示所有的文件夹列表 |
| listBox2 | Name | Files | 用来显示所有的文件列表 |
| label4 | Text | 完整路径 | 说明标签 |

续表

| 控件(Name) | 属　　性 | 值 | 说　　明 |
|---|---|---|---|
| textBox2 | Name | FileFullName | 用来显示文件的完整路径 |
| | ReadOnly | True | 只读 |
| label5 | Text | 文件大小 | 说明标签 |
| textBox3 | Name | FileSize | 用来显示文件的大小 |
| | ReadOnly | True | 只读 |
| label6 | Text | 创建时间 | 说明标签 |
| textBox4 | Name | CreationTime | 用来显示文件的创建时间 |
| | ReadOnly | True | 只读 |
| label7 | Text | 最后修改时间 | 说明标签 |
| textBox5 | Name | LastModifyTime | 用来显示文件的最后时间 |
| | ReadOnly | True | 只读 |
| label8 | Text | 最后访问时间 | 说明标签 |
| textBox6 | Name | LastAccessTime | 用来显示文件的最后访问时间 |
| | ReadOnly | True | 只读 |

(3) 代码编写如下：

```csharp
//添加命名空间引用
using System.IO;
protected string OverPath="";                    //上级目录字符串
protected void SearchFolderInfo(string path)
{   //实现显示文件夹信息
    DirectoryInfo di=new DirectoryInfo(path);
    if (!di.Exists)
    {
        MessageBox.Show("文件"+di+"没有找到!");
    }
    //清除文件详细信息、文件夹、文件列表的所有内容
    Folder.Items.Clear();
    Files.Items.Clear();
    FileSize.Text="";
    CreationTime.Text="";
    LastAccessTime.Text="";
    LastModifyTime.Text="";
    OverPath=di.FullName;
    //添加文件夹列表的内容
    foreach (DirectoryInfo dir in di.GetDirectories())
        Folder.Items.Add(dir);
```

```csharp
        //添加文件列表的内容
        foreach (FileInfo file in di.GetFiles())
            Files.Items.Add(file);
    }
    protected void SearchFileInfo(string path)
    {
        FileInfo fileInfo=new FileInfo(path);
        if (!fileInfo.Exists)
        {
            MessageBox.Show("文件"+fileInfo+"没有找到!");
        }
        else
        {
            FileFullName.Text=fileInfo.FullName.ToString();        //文件的完整路径
            FileSize.Text=fileInfo.Length.ToString()+"字节";        //文件的大小
            CreationTime.Text=fileInfo.CreationTime.ToString();    //文件的创建时间
            LastModifyTime.Text=fileInfo.LastWriteTime.ToString(); //最后修改时间
            LastAccessTime.Text=fileInfo.LastAccessTime.ToString();//最后访问时间
        }
    }
    private void Search_Click(object sender,EventArgs e)
    {   //单击"搜索"按钮
        if (FileName.Text !="")
        {   //文本框内容不为空时
            try
            {
                string path=FileName.Text;                //获得输入的文件名
                DirectoryInfo FileFolder=new DirectoryInfo(path);
                if (FileFolder.Exists)
                {   //如果输入的文件名是目录
                    SearchFolderInfo(FileFolder.FullName);   //搜索该目录下的所有文件夹
                    return;
                }
                FileInfo File=new FileInfo(path);
                if (File.Exists)
                {
                    SearchFileInfo(File.Directory.FullName);
                    int count=Files.Items.IndexOf(File.Name);
                    Files.SetSelected(count,true);
                    return;
                }
                throw new FileNotFoundException("未找到文件"+FileName.Text);
            }
            catch (Exception ex)
            {
```

```csharp
            MessageBox.Show(ex.Message);
        }
    }
    else
    {
        MessageBox.Show("文件路径必须输入!");
        FileName.Focus();                              //将焦点移动到文件名文本框上
    }
}
private void Folder_SelectedIndexChanged(object sender,EventArgs e)
{
    try
    {
        //获取文件夹列表框中选中的内容
        string selectedRow=Folder.SelectedItem.ToString();
        //将上级目录和当前文件名连接
        string fileFullName=Path.Combine(OverPath,selectedRow);
        SearchFolderInfo(fileFullName);
    }
    catch (Exception ex)
    {
        MessageBox.Show(ex.Message);
    }
}
private void Files_SelectedIndexChanged(object sender,EventArgs e)
{   //单击所有文件列表
    try
    {
        string selectedFileRow=Files.SelectedItem.ToString();
        string folderFullName=Path.Combine(OverPath,selectedFileRow);
        SearchFileInfo(folderFullName);
    }
    catch (Exception ex)
    {
        MessageBox.Show(ex.Message);
    }
}
```

## 9.4 读写文件

在C#中,利用 FileStream 类、StreamReader 类(或 StreamWriter 类)以及 StringReader 类(或 StringWriter 类)能够以不同的数据格式,实现对文件流的读写。

### 9.4.1 FileStream 类

FileStream 类提供对文件进行打开、读取、写入、关闭等操作,既支持同步读写操作,也支持异步读写操作。表 9.8 列出了 FileStream 类的常用属性及说明。

表 9.8  FileStream 类的常用属性

| 属　　性 | 说　　明 |
| --- | --- |
| CanRead | 获取一个值,该值指示当前流是否支持读取 |
| CanSeek | 获取一个值,该值指示当前流是否支持查找 |
| CanWrite | 获取一个值,该值指示当前流是否支持写入 |
| Length | 获取用字节表示的流长度 |
| Name | 获取传递给构造函数的 FileStream 的名称 |
| Position | 获取或设置此流的当前位置 |

表 9.9 列出了 FileStream 类的常用方法及说明。

表 9.9  FileStream 类的常用方法

| 方　　法 | 说　　明 |
| --- | --- |
| BeginRead | 开始异步读 |
| BeginWrite | 开始异步写 |
| Close | 关闭当前流并释放与之关联的所有资源(如套接字和文件句柄) |
| EndRead | 等待挂起的异步读取完成 |
| EndWrite | 结束异步写操作 |
| Lock | 防止其他进程更改 System.IO.FileStream |
| Read | 从流中读取字节块并将该数据写入给定缓冲区中 |
| ReadByte | 从文件中读取一个字节,并将读取位置提升一个字节 |
| Seek | 将该流的当前位置设置为给定值 |
| SetLength | 将该流的长度设置为给定值 |
| Unlock | 允许其他进程访问以前锁定的某个文件的全部或部分 |
| Write | 使用从缓冲区读取的数据将字节块写入该流 |
| WriteByte | 将一个字节写入文件流的当前位置 |

**1. 获取 FileStream 对象的常用方法**

1) 使用 File 类

File.Creat(fileName):其中 fileName 为文件的绝对或相对路径。

File.Open(fileName)

File.OpenRead(fileName)

File.OpenWrite(filleName)

**注意**:文件最好放在程序运行目录下,否则 fileName 需要传递绝对路径参数。

2）使用 FileStream 的构造函数

FileStream 类的构造函数具有许多不同的重载形式，如：

```
FileStream(string FilePath,FileMode)
FileStream(string FilePath,FileMode,FileAccess)
FileStream(string FilePath,FileMode,FileAccess,FileShare)
```

构造函数中包含一个重要的参数 FileMode，该参数是枚举类型，它指定了操作系统打开文件的方式，表 9.10 是其枚举成员及说明。

表 9.10　FileMode 类的枚举成员及说明

| 成员 | 说明 |
| --- | --- |
| CreateNew | 指定操作系统应创建新文件。此操作需要 FileIOPermissionAccess.Write。如果文件已存在，则将引发 IOException 异常 |
| Create | 指定操作系统应创建新文件。如果文件已存在，它将被覆盖。此操作需要 FileIOPermissionAccess.Write。System.IO.FileMode.Create 等效于这样的请求：如果文件不存在，则使用 System.IO.FileMode.CreateNew；否则使用 System.IO.FileMode.Truncate。如果该文件已存在但为隐藏文件，则将引发 UnauthorizedAccessException |
| Open | 指定操作系统应打开现有文件。打开文件的能力取决于 System.IO.FileAccess 所指定的值。如果该文件不存在，则引发 System.IO.FileNotFoundException |
| OpenOrCreate | 指定操作系统应打开文件（如果文件存在）；否则，创建新文件。如果用 FileAccess.Read 打开文件，则需要 FileIOPermissionAccess.Read。如果文件访问为 FileAccess.Write，则需要 FileIOPermissionAccess.Write。如果用 FileAccess.ReadWrite 打开文件，则同时需要 FileIOPermissionAccess.Read 和 FileIOPermissionAccess.Write。如果文件访问为 FileAccess.Append，则需要 FileIOPermissionAccess.Append |
| Truncate | 指定操作系统应打开现有文件。文件一旦打开，就将被截断为零字节大小。此操作需要 FileIOPermissionAccess.Write。尝试从使用 Truncate 打开的文件中进行读取将导致异常 |
| Append | 若存在文件，则打开该文件并查找到文件尾，或者创建一个新文件。FileMode.Append 只能与 FileAccess.Write 一起使用。尝试查找文件尾之前的位置时会引发 System.IO.IOException，并且任何尝试读取的操作都会失败并引发 System.NotSupportedException |

### 2. 从 FileStream 中读取字节

FileStream 定义了两个从文件读取字节的方法：ReadByte()和 Read()。ReadByte()可以从文件中读取单个字节，其通常的形式为：

```
int ReadByte()
```

每当调用该方法时，程序会从文件中读取一个字节并返回一个整数值。在到达文件末端时该方法返回 －1。此方法可能抛出的异常包括 NotSupportedException（数据流不可读）和 ObjectDisposedException（数据流已关闭）。

Read()方法可以从文件中读取一个字节块，其通常的形式为：

```
Read(byte[] array, int offset, int count)
```

Read()首先从数据流中顺序读取 count 个字节，然后从 array 的 offset 位置开始将这些字节依次写入 array。最后，该方法将返回成功读取的字节总数。如果出现 I/O 错误，就会抛出 IOException 异常。

**3. 写入文件**

WriteByte()方法用于往文件中写入一个字节。它的最简单形式如下：

```
void WriteByte(byte val)
```

这个方法把 val 中指定的字节写入文件中。如果在写入过程中遇到了错误，就抛出 IOException 异常，如果底层数据流不支持，就抛出 NotSupportedException 异常。如果数据流已关闭，则抛出 ObjectDisposedException 异常。

Write()方法可以将一个字节数组写入文件中，其通常的形式为：

```
Write(byte[] array, int offset, int count)
```

Write()将 array 数组中从 offset 开始的 count 个字节写入文件中。如果首先从数据流中顺序读取 count 个字节，然后从 array 的 offset 位置开始将这些字节依次写入 array。如果写入过程中遇到了错误，就抛出 IOException 异常。如果在输出时，关闭了底层数据流，则抛出 NotSupportedException 异常。除了这两个异常以外，Write()还可以抛出其他类型的异常。

**例 9.7** 新建一个 Windows 应用程序，使用 FileStream 类来实现文件的读写操作。

（1）新建一个 Windows 窗体应用程序。

（2）在窗体上设置两个 Button、一个 Label、一个 RichTextBox 和一个 TextBox。其中 TextBox 控件（Name 属性值为：fname）用来输入要读或写的文件名，Button 控件（读：Read；写：Write）分别用来执行读取指定文件并在 RichTextBox 控件（content）显示和将 TextBox 控件中的内容写入到指定文件中。

（3）代码编写如下：

```
//添加命名空间引用
using System.IO;
//写入文件
private void Write_Click(object sender,EventArgs e)
{
    FileStream fs;
    try
    {
        fs=File.Create(fname.Text);
    }
    catch
    {
        MessageBox.Show("建立文件时出错。","错误",
            System.Windows.Forms.MessageBoxButtons.OK,
            System.Windows.Forms.MessageBoxIcon.Warning);
        return;
    }
    byte[] content=new UTF8Encoding(true).GetBytes(this.content.Text);
    try
    {
```

```csharp
            fs.Write(content,0,content.Length);
            fs.Flush();
            MessageBox.Show("保存成功","保存",
                System.Windows.Forms.MessageBoxButtons.OK,
                System.Windows.Forms.MessageBoxIcon.Information);
        }
        catch
        {
            MessageBox.Show("写入文件时出错。","错误",
                System.Windows.Forms.MessageBoxButtons.OK,
                System.Windows.Forms.MessageBoxIcon.Warning);
        }
        finally
        {
            fs.Close();
        }
    }
    //读取文件
    private void Read_Click(object sender,EventArgs e)
    {
        string path=fname .Text;
        UTF8Encoding temp=new UTF8Encoding(true);
        FileStream fs;
        try
        {
            //以读操作形式打开流
            fs=new FileStream(path,FileMode.Open,FileAccess.Read);
        }
        catch
        {
            MessageBox.Show("建立文件时出错。","错误",
                System.Windows.Forms.MessageBoxButtons.OK,
                System.Windows.Forms.MessageBoxIcon.Warning);
            return;
        }
        byte[] b=new byte[fs.Length];
        try
        {
            fs.Read(b,0,(int)fs.Length);
            content.Text=temp.GetString(b);
        }
        catch
        {
            MessageBox.Show("读取文件时出错。","错误",
                System.Windows.Forms.MessageBoxButtons.OK,
                System.Windows.Forms.MessageBoxIcon.Warning);
        }
```

```
        finally
        {
            fs.Close();
        }
    }
```

（4）运行结果如图 9.7 所示。

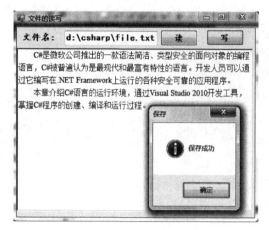 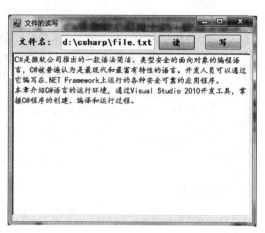

图 9.7　例 9.7 运行结果

### 9.4.2　StreamReader 类和 StreamWriter 类

FileStream 是面向字节的文件处理类，其功能强大但是操作较复杂。C♯ 提供了基于字符的数据流。字符数据流的优势在于它们可以直接操作 Unicode 字符。因此，如果希望存储 Unicode 文本，字符数据流就是最好的选择。若要采用 FileStream 类来执行基于字符的文件操作，必须把 FileStream 封装在 StreamReader 或 StreamWriter 类中。这样，这些类可以自动把字节流转换为字符流，也可以把字符数据流转换为字节流。当然，若要操作的文件是文本文件时，使用 StreamReader 类和 StreamWriter 类来执行对文本文件的读写操作是最好的选择。

**1. StreamWriter 类**

StreamWriter 是专门用来处理文本文件的类，它派生于 System.IO.TextWriter 类，可以方便地实现向文本文件中写入字符串。StreamWriter 类默认使用 UTF-8Encoding 编码来进行实例化。

表 9.11 是 StreamWriter 类的常用属性和方法。

表 9.11　StreamWriter 类的常用属性和方法

| 属　　性 | 说　　明 |
| --- | --- |
| Encoding | 获取将输出写入到其中的 System.Text.Encoding |
| FormatProvider | 获取控制格式设置的对象 |
| NewLine | 获取或设置由当前 TextWriter 使用的行结束符字符串 |

续表

| 方　法 | 说　明 |
|---|---|
| StreamWriter | 构造函数，构造 StreamWriter 类的新实例 |
| Close | 关闭当前的 StreamWriter 对象和基础流 |
| Flush | 清理当前编写器的所有缓冲区，并使所有缓冲数据写入基础流 |
| Write | 将字符写入流 |
| WriteLine | 写入重载参数指定的某些数据，后跟行结束符 |

要创建基于字符的输出数据流，需要把一个 Stream 对象（例如 FileStream）封装在 StreamWriter 中。StreamWriter 定义了多个构造函数，其中最常用的是：

```
StreamWriter(Stream stream)
```

这里，stream 指定的是一个需打开的数据流的名称。如果 stream 为 null，构造函数就抛出 ArgumentNullException 异常；如果 stream 不可写，构造函数就抛出 ArgumentException 异常。在创建成功后，StreamWriter 将自动处理字符到字节的转换。

当然，直接使用 StreamWriter 来打开文件更方便。

```
StreamWriter(string path)
StreamWriter(string path, bool appendFlag)
```

其中，path 指定了要打开的文件名称，它包含文件的完整路径信息。appendFlag 指示要输入的内容是否被添加到指定文件的末尾，为 True，以追加的方式写入文件，否则，写入的内容覆盖指定文件的内容。这两个构造函数会在指定文件不存在的情况下，自动创建新文件。

**2. StreamReader 类**

StreamReader 是专门用来读取文本文件的类。它派生于 System.IO.TextReader，使其以一种特定的编码（默认编码为 UTF-8）从字节流中读取字符。StreamReader 可以通过底层 Stream 对象（如 FileStreamStream）创建 StreamReader 对象的实例，进一步根据它提供的实例方法来读取和浏览字符数据。

StreamReader 的常用属性和方法如表 9.12 所示。

表 9.12 StreamReader 类的常用属性和方法

| 方　法 | 说　明 |
|---|---|
| StreamReader | 构造函数，为指定的流初始化 System.IO.StreamReader 类的新实例 |
| Close | 关闭 StreamReader 对象和基础流，并释放与读取器关联的所有系统资源 |
| Peek | 返回下一个可用的字符，但不使用它 |
| Read | 读取输入流中的下一个字符并使该字符的位置提升一个字符 |
| ReadLine | 从当前流中读取一行字符并将数据作为字符串返回 |
| ReadToEnd | 从流的当前位置到末尾读取流 |

要创建基于字符的输入数据流，需要把一个 Stream 对象（例如 FileStream）封装在 StreamReader 中。StreamReader 定义了多个构造函数，其中最常用的是：

```
StreamReader(Stream stream)
```

这里，stream 指定的是一个需打开的数据流的名称。如果 stream 为 null，构造函数就抛出 ArgumentNullException 异常；如果 stream 不可读，构造函数就抛出 ArgumentException 异常。在创建成功后，StreamReader 将自动处理字符到字节的转换。

在某些情况下，直接使用 StreamReader 来打开文件更方便。

```
StreamReader(string path)
```

其中，path 指定了要打开的文件名称，它包含文件的完整路径信息。要读取的文件必须存在，否则会抛出 FileNotFoundException 异常。如果 path 为空，则抛出 ArgumentException 异常。

**例 9.8** 新建一个 Windows 应用程序，使用 StreamReader 和 StreamWriter 来实现文本文件的读写操作。

（1）新建一个 Windows 窗体应用程序。

（2）在窗体上设置一个 OpenFileDialog 控件用来显示"打开"对话框，一个 SaveFileDialog 控件用来显示"另存为"对话框，一个 Label、一个 RichTextBox 控件用来显示读取的文件内容和编辑要写入的文件内容，两个 Button 控件分别用来执行打开"打开"对话框执行读文件和打开"另存为"对话框执行写文件操作。

（3）修改"读"、"写"Button 控件的 Name 属性为：Read 和 Write，修改 RichTextBox 控件的 Name 属性为 Content。

（4）代码编写如下：

```csharp
//添加命名空间引用
using System.IO;
private void Read_Click(object sender,EventArgs e)
{
    //设置打开的文件为.txt格式
    openFileDialog1.Filter="文本文件(*.txt)|*.txt";
    if (openFileDialog1.ShowDialog()==DialogResult.OK)
    {
        Content.Text=string.Empty;
        //获取"打开"对话框中选择的文件名
        string path=openFileDialog1.FileName;
        //实例化 StreamReader 对象
        StreamReader sr=new StreamReader(path,Encoding.Default);
        Content.Text=sr.ReadToEnd();
        sr.Close();                          //关闭当前流
    }
}
private void Write_Click(object sender,EventArgs e)
{
```

```
if (Content.Text==string.Empty)
{
    MessageBox.Show("文件内容不能为空!");
}
else
{
    saveFileDialog1.Filter="文本文件(*.txt)|*.txt";
    if (saveFileDialog1.ShowDialog()==DialogResult.OK)
    {
        //获取"另存为"对话框中选择的文件名
        string path=saveFileDialog1.FileName;
        //实例化 StreamWriter 对象
        StreamWriter sw=new StreamWriter(path);
        sw.Write(Content.Text);
        sw.Close();
    }
}
```

(5)单击"读"按钮,弹出"打开"对话框,选择或输入要读取的文件名,单击"打开"按钮,选择的文件内容显示在文本框中。单击"写"按钮,弹出"另存为"对话框,选择或输入要保存的文件名,单击"保存"按钮,将文本框的内容写入到指定的文件中。运行结果如图9.8所示。

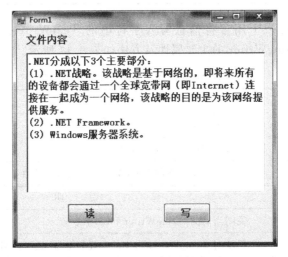

图9.8 例9.8运行结果

**注意**：读取文件时有可能产生乱码问题,因为不同的文件编码格式可能不同,如果在编程时给文件读取器对象指定对应的编码格式"StreamReader sr = new StreamReader(path, Encoding.Default);",问题就解决了。其中,Encoding 位于 System.Text 命名空间,用来表示字符编码。

实例化 StreamReader 对象的方式除了其构造函数之外,还可以使用以下两种方法。

```
//File 类的 OpenText 方法
```

```
StreamReader sr=File.OpenText(path);
//通过底层 FileStreamStream 对象(如 FileStreamStream)创建
FileStream fs=new FileStream(path,FileMode.Open,FileAccess.Read);
StreamReader sr=new StreamReader(fs);
```

### 9.4.3　StringReader 类和 StringWriter 类

对于某些应用程序,在执行基于内存 I/O 操作时,使用 string 而不是 byte 数组作为底层存储要简单很多,此时,可以使用 StringReader 和 StringWriter。StringReader 实现从字符串进行读取的 System.IO.TextReader。StringReader 类的主要方法及说明如表 9.13 所示。

表 9.13　StringReader 类的主要方法

| 方法 | 说明 |
| --- | --- |
| Close | 关闭 StringReader |
| Dispose | 释放由 StringReader 占用的非托管资源,还可以另外再释放托管资源 |
| Peek | 返回下一个可用的字符,但不使用它 |
| Read | 读取输入流中的下一个字符或下一组字符 |
| ReadLine | 从基础字符串中读取一行 |
| ReadToEnd | 将整个流或从流的当前位置到流的结尾作为字符串读取 |

StringWriter 实现一个用于将信息写入字符串的 TextWriter。该信息存储在基础 StringBuilder 中。StringWriter 的主要属性及方法如表 9.14 所示。

表 9.14　StringWriter 类的常用属性和方法

| 属性 | 说明 |
| --- | --- |
| Encoding | 获取将输出写入到其中的 Encoding |
| FormatProvider | 获取控制格式设置的对象 |
| NewLine | 获取或设置由当前 TextWriter 使用的行结束符字符串 |
| 方法 | 说明 |
| Close | 关闭当前的 StringWriter 和基础流 |
| Dispose | 释放由 StringWriter 占用的非托管资源,还可以另外再释放托管资源 |
| Write | 将值写入到 StringWriter 的此实例中 |
| WriteLine | 将行结束符写入 StringWriter 的此实例中 |

StringReader 的构造函数为:

```
StringReader(string s)
```

其中,s 为要读取的字符串。

StringWriter 定义了多个构造函数,最常用的是:

```
StringWriter()
```

这个构造函数创建的写入器会把内容输出到一个字符串中。该字符串是由 StringWriter 自动创建的。要获得这个字符串的内容,可以调用 ToString() 方法。

**例 9.9** 创建控制台应用程序,使用 StringReader 和 StringWriter 实现字符串的读写操作。

(1) 代码编写如下:

```
//添加命名空间引用
using System.IO;
static void Main(string[] args)
{
    string strContent="Welcome to the new world!\n" +
                      "Wish you have a good day!\n" +
                      "This is the end!\n";
    Console.WriteLine("原始文本内容如下\n");
    Console.WriteLine("{0}",strContent);
    //将 strContent 转换为大写字母并创建一个连续的段落
    string strLine,strP=null;
    StringReader strReader=new StringReader(strContent);
    while (true)
    {
        strLine=strReader.ReadLine();
        if (strLine !=null)
        {
            strP=strP+strLine.ToUpper()+" ";
        }
        else
        {
            strP=strP+"\n";
            break;
        }
    }
    Console.WriteLine("修改后内容\n");
    Console.WriteLine("{0}",strP);
    //从连续的段落 strP 恢复原始文本内容 strContent.
    int iCh;
    char convertedCh;
    StringWriter strWriter=new StringWriter();
    strReader=new StringReader(strP);
    bool flag=true;
    while (true)
    {
        iCh=strReader.Read();
        //转换成字符前,检查字符串是否结束.
```

```
            if (iCh==-1) break;
            convertedCh=Convert.ToChar(iCh);
            if (convertedCh=='!')    //一个句子后加入两个回车换行
            {
                strWriter.Write(convertedCh);
                strWriter.Write("\n");
                //忽略句子间的空格
                strReader.Read();
                strReader.Read();
                flag=true;
            }
            else
            {
                //每行第一个字母大写,其余小写
                if (flag)
                    strWriter.Write(convertedCh);
                else
                    strWriter.Write(char.ToLower(convertedCh));
                flag=false;
            }
        }
        Console.WriteLine("还原后的原始文本内容\n");
        Console.WriteLine("{0}",strWriter.ToString());
    }
```

（2）运行结果如图9.9所示。

图 9.9　例 9.9 运行结果

## 小　结

本章系统介绍了文件处理的相关技术及如何以各种数据流的形式读写文件。主要包括磁盘的常用属性和方法,文件和目录的复制、移动、重命名等基本操作,文件的读取和写入操作等内容。本章学习要点如下。

(1) 了解 System.IO 命名空间中的常用类。

(2) 掌握 DirectoryInfo 类和 Directory 类的使用。

(3) 掌握 FileInfo 和 File 类的使用。

(4) 掌握文件的基本操作。

(5) 掌握文件夹的基本操作。

(6) 了解流操作类。

(7) 掌握如何对文本文件进行读写操作。

# 第 10 章 ADO.NET 和数据库

开发 Windows 应用程序时,为了使客户端能够访问服务器中的数据库,经常需要用到对数据库的各种操作,.NET Framework 中的 ADO.NET 提供了对各种数据源的访问。ADO.NET 技术是一组向.NET 程序员公开数据访问服务的类,它为创建分布式数据共享应用程序提供了一组丰富的组件。

通过本章的学习,能够掌握使用 ADO.NET 来访问、更新、绑定数据,以及数据的查询。

## 10.1 ADO.NET 操作数据库

ADO.NET 是微软公司新一代.NET 数据库的访问架构,是数据库应用程序和数据源之间沟通的桥梁,主要提供一个面向对象的数据访问架构,用来开发数据库应用程序。如图 10.1 所示,为 ADO.NET 的结构模型。

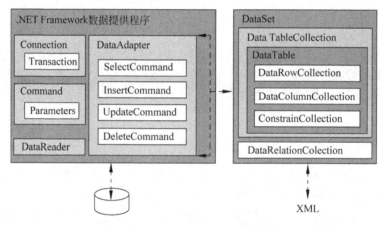

图 10.1　ADO.NET 结构模型

其中,核心功能包括以下几个。

(1) Connection:建立与特定数据源的连接。
(2) Command:对数据源执行各种 SQL 命令。
(3) DataReader:从数据源中抽取数据(只进、只读数据)。
(4) DataAdapter:用数据源填充 DataSet。

### 10.1.1 Connection 对象

案例采用 SQL Server 2008 数据库。

Connection 对象连接数据库需要访问数据源的数据,首先要通过 Connection 对象,连接到指定的数据源,如表 10.1 所示为 Connection 对象常用的属性和方法。

表 10.1　Connection 对象的属性和方法

| 属　　性 | 说　　明 |
|---|---|
| ConnectionString | 执行 Open 方法连接数据源的字符串 |
| ConnectionTimeout | 尝试建立连接的时间,超过时间则产生异常 |
| Database | 将要打开数据库的名称 |
| Data Source | 包含数据库的位置和文件 |
| State | 显示当前 Connection 对象的状态 |
| 方　　法 | 说　　明 |
| Open | 打开一个数据库连接 |
| Close | 关闭数据库连接。使用该方法关闭一个打开的连接 |
| CreateCommand | 创建并返回一个与该连接关联的 SqlCommand 对象 |

在使用 SqlConnection 对象之前,需要引入命名空间 System.Data.SqlClient。Connection 对象的 ConnectionString(连接字符串)有以下两种典型的写法,格式如下。

(1)

```
Data Source=服务器名;Initial Catalog=数据库名;
User ID=账号;Password=密码;
```

(2)

```
Data Source=服务器名;Initial Catalog=数据库名;
Integrated Security=True;
```

其中,Integrated Security 为 False 时,需要在连接中指定用户 ID 和密码。若为 True 时,将使用当前的 Windows 账户凭据进行身份验证。另外,Integrated Security ＝ True 等价于 Integrated Security ＝ SSPI。

**例 10.1**　新建一个 SQL Server 数据库,并建立控制台应用程序,利用代码实现与数据库的连接。

(1) 在 Visuio Studio 2010 集成开发环境中,选择"视图"→"服务器资源管理器"命令打开"服务器资源管理器",如图 10.2 所示。打开"创建新的 SQL Server 数据库"对话框,设置服务器名("."表示本地服务器)、登录到服务器的方式和新数据库名称,如图 10.3 所示。新建表 JBQK,包括 No、Name、XB、Grade、JG 5 个字段,其表的结构如图 10.4 所示。

(2) 创建 Connection 对象。

(3) 将数据库连接字符串赋给 Connection 对象的 ConnectionString 属性。

(4) 调用 Connection 对象的 Open 方法打开连接。

(5) 调用 Connection 对象的 Close 方法关闭已经存在的连接。

(6) 代码编写如下:

图 10.2 服务器资源管理器界面

图 10.3 "创建新的 SQL Server 数据库"对话框

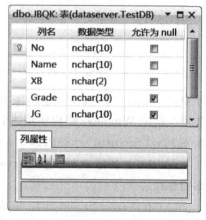

图 10.4 JBQK 表的表定义

```
//添加命名空间引用
using System.Data.SqlClient;
namespace useConnection
{
    class Program
    {
        static void Main(string[] args)
        {
```

```
            //连接字符串
            string strCon=
            @"Data Source=.; Initial Catalog=TestDB; Integrated Security=True;";
            SqlConnection sqlCon=new SqlConnection(strCon);      //执行连接
            sqlCon.Open();                                        //打开连接
            Console.WriteLine("数据库 TestDB 连接成功!");
            Console.WriteLine("数据库连接状态为：{0}",sqlCon.State.ToString());
            sqlCon.Close();                                       //关闭连接
            Console.WriteLine("数据库正常关闭!");
            Console.Read();
        }
    }
}
```

（7）运行结果如图 10.5 所示。

图 10.5　例 10.1 运行结果

## 10.1.2　Command 对象

Command 对象即数据库命令对象，对数据源执行查询、添加、删除和修改等各种操作，操作实现的方式可以使用 SQL 语句，也可以使用存储过程。Command 对象的主要属性和方法如表 10.2 所示。

表 10.2　Command 对象的属性和方法

| 属　　性 | 说　　明 |
| --- | --- |
| CommandType | 获取或设置 Command 对象要执行命令的类型 |
| CommandText | 获取或设置要对数据源执行的 SQL 语句或存储过程名或表名 |
| CommandTimeOut | 获取或设置在终止对执行命令的尝试并生成错误之前的等待时间 |
| Connection | 获取或设置 Command 对象使用的 Connection 对象的名称 |
| Parameters | 获取 Command 对象需要使用的参数集合 |
| 方　　法 | 说　　明 |
| ExecuteScalar | 用于执行 Select 查询命令，返回数据中第一行第一列的值 |
| ExecuteNonQuery | 用于执行非 Select 命令，返回命令所执行的数据行数 |
| ExecuteReader | 执行 Select 命令，并返回一个 DataReader 对象 |

**例 10.2**　新建一个控制台应用程序，用于查询数据表 JBQK 中共有几条记录。

（1）创建 Connection 对象，并将数据库连接字符串赋给 Connection 对象的 ConnectionString 属性。

（2）调用 Connection 对象的 Open 方法打开连接。

（3）创建 Command 对象，设置命令对象的 SQL 命令和数据连接对象。

（4）通过 ExecuteScalar 方法执行命令。

（5）调用 Connection 对象的 Close 方法关闭已经存在的连接。

（6）代码编写如下：

```csharp
static void Main(string[] args)
{
    //连接字符串
    string strCon=
    @"Data Source=DataServer;Initial Catalog=TestDB;Integrated Security=True;";
    SqlConnection sqlCon=new SqlConnection(strCon);        //执行连接
    try
    {
        sqlCon.Open();                                      //打开连接
        string sqlStr=@"select count(*) from JBQK";         //查询数据表中的记录条数
        SqlCommand sqlCmd=new SqlCommand(sqlStr,sqlCon);    //执行命令
        //返回的记录数目强制转换成整型
        int count=Convert.ToInt32(sqlCmd.ExecuteScalar());
        Console.WriteLine("基本情况数据表中的记录共有{0}条。",count);
    }
    catch (Exception ex)
    {
        Console.WriteLine("数据库连接失败!");
    }
    sqlCon.Close();                                         //关闭连接
    Console.WriteLine("数据库正常关闭!");
    Console.Read();
}
```

（7）运行结果如图 10.6 所示。

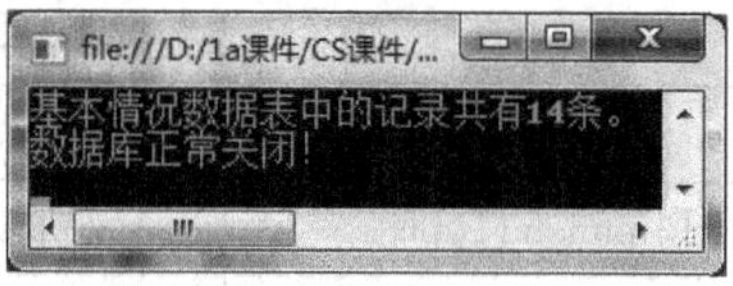

图 10.6　例 10.2 运行结果

**例 10.3**　新建一个控制台应用程序，向数据表 JBQK 中插入一条记录(201204036，张小明，男，1204，重庆市)。

（1）通过 ExecuteNonQuery 方法执行插入命令。

（2）代码编写如下：

```csharp
static void Main(string[] args)
{
    //连接字符串
    string strCon=
    @"Data Source=DataServer;Initial Catalog=TestDB;Integrated Security=True;";
    SqlConnection sqlCon=new SqlConnection(strCon);        //执行连接
    try
    {
        sqlCon.Open();                                      //打开连接
        string istStr=@"insert into JBQK(No,Name,XB,Grade,JG) "+ "values('201204036',
            '张小明','男','1204','重庆市')";                 //向数据表中插入记录
        SqlCommand sqlCmd=new SqlCommand(istStr,sqlCon);
        sqlCmd.ExecuteNonQuery();                           //执行插入命令
        Console.WriteLine("基本情况数据表中插入记录成功!");
```

```
    }
    catch (Exception ex)
    {
        Console.WriteLine(ex+"数据库连接失败!");        //错误信息
    }
    sqlCon.Close();                                      //关闭连接
    Console.WriteLine("数据库正常关闭!");
    Console.Read();
}
```

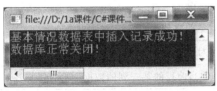

图 10.7　例 10.3 运行结果

(3) 运行结果如图 10.7 所示。

**例 10.4**　新建一个控制台应用程序,修改数据表 JBQK 中的一条记录,将学号为"1234000"的记录,修改其籍贯为"宁夏回族自治区"。

(1) 通过 ExecuteNonQuery 方法执行修改命令。

(2) 代码编写如下:

```
static void Main(string[] args)
{
    //连接字符串
    string strCon=
    @"Data Source=DataServer; Initial Catalog=TestDB; Integrated Security=True;";
    SqlConnection sqlCon=new SqlConnection(strCon);   //执行连接
    try
    {
        sqlCon.Open();                                //打开连接
        //向数据表中修改记录
        string uptStr=@"Update JBQK set JG='宁夏回族自治区' where No='1234000'";
        SqlCommand sqlCmd=new SqlCommand(uptStr,sqlCon);
        sqlCmd.ExecuteNonQuery();                     //执行修改数据
        Console.WriteLine("基本情况数据表修改成功!");
    }
    catch (Exception ex)
    {
        Console.WriteLine(ex+"数据修改不成功!");        //错误信息
    }
    sqlCon.Close();                                    //关闭连接
    Console.WriteLine("数据库正常关闭!");
    Console.Read();
}
```

(3) 运行结果如图 10.8 所示。

## 10.1.3　DataReader 对象

DataReader 对象是一个简单的数据集,主要用于从

图 10.8　例 10.4 运行结果

数据源中读取只读的数据集,其常用于检索大量数据。表 10.3 是 DataRead 对象常用的属性和方法。

表 10.3 DataReader 对象的属性和方法

| 属　　性 | 说　　明 |
| --- | --- |
| HasRows | 判断数据库中是否有数据 |
| FieldCount | 获取当前行的列数 |
| RecordsAffected | 获取执行 SQL 语句所更改、添加或删除的行数 |
| 方　　法 | 说　　明 |
| Read | 使 DataReader 对象前进到下一条记录 |
| Close | 关闭 DataReader 对象 |
| Get | 用于读取数据集的当前行的某一列的数据 |

**例 10.5** 新建一个控制台应用程序,查询数据表 JBQK 中的学号、姓名和班级字段。
(1) 使用循环结构,通过 ExecuteRead 方法执行查询命令。
(2) 代码编写如下:

```
static void Main(string[] args)
{
    //连接字符串
    string strCon=
    @"Data Source=DataServer;Initial Catalog=TestDB;Integrated Security=True;";
    SqlConnection sqlCon=new SqlConnection(strCon);        //执行连接
    try
    {
        sqlCon.Open();                                      //打开连接
        string sltStr=@"select No,Name,Grade from JBQK";   //查询数据表中的记录
        string sltResult="";                                //存储查询结果
        int i=1;                                            //记录条数
        SqlCommand sqlCmd=new SqlCommand(sltStr,sqlCon);
        SqlDataReader reader=sqlCmd.ExecuteReader();       //获取数据
        Console.WriteLine("基本情况数据表查询结果:");
        if (reader.HasRows)                //判断 SqlDataReader 对象中是否有数据
        {
            while (reader.Read())
            {
                //记录每一条记录
                sltResult +="第"+i.ToString()+"条记录:"+reader["No"].ToString() +
                    reader["Name"].ToString()+reader["Grade"].ToString()+"\n";
                i++;
            }
            Console.WriteLine(sltResult);
        }
```

```
        }
        catch (Exception ex)
        {
            Console.WriteLine(ex);                              //错误信息
        }
        sqlCon.Close();                                         //关闭连接
        Console.WriteLine("数据库正常关闭!");
        Console.Read();
    }
```

(3) 运行结果如图 10.9 所示。

图 10.9　例 10.5 运行结果

### 10.1.4　DataAdapter 对象和 DataSet 对象

DataAdapter 即数据适配器。利用它可以使用 Command 规定的操作将从数据源中检索出的数据送往数据集对象(DataSet)，或者将数据集中经过编辑后的数据送回数据源。表 10.4 是 DataAdapter 对象常用的属性和方法。

表 10.4　DataAdapter 对象的属性和方法

| 属　　性 | 说　　明 |
| --- | --- |
| SelectCommand | 获取或设置用于在数据源中选择记录的命令 |
| InsertCommand | 获取或设置用于将新记录插入数据源中的命令 |
| UpdateCommand | 获取或设置用于更新数据源中记录的命令 |
| DeleteCommand | 获取或设置用于从数据集中删除记录的命令 |
| 方　　法 | 说　　明 |
| Fill | 从数据源中提取数据以填充数据集 |
| Update | 更新数据源 |

DataSet 即数据集对象，用于表示储存在内存中的数据，相当于一个内存中的数据库，

可以包括多个 DataTable 对象及 DataView 对象。DataSet 主要用于管理存储在内存中的数据以及对数据的离线操作。

.NET 平台下开发数据库应用一般不直接对数据库操作（直接在程序中调用存储过程等除外），而是先完成数据连接和通过数据适配器填充 DataSet 对象，然后客户端再通过读取 DataSet 来获得需要的数据。同样，更新数据库中的数据，也是首先更新 DataSet，然后再通过 DataSet 来更新数据库中对应的数据。下面介绍 DataSet 中的几个对象。

（1）获取 DataSet 中的表。

① 索引方式：

```
dataset.Tables[i]
```

② 名称方式：

```
dataset.Tables["TableName"]
```

当需要获取所有表时，可以通过 Tables.Count 属性来遍历。

（2）读取 table 中的行。

```
//table 即 DataTable 对象
DataRow dr=table.Rows[i];                           //i>=0
```

当需要获取所有行时，可以通过 Rows.Count 属性来遍历。

（3）读取 table 中的列。

```
dr.Columns["FieldName"].ToString();                 //dr 即 DataRow 对象
dr.Columns[i].ToString();
```

当需要获取所有列时，可以通过 Columns.Count 属性来遍历。

（4）列的创建。

```
DataColumn dc=new DataColumn("FieldName",typeof(type));   //实例化
table.Columns.Add(dc);                                     //添加
```

（5）行的创建。

```
DataRow row=table.NewRow();
table.Rows.Add(row);
```

**例 10.6** 使用 DataAdapter 和 DataSet 来读取数据表 JBQK 中的数据。

（1）实例化 SqlDataAdapter 对象（sda）和 DataSet 对象（ds）。

（2）通过 sda 来填充数据集：sda.Fill(ds)。

（3）实例化 DataTable 对象（dt），通过循环逐行读取每个字段的信息。

（4）不需要使用 SqlConnection 的 Open()方法和 Close()方法，因为 SqlDataAdapter 调用 Fill()方法时，若发现连接没有打开，则可以自动打开连接，使用完毕后会自动关闭。

（5）代码编写如下：

```
//添加命名空间引用
using System.Data.SqlClient;
```

```csharp
using System.Data;
//主调用函数代码:
static void Main(string[] args)
{
    //连接字符串
    string strCon=
    @"Data Source=DataServer; Initial Catalog=TestDB; Integrated Security=True;";
    SqlConnection sqlCon=new SqlConnection(strCon);          //执行连接
    try
    {
        string sltStr=@"Select No,Name,Grade from JBQK";   //查询数据表中的记录
        SqlCommand sqlCmd=new SqlCommand(sltStr,sqlCon);
        SqlDataAdapter sda=new SqlDataAdapter(sqlCmd);
        DataSet ds=new DataSet();
        sda.Fill(ds);                                      //填充数据集,实质是填充ds中的第0个表
        string sltResult="";                               //查询结果字符串
        DataTable dt=ds.Tables[0];
        Console.WriteLine("基本情况数据表查询结果如下:");
        for (int i=0; i<dt.Rows.Count; i++)
        {
            //逐行读取,每行通过字段名字或者索引来访问
            sltResult +="第"+(i+1)+"条记录:"+dt.Rows[i][0].ToString()+"\t" +
                dt.Rows[i]["Name"].ToString()+dt.Rows[i][2].ToString()+"\n";
        }
        Console.WriteLine(sltResult);
    }
    catch (Exception ex)
    {
        Console.WriteLine(ex);                             //错误信息
    }
    Console.WriteLine("数据库读取完毕!");
    Console.Read();
}
```

(6) 运行结果如图 10.9 所示。

DataAdapter 是通过其 Update 方法实现以 DataSet 中的数据来更新数据库的。当 DataSet 实例中包含数据发生更改后,此时调用 Update 方法,DataAdapter 将分析已做出的更改并执行相应的命令(INSERT、UPDATE 或 DELETE),并以此命令来更新数据库中的数据。如果 DataSet 中的 DataTable 是映射到单个数据库表或是从单个数据库表生成的,则可以利用 CommandBuilder 对象自动生成 DataAdapter 的 DeleteCommand、InsertCommand 和 UpdateCommand。

**例 10.7** 删除 JBQK 表中的第一条记录。

(1) 实例化 SqlDataAdapter 对象(sda)、DataSet 对象(ds)和 SqlCommandBuilder 对象(scb)。

(2) 调用 DataSet 对象的 Delete()方法,对第一条记录进行删除。

(3) 调用 SqlDataAdapter 对象的 Update()方法,以更新数据库。
(4) 再次通过循环逐行读取每个字段的信息。
(5) 代码编写如下：

```
static void Main(string[] args)
{
    //连接字符串
    string strCon=
    @"Data Source=DataServer;Initial Catalog=TestDB;Integrated Security=True;";
    SqlConnection sqlCon=new SqlConnection(strCon);         //执行连接
    try
    {
        string sltStr=@"Select No,Name,Grade from JBQK";    //查询数据表中的记录
        SqlCommand sqlCmd=new SqlCommand(sltStr,sqlCon);
        SqlDataAdapter sda=new SqlDataAdapter(sqlCmd);
        DataSet ds=new DataSet();
        sda.Fill(ds);                                        //填充数据集,实质是填充 ds 中的第 0 个表
        //以 sda 为参数来初始化 SqlCommandBuilder 实例
        SqlCommandBuilder scb=new SqlCommandBuilder(sda);
        //删除 DataSet 中数据表 JBQK 中第一行数据
        ds.Tables[0].Rows[0].Delete();
        //调用 Update 方法,以 DataSet 中的数据更新数据库
        sda.Update(ds,ds.Tables[0].ToString());
        ds.Tables[0].AcceptChanges();
        string sltResult="";                                 //查询结果字符串
        DataTable dt=ds.Tables[0];
        Console.WriteLine("基本情况数据表查询结果如下：");
        for (int i=0; i<dt.Rows.Count; i++)
        {
            //逐行读取,每行通过字段名字或者索引来访问
            sltResult +="第"+(i+1)+"条记录："+dt.Rows[i][0].ToString()+"\t" +
                dt.Rows[i]["Name"].ToString()+dt.Rows[i][2].ToString()+"\n";
        }
        Console.WriteLine(sltResult);
    }
    catch (Exception ex)
    {
        Console.WriteLine(ex);    //错误信息
    }
    Console.WriteLine("数据库读取完毕！");
    Console.Read();
}
```

(6) 运行结果如图 10.10 所示。

图 10.10　例 10.7 运行结果

## 10.2 DataGridView 数据库绑定控件

Visual Studio 2010 提供了很多数据绑定控件,通过这些数据绑定控件可以很轻松地实现各种显示方式。常用的数据绑定控件有 DataGridView 控件。

DataGridView 控件以表格的方式显示数据源中的数据,每列表示数据中的一个字段,每行表示数据中的一条记录。可以使用 DataGridView 控件显示少量数据的只读视图,也可以对其进行缩放显示特大数据集的可编辑视图。通过选择一些属性,可以轻松地自定义 DataGridView 控件的外观。DataGridView 控件的常用属性如表 10.5 所示。

表 10.5 DataGridView 控件的常用属性

| 属性 | 说明 | 属性 | 说明 |
| --- | --- | --- | --- |
| DataSource | DataGridView 的数据源 | Columns | 包含的列的集合 |
| ReadOnly | 指定单元格是否是只读的 | | |

**例 10.8** 新建一个 Windows 窗体应用程序,使用 DataGridView 控件的图形化工具显示 JBQK 表中的所有数据。

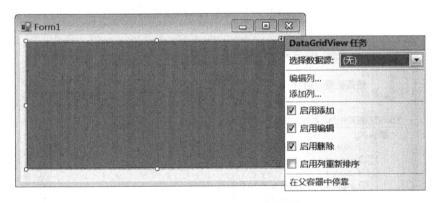

图 10.11 DataGridView 窗体设计

(1) 添加控件到窗体。在工具箱中添加一个 DataGridView 控件,如图 10.11 所示。
(2) 选择数据源。使用图形化的工具指定 DataGridView 的数据源。
(3) 选择"添加项目数据源"命令,弹出"数据源配置向导"对话框,选择"数据库"选项,表示选择一个以数据库为对象的数据源。单击"下一步"按钮,选择"数据集"选项,单击"下一步"按钮,选择相应的数据连接,如图 10.12 所示。如果之前没有创建数据连接,则单击"新建连接"按钮,进入"新建连接"对话框。
(4) 单击两次"下一步"按钮,进入"选择数据库对象"对话框,如图 10.13 所示,选择 JBQK 数据表,单击"完成"按钮,完成数据集的创建。
(5) 编辑 DataGridView 的属性和各列属性。当前,DataGridView 已经绑定到数据集了,并且程序已经自动生成了一个 DataSet 对象(testDBDataSet)、一个 DataAdapter 对象(jBQKTableAdapter)和一个 JBQK 表的数据绑定源(jBQKBindingSource),如图 10.14 所示。

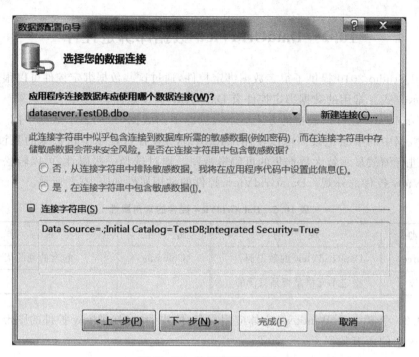

图 10.12 数据库连接界面

图 10.13 选择数据库对象界面

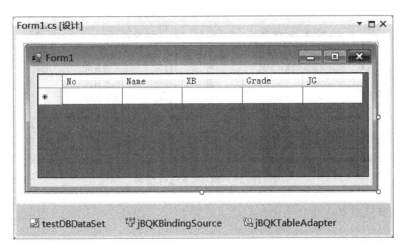

图 10.14 数据源绑定生成界面

DataGridView 的 Columns 属性表示所有的列，可以修改每一列的属性。单击 DataGridView 控件右上角的按钮，选择"编辑列"选项，进入"编辑列"对话框，如图 10.15 所示。如修改 HeaderText 属性，编辑好列属性以后，单击"确定"按钮。

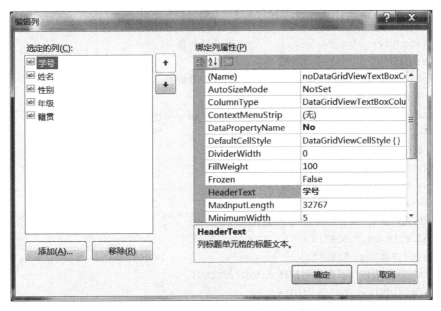

图 10.15 DataGridView"编辑列"对话框

(6) 运行结果如图 10.16 所示。

**例 10.9** 新建一个 Windows 窗体应用程序，设置 DataGridView 控件的 DataSource 属性显示 JBQK 表中的所有数据，并能够实现对数据的更新。

(1) 添加控件到窗体。在工具箱中添加一个 DataGridView 控件，三个 Button 按钮。

(2) 设置数据源。

(3) 单击"浏览"按钮，显示数据表所有信息；单击"修改"按钮，实现对数据的插入、修改和删除；单击"关闭"按钮，关闭应用程序。

图 10.16　例 10.8 运行结果

(4) 代码编写如下：

```csharp
//添加命名空间引用
using System.Data.SqlClient;
using System.Data;
//连接字符串
string conStr=@"Data Source=.;Initial Catalog=TestDB;Integrated Security=True;";
//查询字符串
string selStr=@"select No,Name,XB,Grade,JG from JBQK";
SqlConnection sqlCon;              //SQL Server 数据库的连接
SqlDataAdapter sda;                //数据适配器
DataSet ds;                        //数据集
DataTable dt;                      //内存中数据的一个表
//显示所有数据信息
private void button1_Click(object sender,EventArgs e)
{
    //数据库的一个打开的连接
    sqlCon=new SqlConnection(conStr);
    sda=new SqlDataAdapter(selStr,conStr);
    ds=new DataSet();
    //填充数据集,实质是填充 ds 中的第 0 个表
    sda.Fill(ds,"JBQK");
    dt=ds.Tables["JBQK"];
    //将 JBQK 表的信息绑定到控件 dataGridView1
    dataGridView1.DataSource=dt;
}
//通过修改绑定控件的数据,更新数据库
private void button2_Click(object sender,EventArgs e)
{
    //将 DataSet 所做的更改与关联的 SQL Server 数据库的更改相协调
    SqlCommandBuilder scb=new SqlCommandBuilder(sda);
    DialogResult result;              //信息框的返回值
    result=MessageBox.Show("确定保存修改过的数据吗?",
        "操作提示",MessageBoxButtons.OKCancel,MessageBoxIcon.Question);
    if (result==DialogResult.OK)
```

```
            {
                dt=ds.Tables["JBQK"];
                sda.Update(dt);              //更新数据库
                dt.AcceptChanges();          //接受更新
            }
    }
    //退出应用程序
    private void button3_Click(object sender,EventArgs e)
    {
        Application.Exit();
    }
```

(5) 运行结果如图 10.17 所示。

图 10.17　例 10.9 运行结果

## 10.3　数据库关联综合项目

**例 10.10**　新建一个 Windows 窗体应用程序，设置 DataGridView 控件的 DataSource 属性显示 JBQK 表中的所有数据，并能够实现对数据按照某个字段的排序以及完成数据的更新。

(1) 添加控件到窗体。窗体设计效果如图 10.18 所示。

(2) 编写类文件 DBCon.cs，实现对数据表中的数据的查询、增加、修改和删除，以及通过对数据绑定控件的更新实现数据表的更新。

(3) 在 Form.cs 代码页面调用 DBCon 类中的相应方法，实现对数据表的操作。

(4) 代码编写如下：

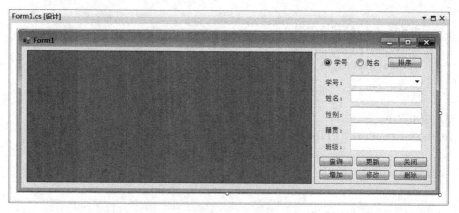

图 10.18　例 10.10 设计效果

```
//类文件 DBCon.cs
//添加命名空间引用
using System.Data.SqlClient;
using System.Data;
using System.Windows.Forms;
class DBCon
{
    //连接字符串
    public string strCon = @" Data Source =.; Initial Catalog = TestDB; Integrated Security=True";
    public SqlConnection sqlCon=new SqlConnection ();         //SQL Server 数据库的连接
    public SqlDataAdapter sda=new SqlDataAdapter ();          //数据适配器
    public DataSet ds=new DataSet ();                         //数据集
    public DataTable dt=new DataTable ();                     //内存中数据的一个表
    public SqlDataReader sdr;                                 //SQL 数据阅读器
    //数据库连接方法
    public void dbcon()
    {
        try
        {
            //数据库的一个打开的连接
            sqlCon=new SqlConnection(strCon);
        }
        catch (Exception e)
        {
            MessageBox .Show ("数据库连接不成功："+e.ToString ());
        }
    }
    //填充数据集方法
    public void dbFill(string selstr)
    {
        dt.Clear();                                           //清空数据表
```

```csharp
        sda=new SqlDataAdapter(selstr,strCon);
        //填充数据集,实质是填充 ds 中的第 0 个表
        sda.Fill(ds,"JBQK");
        dt=ds.Tables["JBQK"];
    }
    //判断数据查询是否成功方法
    public void dbSelect(string showInfo)
    {
        sqlCon.Open();
        SqlCommand sqlcmd=new SqlCommand(showInfo,sqlCon);
        sdr=sqlcmd.ExecuteReader();
    }
    //数据插入数据库方法
    public void dbInsert(string insertInfo)
    {
        sqlCon.Open();
        SqlCommand sqlcmd=new SqlCommand(insertInfo,sqlCon);
        try
        {
            sqlcmd.ExecuteNonQuery();
        }
        catch(Exception e)
        {
            MessageBox.Show("数据插入失败"+e.ToString());
        }
        sqlCon.Close();
    }
    //数据集的更新与数据库关联方法
    public void dbGridViewUpd()
    {
        //将 DataSet 所做的更改与关联的 SQL Server 数据库的更改相协调
        SqlCommandBuilder scb=new SqlCommandBuilder(sda);
        DialogResult result;                        //信息框的返回值
        result=MessageBox.Show("确定保存修改过的数据吗?",
            "操作提示",MessageBoxButtons.OKCancel,MessageBoxIcon.Question);
        if (result==DialogResult.OK)
        {
            dt=ds.Tables["JBQK"];
            sda.Update(dt);                         //更新数据库
            dt.AcceptChanges();                     //接受更新
        }
    }
    //数据修改方法
    public void dbUpdate(string updStr)
    {
```

```csharp
            sqlCon.Open();
            SqlCommand sqlcmd=new SqlCommand(updStr,sqlCon);
            try
            {
                sqlcmd.ExecuteNonQuery();
                MessageBox.Show("数据修改成功!");
            }
            catch (Exception e)
            {
                MessageBox.Show("数据修改失败"+e.ToString ());
            }
            sqlCon.Close();
        }
        //数据删除方法
        public void dbDelete(string delStr)
        {
            sqlCon.Open();
            SqlCommand sqlcmd=new SqlCommand(delStr,sqlCon);
            try
            {
                sqlcmd.ExecuteNonQuery();
                MessageBox.Show("数据删除成功!");
            }
            catch (Exception e)
            {
                MessageBox.Show("数据删除失败"+e.ToString());
            }
            sqlCon.Close();
        }
}
//窗体代码文件 Form1.cs
//查询字符串
string selStr=@"select No,Name,XB,Grade,JG from JBQK";
DBCon db=new DBCon ();                              //公共类 DBCon.cs
//Form1 加载是填充"学号"列
private void Form1_Load(object sender,EventArgs e)
{
    db.dbcon();
    db.dbFill(selStr);
    //将 JBQK 表的学号信息绑定到控件 comboBox1
    comboBox1.ValueMember="No";
    comboBox1.DataSource=db.dt.DefaultView;
}
//判断按照"学号"列或"姓名"列排序
private void button1_Click(object sender,EventArgs e)
```

```csharp
{
    string selOrder=selStr;
    dataGridView1.Refresh();
    if (radioButton1.Checked)                          //按"学号"排序
    {
        selOrder=selStr+"order by No";
    }
    else                                                //按"姓名"排序
    {
        selOrder=selStr+"order by Name";
    }
    db.dbcon();
    db.dbFill(selOrder);
    dataGridView1.DataSource=db.dt;
}
//数据表与绑定控件相关联
private void button2_Click(object sender,EventArgs e)
{
    db.dbcon();
    db.dbFill(selStr);
    dataGridView1.DataSource=db.dt;
}
//将数据插入数据库
private void button3_Click(object sender,EventArgs e)
{
    db.dbcon();
    string insertInfo=
    "insert into JBQK(No,Name,XB,JG,Grade) values('"+comboBox1 .Text +"','"+
    textBox1 .Text +"','"+textBox2 .Text +"','"+textBox3 .Text +"','"+
    textBox4 .Text +"')";
    db.dbInsert(insertInfo);
}
//通过组合框选择"学号",并显示与之对应的记录
private void comboBox1_SelectedIndexChanged(object sender,EventArgs e)
{
    string selInfo="select Name,XB,JG,Grade from JBQK where No='"+comboBox1.Text.
    ToString().Trim()+"'";
    db.dbcon();
    db.dbSelect(selInfo);
    while (db.sdr.Read())
    {
        textBox1.Text=db.sdr["Name"].ToString();
        textBox2.Text=db.sdr["XB"].ToString();
        textBox3.Text=db.sdr["JG"].ToString();
        textBox4.Text=db.sdr["Grade"].ToString();
```

```
    }
}
//修改数据
private void button4_Click(object sender,EventArgs e)
{
    db.dbcon();
    string strUpd="update JBQK set Name='"+textBox1.Text.Trim()+"',XB='"+
    textBox2.Text.Trim()+"',JG='"+textBox3.Text.Trim()+"' where No='"+
    comboBox1.Text.Trim()+"'";
    db.dbUpdate(strUpd);
}
//删除数据
private void button5_Click(object sender,EventArgs e)
{
    db.dbcon();
    string strUpd="delete from JBQK where No='"+comboBox1.Text.Trim()+"'";
    db.dbDelete(strUpd);
}
//通过更新绑定控件的内容,更改数据库
private void button6_Click(object sender,EventArgs e)
{
    db.dbcon();
    db.dbGridViewUpd();
}
//退出应用程序
private void button7_Click(object sender,EventArgs e)
{
    Application.Exit();
}
```

(5) 运行结果如图 10.19 所示。

(a) 按姓名排序

图 10.19 例 10.10 运行结果

(b) 修改数据

(c) 更新数据库

图 10.19(续)

# 小　　结

本章主要介绍了数据库的访问与数据库操作技术——ADO.NET 技术，包括 Connection 对象、Command 对象、DataReader 对象、DataAdapter 和 DataSet 对象，以及数据绑定控件的使用。本章需要掌握的知识点和难点如下。

(1) 掌握 ADO.NET 的基本概念。

(2) 掌握使用 Connection 实现数据库的连接。

(3) 熟练使用 Command、DataReader 对数据进行读取操作。

(4) 掌握 DataAdapter 对数据库的存取操作。

(5) 了解虚拟数据集 DataSet 的结构及使用。

(6) 了解 DataTable、DataColumn、DataRow、DataView 的创建及使用。

# 第 11 章 TCP/UDP 网络编程

网络编程是为了实现通过网络协议,使本地计算机可以直接或间接地与其他计算机进行通信。本章要求理解 TCP 和 UDP,掌握 C# 中 TCP/UDP 编程的主要类 TcpClient、TcpListener、UdpClient 及其编程方法;了解多播原理,掌握基于 UdpClient 的多播编程方法。

## 11.1 网络编程简介

目前较为流行的网络编程模型是客户/服务器(Client/Server)结构,如图 11.1 所示。在通信的双方中,一方作为服务器等待客户提出请求并予以响应,另一方客户端在需要服务时向服务器提出申请。服务器一般作为守护进程始终运行,监听网络端口,一旦有客户请求,就会启动一个服务进程来响应该客户,同时自己继续监听服务端口,使后来的客户也能及时得到服务。

图 11.1 客户/服务器结构

### 11.1.1 TCP/IP

TCP 是 Transfer Control Protocol 的简称,是一种面向连接的保证可靠传输的协议。通过 TCP 传输,得到的是一个按顺序写的、无差错的数据流。正因为这样,使 TCP 成为传输层最常用的协议,同时也是一个比较复杂的协议,它提供了传输层几乎所有的功能。因此和 IP 一样,成为 TCP/IP 协议族中最重要的协议之一。其主要特点如下表。

(1)向应用程序提供面向连接的服务,两个需要通过 TCP 进行数据传输的应用进程之间首先必须建立一个 TCP 连接,并且在数据传输完成后要释放连接。一般将请求连接的应用进程称为客户进程,而响应连接请求的应用进程称为服务器进程,即 TCP 连接的建立采用的是一种客户/服务器的工作模型。

(2)提供全双工数据传输服务,只要建立了 TCP 连接,就能在两个应用进程间进行双向的数据传输服务,但是这种传输只是端到端的传输,不支持广播和多播。

(3)提供面向字节流的服务,即 TCP 的数据传输是面向字节流的,两个建立了 TCP 连接的应用进程之间交换的是字节流。发送进程以字节流形式发送数据,接收进程也把数据作为字节流来接收。端到端之间不保留数据记录的边界,也就是说,在传输的层面上不存在数据记录的概念。

## 11.1.2 UDP/IP

用户数据报协议是 User Datagram Protocol 的简称,是一种无连接的协议,每个数据报都是一个独立的信息,包括完整的源地址或目的地址,它在网络上以任何可能的路径传往目的地,因此能否到达目的地,到达目的地的时间以及内容的正确性都是不能被保证的。因此,UDP 是一种非常简单的协议,在网络层的基础上实现了应用进程之间端到端的通信。UDP 具有如下特点。

(1) UDP 是一个无连接协议,传输数据之前信源和信宿不需要建立连接,因此不存在连接建立的时延。在信源端,UDP 传送数据的速度仅受应用程序生成数据的速度、计算机的能力和传输带宽的限制;在信宿端,UDP 把每个数据报放在队列中,应用程序每次从队列中读一个数据报。

(2) 由于传输数据不需要建立连接,也就不需要维护连接,包括收发状态等,这样一台服务器可同时向多个客户机传输相同的数据,例如实现多播。

(3) UDP 数据报的首部很短,只有 8 字节,相对于 TCP 的 20 字节首部的开销要小很多。

(4) 吞吐量不受流量控制算法的调节,只受应用软件生成数据的速率、传输带宽、信源和信宿主机性能的限制。

## 11.1.3 套接字——Socket 类

套接字(Socket)可以理解为编写网络通信软件的函数库,在套接字中封装了为进行网络通信而设计的一组公共函数,网络通信软件通过调用这些公共函数,完成和运行在联网的其他计算机中的指定网络通信软件间的双向通信。在 .NET 中,System.Net.Sockets 命名空间为开发人员提供了开发基于 Socket 套接字的网络通信程序的一些类,包括 Socket 类、TcpClient 类、TcpListener 类和 UdClient 类,如果开发基于 TCP/IP 的网络通信程序,可以使用 TcpClient 类、TcpListener 类和 UdpClient 类,使用上比较简单;如果为了提高效率或者采用其他网络通信协议,可以采用 Socket 类。

Socket 类为网络通信提供了一套丰富的方法和属性,主要用于管理连接,实现 Berkeley 通信端套接字接口。同时,它还定义了绑定、连接网络端点及传输数据所需的各种方法,提供处理端点连接传输等细节所需要的功能。Socket 类的常用属性及方法如表 11.1 所示。

表 11.1 Socket 类的常用属性和方法

| 属 性 | 说 明 |
| --- | --- |
| AddressFamily | 获取 Socket 的地址族 |
| Available | 获取已经从网络接收且可供读取的数据量 |
| Connected | 获取一个值,该值指示 Socket 是在上次 Send 还是 Receive 操作时连接到远程主机 |
| Handle | 获取 Socket 的操作系统句柄 |
| LocalEndPoint | 获取本地终结点 |
| ProtocolType | 获取 Socket 的协议类型 |

续表

| 属 性 | 说 明 |
| --- | --- |
| RemoteEndPoint | 获取远程终结点 |
| SendTimeout | 获取或设置一个值,该值指定之后同步 Send 调用将超时的时间长度 |

| 方 法 | 说 明 |
| --- | --- |
| Accept | 为新建连接创建新的 Socket |
| BeginAccept | 开始一个异步操作来接受一个传入的连接尝试 |
| BeginConnect | 开始一个对远程主机连接的异步请求 |
| BeginDisconnect | 开始异步请求从远程终结点断开连接 |
| BeginReceive | 开始从连接的 Socket 中异步接收数据 |
| BeginSend | 将数据异步发送到连接的 Socket |
| BeginSendFile | 将文件异步发送到连接的 Socket 对象 |
| BeginSendTo | 向特定远程主机异步发送数据 |
| Close | 关闭 Socket 连接并释放所有关联的资源 |
| Connect | 建立与远程主机的连接 |
| Disconnect | 关闭套接字连接并允许重用套接字 |
| EndAccept | 异步接受传入的连接尝试 |
| EndConnect | 结束挂起的异步连接请求 |
| EndDisconnect | 结束挂起的异步断开连接请求 |
| EndReceive | 结束挂起的异步读取 |
| EndSend | 结束挂起的异步发送 |
| EndSendFile | 结束文件的挂起异步发送 |
| EndSendTo | 结束挂起的、向指定位置进行的异步发送 |
| Listen | 将 Socket 置于侦听状态 |
| Receive | 接收来自绑定的 Socket 的数据 |
| Send | 将数据发送到连接的 Socket |
| SendFile | 将文件和可选数据异步发送到连接的 Socket |
| SendTo | 将数据发送到特定终结点 |
| Shutdown | 禁用某 Socket 上的发送和接收 |

Socket 类的构造方法定义如下:

  public Socket (AddressFamily addressFamily, SocketType socketType, ProtocoType protocolType)

其中,addressFamily 参数指定 Socket 使用的寻址方案,socketType 参数指定 Socket 的类

型，protocolType 参数指定 Socket 使用的协议。

生成基于 TCP 的 Socket 类对象的例子如下：

```
Socket s=new Socket(AddressFamily.InterNetwork,SocketType.Stream,ProtocolType.Tcp);
```

生成基于 UDP 的 Socket 类对象的例子如下：

```
Socket s=new Socket(AddressFamily.InterNetwork,SocketType.Dgram,ProtocolType.Udp);
```

一旦创建基于 TCP 连接的 Socket 类对象后，在客户端将通过 Connect 方法连接到指定的服务器，通过 Send/SendTo 方法向远程服务器发送数据，通过 Receive/ReceiveFrom 从服务端接收数据，而在服务器端，需要使用 Bind 方法将 Socket 对象绑定到本地指定的 IP 地址和端口号，使用 Listen 方法侦听客户端对该 IP 地址和端口号的连接请求，当侦听到用户端的连接时，调用 Accept 完成连接的操作，创建新的 Socket 以处理传入的连接请求。使用完 Socket 后，使用 Shutdown 方法禁用 Socket，并使用 Close 方法关闭 Socket。

下面对 Socket 类的主要方法详细介绍。

(1) BeginConnect 方法。

开始一个对远程主机连接的异步请求，主机由 IPAddress 和端口号指定，语法格式如下：

```
public IAsyncResult BeginConnect(IPAddress address, int port, AsyncCallback requestCallback, Object state)
```

(2) Bind 方法。

使 Socket 与一个本地终结点相关联，语法格式如下：

```
public void Bind(EndPoint localEP)
```

(3) Listen 方法。

将 Socket 置于侦听状态，语法格式如下：

```
public void Listen(int backlog)
```

**例 11.1** 使用 Socket 类的 Listen 方法来侦听传入的连接。

① 代码编写如下：

```
//添加命名空间引用
using System.Net.Sockets;
using System.Net;
static void Main(string[] args)
{
    Socket listenSocket=new Socket(AddressFamily.InterNetwork,
    SocketType.Stream,ProtocolType.Tcp);
    //绑定套接字监听的端口
    IPAddress hostIP=(Dns.Resolve(IPAddress.Any.ToString())).AddressList[0];
    IPEndPoint ep=new IPEndPoint(hostIP,1000);
    listenSocket.Bind(ep);
    //开始监听
    listenSocket.Listen(10);
```

```
Console.WriteLine("IPAddress="+hostIP.ToString ());
Console.WriteLine("IPEndPoint="+ep.ToString ());
Console.Read();
}
```

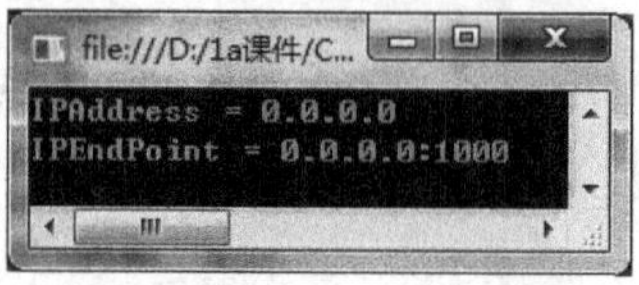

② 运行结果如图 11.2 所示。

(4) SendTo 方法。

将数据发送到指定的终结点,语法格式如下:

图 11.2  例 11.1 运行结果

```
public int SendTo(byte[] buffer, EndPoint remoteEP)
```

**例 11.2**  创建一个 Windows 应用程序,向默认窗体中添加两个 TextBox 控件和一个 Button 控件,其中,TextBox 控件分别用来输入要连接的主机及端口号,Button 控件用来连接远程主机,并获得其上的主页面内容。

① 代码编写如下:

```
private static Socket ConnectSocket(string server,int port)
{
    Socket socket=null;                        //实例化 Socket 对象,并初始化为空
    IPHostEntry iphostentry=null;              //实例化 IPHostEntry 对象,并初始化为空
    iphostentry=Dns.GetHostEntry (server.Trim ());    //获得主机信息
    //循环遍历得到的 IP 地址列表
    foreach (IPAddress address in iphostentry.AddressList)
    {
        //使用指定的 IP 地址和端口号实例化 IPEndPoint 对象
        IPEndPoint IPEPoint=new IPEndPoint(address,port);
        //使用 Socket 的构造函数实例化一个 Socket 对象,以便用来连接远程主机
        Socket newSocket=new Socket(IPEPoint.AddressFamily,
        SocketType.Stream,ProtocolType.Tcp);
        newSocket.Connect(IPEPoint);        //调用 Connect 方法连接远程主机
        if (newSocket.Connected)
        {
            socket=newSocket;
            break;
        }
        else
        {
            continue;
        }
    }
    return socket;
}
//获取指定服务器的主页面内容
private static string SocketSendReceive(string server,int port)
{
    string request=@"GET/HTTP/1.1\n 主机: "+server+@"\连接: 关闭\n";
    Byte[] btSend=Encoding.ASCII.GetBytes(request);
```

```
        Byte[] btReceived=new Byte[256];
        //调用自定义方法 ConnectSocket,使用指定的服务器名和端口号实例化一个 Socket 对象
        Socket socket=ConnectSocket(server,port);
        if (socket==null)
        return ("连接失败!");
        //将请求发送到连接的服务器
        socket.Send(btSend,btSend.Length,0);
        int intContent=0;
        string strContent=server+"上的默认页面内容:\n";
        do
        {
            //从绑定的 Socket 接收数据
            intContent=socket.Receive(btReceived,btReceived.Length,0);
            //将接收到的数据转换为字符串类型
            strContent +=Encoding.ASCII.GetString(btReceived,0,intContent);
        }
        while (intContent>0);
        return strContent;
}
private void button1_Click(object sender,EventArgs e)
{
    string server=textBox1.Text;                //指定主机名
    int port=Convert.ToInt32(textBox2.Text);    //指定端口号
    //调用自定义方法 SocketSendReceive 获取指定主机的主页面内容
    string strContent=SocketSendReceive(server,port);
    MessageBox.Show(strContent);
}
```

② 运行结果如图 11.3 所示。

(a) 输入主机名和端口号　　　　　　　　(b) 默认页面内容

图 11.3　例 11.2 运行结果

## 11.2 TCP 网络编程

在 System.Net.Sockets 命名空间下，TcpClient 类与 TcpListener 类是两个专门用于 TCP 编程的类。这两个类封闭了底层的套接字，并分别提供了对 Socket 进行封装后的同步和异步操作方法，降低了 TCP 应用编程的难度。

### 11.2.1 TcpClient 类和 TcpListener 类

TcpClient 类用于在同步阻止模式下通过网络来连接、发送和接收流数据。为使 TcpClient 类连接并交换数据，使用 TCP ProtocolType 类创建的 TcpListener 实例或 Socket 实例必须侦听是否有传入的连接请求。可以使用下面两种方法之一连接到该侦听器。

方法一：创建一个 TcpClient，并调用三个可用的 Connection 方法之一。

方法二：使用远程主机的主机名和端口号创建 TcpClient，此构造函数将自动尝试一个连接。

TcpListener 类用于阻止同步模式下侦听和接受传入的连接请求。可以使用 TcpClient 类或 Socket 类来连接 TcpListener，并且可以使用 IPEndPoint、本地 IP 地址及端口号或者仅使用端口号来创建 TcpListener 实例对象。

TcpClient 类的常用属性及方法如表 11.2 所示。

表 11.2 TcpClient 类的常用属性和方法

| 属 性 | 说 明 |
| --- | --- |
| Available | 获取已经从网络接收且可供读取的数据量 |
| Client | 获取或设置基础 Socket |
| Connected | 获取一个值，该值指示 TcpClient 的基础 Socket 是否已连接到远程主机 |
| ReceiveBufferSize | 获取或设置接收缓冲区的大小 |
| ReceiveTimeout | 获取或设置在初始化一个读取操作以后 TcpClient 等待接收数据的时间量 |
| SendBufferSize | 获取或设置发送缓冲区的大小 |
| SendTimeout | 获取或设置 TcpClient 等待发送操作成功完成的时间量 |
| 方 法 | 说 明 |
| BeginConnect | 开始一个对远程主机连接的异步请求 |
| Close | 释放此 TcpClient 实例，而不关闭基础连接 |
| Connect | 使用指定的主机名和端口号将客户端连接到 TCP 主机 |
| EndConnect | 异步接受传入的连接尝试 |
| GetStream | 返回用于发送和接收数据的 NetworkStream |

下面对 TcpClient 类中主要的方法详细介绍。

(1) Conncet 方法。

使用指定的 IP 地址和端口号将客户端连接到 TCP 主机，语法格式如下：

```
public void connect(IPAddress address, int port)
```

**例 11.3** 通过 Connection 方法连接 office.microsoft.com 站点，端口号是 80 的主机。

① 代码编写如下：

```
static void Main(string[] args)
{
    TcpClient tcpClient=new TcpClient();
    IPAddress ipAddress = Dns.GetHostEntry("office.microsoft.com").AddressList
    [0];
    tcpClient.Connect(ipAddress,80);
    Console.WriteLine("IPAddress="+ipAddress .ToString ());
    Console.Read();
}
```

② 运行结果如图 11.4 所示。

（2）GetStream 方法。

返回用于发送和接收数据的 NetworkStream，语法格式如下：

图 11.4　例 11.3 运行结果

```
public NetworkStream GetStream()
```

**例 11.4** 通过 GetStream 方法获取网络传输的数据流。

代码编写如下：

```
TcpClient tcpClient=tcpListener.AcceptTcpClient();   //接受连接请求
NetworkStream nstream=tcpClient.GetStream();         //获取数据流
byte[] mbyte=new byte[1024];                         //建立缓存
int i=nstream.Read(mbyte,0,mbyte .Length);           //将数据流写入缓存
```

TcpListener 类的常用属性及方法如表 11.3 所示。

表 11.3　TcpListener 类的常用属性和方法

| 属　性 | 说　明 |
| --- | --- |
| LocalEndpoint | 获取当前 TcpListener 的基础 EndPoint |
| Server | 获取基础网络 Socket |
| 方　法 | 说　明 |
| AcceptSocket/AcceptTcpClient | 接受挂起的连接请求 |
| BeginAcceptSocket/BeginAcceptTcpClient | 开始一个异步操作来接受一个传入的连接尝试 |
| EndAcceptSocket | 异步接受传入的连接尝试，并创建新的 Socket 来处理远程主机通信 |
| EndAcceptTcpClient | 异步接受传入的连接尝试，并创建新的 TcpClient 来处理主机通信 |
| Start | 开始侦听传入的连接请求 |
| Stop | 关闭侦听器 |

下面对 TcpListener 类中的主要方法详细介绍。

（1）AcceptTcpClient 方法。

接受挂起的连接请求，语法格式如下：

```
public TcpClient AcceptTcpClient()
```

**例 11.5**　通过 AcceptTcpClient 方法实例化 TcpClient 对象。

代码如下：

```
int port=13000;
TcpListener server=new TcpListener(IPAddress.Any,port);
server.Start();
byte[] bytes=new byte[1024];
TcpClient client=server.AcceptTcpClient();
NetworkStream stream=client.GetStream();
```

（2）Start 方法。

开始侦听传入的连接请求，语法格式如下：

```
public void start()
```

**例 11.6**　使用 TcpListener 类的 Start 方法开启侦听器。

代码如下：

```
int port=13000;
TcpListener server=new TcpListener(IPAddress.Any,port);
server.Start();
```

（3）Stop 方法。

关闭侦听器，语法格式如下：

```
public void stop()
```

**例 11.7**　当窗体关闭时，调用 Stop 方法关闭侦听器。

代码如下：

```
private void Form1_FormClosed(object sender,FormClosedEventArgs e)
{
    if (this.tcpListener !=null)
    {
        tcpListener.Stop();
    }
    else
    {
        MessageBox.Show("侦听器关闭失败！");
    }
}
```

**例 11.8**　创建一个 Windows 应用程序，向默认窗体中添加两个 TextBox 控件、一个

Button 控件和一个 RichTextBox 控件,其中,TextBox 控件分别用来输入要连接的主机及端口号,Button 控件用来执行连接远程主机操作,RichTextBox 控件用来显示远程主机的连接状态。

① 实例化 TcpListener 对象和 IPAddress 对象。
② 实例化 TcpClient 对象。
③ 开始 TcpListener 侦听。
④ 关闭 TcpClient 连接,停止 TcpListener 侦听。
⑤ 代码编写如下:

```
private void button1_Click(object sender,EventArgs e)
{
    //实例化一个 TcpListener 对象,并初始化为空
    TcpListener tcplistener=null;
    //实例化一个 IPAddress 对象,用来表示网络 IP 地址
    IPAddress ipaddress=IPAddress.Parse(textBox1.Text.Trim ());
    //定义一个 int 类型变量,用来存储端口号
    int port=Convert.ToInt32(textBox2.Text.Trim());
    //初始化 TcpListener 对象
    tcplistener=new TcpListener(ipaddress,port);
    tcplistener.Start();                 //开始 TcpListener 侦听
    richTextBox1.Text="等待连接……\n";
    //实例化一个 TcpClient 对象,并初始化为空
    TcpClient tcpclient=null;
    if (tcplistener.Pending())           //判断是否有挂起的连接请求
    //使用 AcceptTcpClient 初始化 TcpClient 对象
    tcpclient=tcplistener.AcceptTcpClient();
    else
    //使用 TcpClient 的构造函数初始化 TcpClient 对象
    tcpclient=new TcpClient(textBox1.Text.Trim(),port);
    richTextBox1.Text +="连接成功!\n";
    tcpclient.Close();                   //关闭 TcpClient 连接
    tcplistener.Stop();                  //停止 TcpListener 侦听
}
```

⑥ 运行结果如图 11.5 所示。

图 11.5　例 11.8 运行结果

## 11.2.2 基于 TCP 的网络通信

网上聊天程序是一种应用非常广泛的 Internet 通信程序，利用这种通信程序可以实现远距离的实时通信。

**例 11.9** 创建一个 Windows 窗体应用程序，在默认窗体中设计一个 GroupBox 控件、一个 Label 控件、一个 Button 控件以及两个 RichTextBox 控件到该窗体上。实现服务器端聊天及客户端聊天功能。服务器端窗体设计和客户端窗体设计如图 11.6 所示。

(a) 服务器端聊天程序窗体设计　　　　　　(b) 客户端聊天程序窗体设计

图 11.6　例 11.9 窗体设计界面

（1）在文件头添加命名空间引用。
（2）服务器端代码编写如下：

```
//添加新的名称空间引用
using System.IO;
using System.Net;
using System.Net.Sockets;
using System.Threading;
namespace ChatServer
{
    public partial class Form1 : Form
    {
        public Form1()
        {
            InitializeComponent();
            CheckForIllegalCrossThreadCalls=false;     //禁用此异常
        }
        //客户机与服务器之间的连接状态
        private bool bConnected=false;
        //侦听线程
        private Thread tAcceptMsg=null;
```

```csharp
//用于Socket通信的IP地址和端口
private IPEndPoint IPP=null;
//Socket通信
private Socket socket=null;
private Socket clientSocket=null;
//网络访问的基础数据流
private NetworkStream nStream=null;
//创建读取器
private TextReader tReader=null;
//创建编写器
private TextWriter wReader=null;
//显示信息
public void AcceptMessage()
{
    //接受客户机的连接请求
    clientSocket=socket.Accept();
    if (clientSocket !=null)
    {
        bConnected=true;
        this.label1.Text="与客户 "+clientSocket.RemoteEndPoint.ToString()+
            "成功建立连接。";
    }
    nStream=new NetworkStream(clientSocket);
    //读字节流
    tReader=new StreamReader(nStream);
    //写字节流
    wReader=new StreamWriter(nStream);
    string sTemp;                                //临时存储读取的字符串
    while (bConnected)
    {
        try
        {
            //连续从当前流中读取字符串直至结束
            sTemp=tReader.ReadLine();
            if (sTemp.Length !=0)
            {
                //richTextBox2_KeyPress()和AcceptMessage()
                //都将向richTextBox1写字符,可能访问有冲突,
                //所以,需要多线程互斥
                lock (this)
                {
                    richTextBox1.Text="客户机: "+sTemp+"\n"+
                        richTextBox1.Text;
                }
            }
```

```csharp
            }
            catch
            {
                tAcceptMsg.Abort();
                MessageBox.Show("无法与客户机通信。");
            }
        }
        //禁止当前 Socket 上的发送与接收
        clientSocket.Shutdown(SocketShutdown.Both);
        //关闭 Socket,并释放所有关联的资源
        clientSocket.Close();
        socket.Shutdown(SocketShutdown.Both);
        socket.Close();
    }
    //启动侦听并显示聊天信息
    private void button1_Click(object sender,EventArgs e)
    {
        //服务器侦听端口可预先指定(此处使用了最大端口值)
        //Any 表示服务器应侦听所有网络接口上的客户活动
        IPP=new IPEndPoint(IPAddress.Any,65535);
        socket=new Socket(AddressFamily.InterNetwork,SocketType.Stream,
            ProtocolType.Tcp);
        socket.Bind(IPP);                           //关联(绑定)节点
        socket.Listen(0);                           //0 表示连接数量不限
        //创建侦听线程
        tAcceptMsg=new Thread(new ThreadStart(this.AcceptMessage));
        tAcceptMsg.Start();
        button1.Enabled=false;
    }
    //发送信息
    private void richTextBox2_KeyPress(object sender,KeyPressEventArgs e)
    {
        if (e.KeyChar==(char)13)                    //按下的是回车键
        {
            if (bConnected)
            {
                try
                {
                    //richTextBox2_KeyPress()和 AcceptMessage()
                    //都将向 richTextBox1 写字符,可能访问有冲突,所以,需要多线程互斥
                    lock (this)
                    {
                        richTextBox1.Text="服务器: "+richTextBox2.Text+
                            richTextBox1.Text;
                        //客户机聊天信息写入网络流,以便服务器接收
```

```csharp
                        wReader.WriteLine(richTextBox2.Text);
                        //清理当前缓冲区,使所有缓冲数据写入基础设备
                        wReader.Flush();
                        //发送成功后,清空输入框并聚集之
                        richTextBox2.Text="";
                        richTextBox2.Focus();
                    }
                }
                catch
                {
                    MessageBox.Show("无法与客户机通信!");
                }
            }
            else
            {
                MessageBox.Show("未与客户机建立连接,不能通信。");
            }
        }
    }
    //关闭窗体时断开 socket 连接,并终止线程(否则,VS 调试程序将仍处于运行状态)
    private void Form1_FormClosing(object sender,FormClosingEventArgs e)
    {
        try
        {
            socket.Close();
            tAcceptMsg.Abort();
        }
        catch
        {}
    }
}
```

(3) 客户器端代码编写如下:

```csharp
//添加新的名称空间引用
using System.IO;
using System.Net;
using System.Net.Sockets;
using System.Threading;
namespace ChatClient
{
    public partial class Form1 : Form
    {
        public Form1()
        {
```

```csharp
    InitializeComponent();
    CheckForIllegalCrossThreadCalls=false;      //禁用此异常
}
//客户机与服务器之间的连接状态
public bool bConnected=false;
//侦听线程
public Thread tAcceptMsg=null;
//用于 Socket 通信的 IP 地址和端口
public IPEndPoint IPP=null;
//Socket 通信
public Socket socket=null;
//网络访问的基础数据流
public NetworkStream nStream=null;
//创建读取器
public TextReader tReader=null;
//创建编写器
public TextWriter wReader=null;
//显示信息
public void AcceptMessage()
{
    string sTemp;                               //临时存储读取的字符串
    while(bConnected)
    {
        try
        {
            //连续从当前流中读取字符串直至结束
            sTemp=tReader.ReadLine();
            if (sTemp.Length !=0)
            {
                //richTextBox2_KeyPress()和 AcceptMessage()
                //都将向 richTextBox1 写字符,可能访问有冲突,所以,需要多线程互斥
                lock (this)
                {
                    richTextBox1.Text="服务器:"+sTemp+"\n"+
                        richTextBox1.Text;
                }
            }
        }
        catch
        {
            MessageBox.Show("无法与服务器通信。");
        }
    }
    //禁止当前 Socket 上的发送与接收
    socket.Shutdown(SocketShutdown.Both);
```

```csharp
        //关闭Socket,并释放所有关联的资源
        socket.Close();
}
//创建与服务器的连接,侦听并显示聊天信息
private void button1_Click(object sender,EventArgs e)
{
    try
    {
        IPP=new IPEndPoint(IPAddress.Parse(textBox1.Text),
            int.Parse(textBox2.Text));
        socket=new Socket(AddressFamily.InterNetwork,SocketType.Stream,
            ProtocolType.Tcp);
        socket.Connect(IPP);
        if (socket.Connected)
        {
            nStream=new NetworkStream(socket);
            tReader=new StreamReader(nStream);
            wReader=new StreamWriter(nStream);
            tAcceptMsg=new Thread(new ThreadStart(this.AcceptMessage));
            tAcceptMsg.Start();
            bConnected=true;
            button1.Enabled=false;
            MessageBox.Show("与服务器成功建立连接,可以通信。");
        }
    }
    catch
    {
        MessageBox.Show("无法与服务器通信。");
    }
}
//发送信息
private void richTextBox2_KeyPress(object sender,KeyPressEventArgs e)
{
    if (e.KeyChar==(char)13)                      //按下的是回车键
    {
        if (bConnected)
        {
            try
            {
                //richTextBox2_KeyPress()和 AcceptMessage()
                //都将向 richTextBox1写字符,可能访问有冲突,所以,需要多线程互斥
                lock (this)
                {
                    richTextBox1.Text="客户机: "+richTextBox2.Text+
                        richTextBox1.Text;
                    //客户机聊天信息写入网络流,以便服务器接收
                    wReader.WriteLine(richTextBox2.Text);
```

```
                    //清理当前缓冲区数据,使所有缓冲数据写入基础设备
                    wReader.Flush();
                    //发送成功后,清空输入框并聚集之
                    richTextBox2.Text="";
                    richTextBox2.Focus();
                }
            }
            catch
            {
                MessageBox.Show("与服务器连接断开。");
            }
        }
        else
        {
            MessageBox.Show("未与服务器建立连接,不能通信。");
        }
    }
}
//关闭窗体时断开 socket 连接,并终止线程(否则,VS 调试程序将仍处于运行状态)
private void Form1_FormClosing(object sender,FormClosingEventArgs e)
{
    try
    {
        socket.Close();
        tAcceptMsg.Abort();
    }
    catch
    {}
    }
}
```

(4) 运行结果如图 11.7 所示。

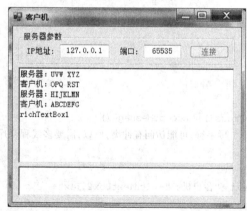
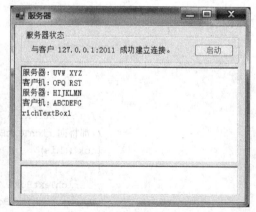

(a) 启动客户机          (b) 启动服务器

图 11.7 例 11.9 运行结果

## 11.3 UDP 网络编程

UDP 是一个简单的、面向数据报的无连接协议，提供了快速但不一定可靠的传输服务。UDP 与 TCP 比较，其优缺点如下。

优点：无连接（速度快）、可用于广播（组播）、消耗网络带宽小。

缺点：不可靠、安全性差、不保证报文顺序交付。

编写 UDP 程序时，可以直接使用 Socket 类，也可以使用 UdpClient 类。其中 UdpClient 类对基础 Socket 进行了封装，发送和接收数据时不必考虑底层套接字收发时必须处理的一些细节问题，从而简化了 UDP 应用程序的难度，提高了编程效率。

### 11.3.1 UdpClient 类

UdpClient 类用于在阻止同步模式下发送和接收无连接 UDP 数据报。因为 UDP 是无连接传输协议，所以不需要在发送和接收数据前建立远程主机连接，但可以选择使用下面两种方法之一来建立默认远程主机。

方法一：使用远程主机名和端口号作为参数创建 UdpClient 类的实例。

方法二：创建 UdpClient 类的实例，然后调用 Connect 方法。

UdpClient 类的常用属性及方法如表 11.4 所示。

表 11.4 UdpClient 类的常用属性和方法

| 属 性 | 说 明 |
| --- | --- |
| Available | 获取从网络接收的可读取的数据量 |
| Client | 获取或设置基础网络 Socket |
| 方 法 | 说 明 |
| BeginReceive | 从远程主机异步接收数据报 |
| BeginSend | 将数据报异步发送到远程主机 |
| Close | 关闭 UDP 连接 |
| Connect | 建立默认远程主机 |
| EndReceive | 结束挂起的异步接收 |
| EndSend | 结束挂起的异步发送 |
| Receive | 返回已由远程主机发送的 UDP 数据报 |
| Send | 将 UDP 数据报发送到远程主机 |

下面对 UdpClient 类中主要的方法详细介绍。

(1) Connect 方法。

使用指定的 IP 地址和端口号建立默认远程主机，语法格式如下：

```
public void Connect(IPAddress addr, int port)
```

(2) Close 方法。

关闭 UDP 连接，语法格式如下：

```
public void Close()
```

(3) Receive 方法。

返回已由远程主机发送的 UDP 数据报，语法格式如下：

```
public byte[] Receive(ref IPEndPoint remoteEP)
```

(4) Send 方法。

将 UDP 数据报发送到位于指定远程终结点的主机，语法格式如下：

```
public int Send(byte[] dgram, int bytes, IPEndPoint endPoint)
```

**例 11.10** 创建一个 Windows 应用程序，向默认窗体中添加三个 TextBox 控件、一个 Button 控件和一个 RichTextBox 控件，其中，TextBox 控件分别用来输入远程主机名、端口号及要发送的信息，Button 控件用来向指定的主机发送信息，RichTextBox 控件用来显示接收到的信息。

(1) 实例化 UdpClient 对象和 IPAddress 对象。

(2) 分别调用 Connect 方法、Send 方法。

(3) 实例化 IPEndPoint 对象。

(4) 调用 Receive 方法。

(5) 关闭 UdpClient 连接。

(6) 代码编写如下：

```csharp
private void button1_Click(object sender,EventArgs e)
{
    richTextBox1.Text=string.Empty;
    //实例化 UdpClient 对象
    UdpClient udpclient=new UdpClient(Convert.ToInt32(textBox2.Text));
    //调用 UdpClient 对象的 Connect 建立默认远程主机
    udpclient.Connect(textBox1.Text,Convert.ToInt32(textBox2.Text));
    //定义一个字节数组,用来存放发送到远程主机的信息
    Byte[] sendBytes=Encoding.Default.GetBytes(textBox3.Text);
    //调用 UdpClient 对象的 Send 方法将 UDP 数据报发送到远程主机
    udpclient.Send(sendBytes,sendBytes.Length);
    //实例化 IPEndPoint 对象,用来显示响应主机的标识
    IPEndPoint ipendpoint=new IPEndPoint(IPAddress.Any,0);
    //调用 UdpClient 对象的 Receive 方法获得从远程主机返回的 UDP 数据报
    Byte[] receiveBytes=udpclient.Receive(ref ipendpoint);
    //将获得的 UDP 数据报转换为字符串形式
    string returData=Encoding.Default.GetString(receiveBytes);
    richTextBox1.Text="接收到的信息："+returData.ToString();
    //使用 IPEndPoint 对象的 Address 和 Port 属性获得响应主机的 IP 地址和端口号
    richTextBox1.Text +="\n这条信息来自主机"+ipendpoint.Address.ToString()+
```

```
"上的"+ipendpoint.Port.ToString()+"端口";
//关闭 UdpClient 连接
udpclient.Close();
}
```

(7) 运行结果如图 11.8 所示。

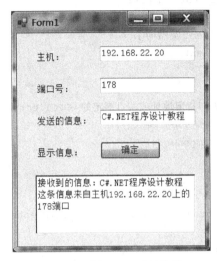

图 11.8　例 11.10 运行结果

## 11.3.2　基于 UDP 的网络通信

**例 11.11**　创建一个 Windows 窗体应用程序,在默认窗体中设计一个 TextBox 控件和一个 Button 控件到该窗体上。实现一个简单的网络数据发送与接收功能。发送方和接收方的 UDP 窗体设计如图 11.9 所示。

(a) 发送方的UDP程序窗体设计

(b) 接收方的UDP程序窗体设计

图 11.9　例 11.11 窗体设计界面

(1) 在文件头添加命名空间引用。
(2) 发送方程序设计代码编写如下:

```csharp
//添加新的命名空间引用
using System.Net;
using System.Net.Sockets;
namespace UDPSend
{
    public partial class Form1 : Form
    {
        //定义一个 UDPClient 类型的字段
        UdpClient udpClient;
        public Form1()
        {
            //创建一个未与指定地址或端口绑定的 UDPClient 实例
            udpClient=new UdpClient();
            InitializeComponent();
        }

        //发送数据
        private void button1_Click(object sender,EventArgs e)
        {
            //临时存储 textBox1 中的数据
            string temp=this.textBox1.Text;
            //将 textBox1 中的数据(文本)转化为字节编码以便发送
            byte[] bData=System.Text.Encoding.UTF8.GetBytes(temp);
            //向本机的 13579 端口发送数据(方法 1)
            //udpClient.Send(bData,bData.Length,Dns.GetHostName(),13579);
            //向本机的 13579 端口发送数据(方法 2)
            //利用方法 2,可向其他计算机端口发送数据
            udpClient.Connect(IPAddress.Parse("127.0.0.1"),13579);
            udpClient.Send(bData,bData.Length);
        }
    }
}
```

（3）接收方程序设计代码编写如下：

```csharp
//添加命名空间引用
using System.Net;
using System.Net.Sockets;
using System.Threading;
namespace UDPReceive
{
    public partial class Form1 : Form
    {
        //定义一个 UDPClient 类型的字段
        UdpClient udpClient;
        //定义一个线程
```

```csharp
        Thread thread;
        public Form1()
        {
            //屏蔽异常以便跨线程访问控件
            CheckForIllegalCrossThreadCalls=false;
            InitializeComponent();
            //创建一个与指定端口绑定的UDPClient
            //实例,此端口须与发送方端口相同
            udpClient=new UdpClient(13579);
        }
        //监听并接收数据
        private void listen()
        {
            //定义一个终结点,因为此前创建的UDPClient实例已与指定端口绑定,
            //所以,此处的IP地址和端口可任意设置或不设置
            IPEndPoint iep=null;
            while (true)
            {
                //获得发送方的数据包并转换为指定字符类型
                //ref关键字使参数按引用传递,当控制权传回给调用方法时,
                //在方法中对参数所做的任何更改都将反映在该变量中
                string sData=System.Text.Encoding.UTF8.GetString
                    (udpClient.Receive(ref iep));
                //将接收到的数据添加到listBox1的条目中
                this.listBox1.Items.Add(sData);
            }
        }
        //启动数据接收
        private void button1_Click(object sender,EventArgs e)
        {
            //创建一个线程以监听并接收数据
            thread=new Thread(new ThreadStart(listen));
            //设置为后台线程,以便关闭窗体时终止线程
            thread.IsBackground=true;
            thread.Start();
        }
        //关闭窗体时终止线程
        private void Form1_FormClosing(object sender,FormClosingEventArgs e)
        {
            //终止线程
            if (thread!=null) thread.Abort();
        }
    }
}
```

（4）程序运行结果如图 11.10 所示。

(a) 网络数据的发送

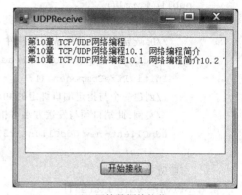
(b) 网络数据的接收

图 11.10　例 11.11 运行结果

## 小　　结

本章主要讲述了 C♯ 网络编程的理论知识，讨论了 TCP/IP 和 UDP/IP 的基础。本章要掌握的知识点和难点如下。

（1）了解 TCP/IP 和 UDP/IP 的网络编程原理。

（2）掌握基于 TCP/IP 的 TcpClient 和 TcpListener 编程。

（3）掌握基于 TCP/IP 的 UdpClient 编程。

（4）掌握 TCP/UDP 网络编程步骤和实现方式。

# 第 12 章 GDI+图形编程

GDI+即 Graphics Device Interface Plus,图形设备接口,它的主要任务是负责系统与绘图程序之间的信息交换,处理所有 Windows 程序的图形输出。GDI+提供了各种丰富的图形和图像处理功能。

通过本章的学习,掌握 GDI+技术在 Windows 应用程序的窗体上呈现图形、图像或文本,并将它们作为对象进行相应控制的技术。

## 12.1 图形对象

GDI+被封装在 System.Drawing、System.Drawing.Imaging 和 System.Drawing.Text 命名空间中,GDI+主要提供了以下三类服务。

(1) 二维矢量图形:GDI+提供了存储图形基元自身信息的类(或结构体)、存储图形基元绘制方式信息的类以及实际进行绘制的类。

(2) 图像处理:GDI+提供了 Bitmap、Image 等类,可用于显示、操作和保存 BMP、JPG、GIF 等图像格式。

(3) 文字显示:GDI+支持使用各种字体、字号和样式来显示文本。

### 12.1.1 Graphics 类

Graphics 类封装一个 GDI+绘图图面,提供将对象绘制到显示设备的方法,Graphics 与特定的设备上下文关联。Graphics 是 GDI+的核心,画图方法都被包括在 Graphics 类中,在画任何对象(例如:Circle,Rectangle)时,首先要创建一个 Graphics 类实例,这个实例相当于建立了一块画布,有了画布才可以用各种画图方法进行绘图。

绘图程序的设计过程一般分为两个步骤:首先创建 Graphics 对象;然后使用 Graphics 对象的方法绘图、显示文本或处理图像。

通常可以使用下述三种方法创建 Graphics 对象。

方法一:利用控件或窗体的 Paint 事件中的 PainEventArgs。

在窗体或控件的 Paint 事件中接受对图形对象的引用,作为 PaintEventArgs (PaintEventArgs 指定绘制控件所用的 Graphics)的一部分,在为控件创建绘制代码时,通常会使用此方法来获取对图形对象的引用。

例如:

```
//窗体的 Paint 事件的响应方法
private void form1_Paint(object sender,PaintEventArgs e)
{
    Graphics g=e.Graphics;
}
```

也可以直接重载控件或窗体的 OnPaint 方法，具体代码如下所示：

```
protected override void OnPaint(PaintEventArgs e)
{
    Graphics g=e.Graphics;
}
```

Paint 事件在重绘控件时发生。

方法二：调用某控件或窗体的 CreateGraphics 方法。

调用某控件或窗体的 CreateGraphics 方法以获取对 Graphics 对象的引用，该对象表示该控件或窗体的绘图画面。如果想在已存在的窗体或控件上绘图，通常会使用此方法。

例如：

```
Graphics g=this.CreateGraphics();
```

方法三：调用 Graphics 类的 FromImage 静态方法。

由从 Image 继承的任何对象创建 Graphics 对象。在需要更改已存在的图像时，通常会使用此方法。

例如：

```
//名为"g1.jpg"的图片位于当前路径下
Image img=Image.FromFile("g1.jpg");         //建立 Image 对象
Graphics g=Graphics.FromImage(img);         //创建 Graphics 对象
```

**1. 引用命名空间**

在 C#应用程序中使用 using 命令引入给定的命名空间或类，在 .NET 中，GDI＋的所有绘图功能都包括在 System、System.Drawing、System.Drawing.Imaging、System.Drawing.Darwing2D 和 System.Drawing.Text 等命名空间中，因此在开始用 GDI＋类之前，需要先引用相应的命名空间。

**2. Graphics 类的方法成员**

有了一个 Graphics 的对象引用后，就可以利用该对象的成员进行各种各样图形的绘制，表 12.1 列出了 Graphics 类的常用方法成员。

表 12.1  Graphics 类常用方法

| 方法 | 说明 | 方法 | 说明 |
| --- | --- | --- | --- |
| DrawArc | 画弧 | DrawPath | 通过路径画线和曲线 |
| DrawBezier | 画立体的贝塞尔曲线 | DrawPie | 画饼形 |
| DrawBeziers | 画连续立体的贝塞尔曲线 | DrawPolygon | 画多边形 |
| DrawClosedCurve | 画闭合曲线 | DrawRectangle | 画矩形 |
| DrawCurve | 画曲线 | DrawString | 绘制文字 |
| DrawEllipse | 画椭圆 | FillEllipse | 填充椭圆 |
| DrawImage | 画图像 | FillPath | 填充路径 |
| DrawLine | 画线 | FillPie | 填充饼图 |

续表

| 方法 | 说明 | 方法 | 说明 |
|---|---|---|---|
| FillPolygon | 填充多边形 | FillRectangles | 填充矩形组 |
| FillRectangle | 填充矩形 | FillRegion | 填充区域 |

### 12.1.2　Pen 类和 Brush 类

**1. Pen 类**

Pen 是画笔对象，用来绘制指定宽度和样式的线条。使用 DashStyle 属性绘制几种虚线，可以使用各种填充样式（包括纯色和纹理）来填充 Pen 绘制的直线，填充模式取决于画笔或用作填充对象的纹理。

Pen 常用的属性如表 12.2 所示。

表 12.2　Pen 常用属性

| 属性 | 说明 | 属性 | 说明 |
|---|---|---|---|
| Alignment | 获得或者设置画笔的对齐方式 | Color | 获得或者设置画笔的颜色 |
| Brush | 获得或者设置画笔的属性 | Width | 获得或者设置画笔的宽度 |

使用画笔时，需要先实例化一个画笔对象，主要有以下几种方法。

(1) 用指定的颜色实例化一支画笔的方法：

public Pen(Color);

(2) 用指定的画刷实例化一支画笔的方法：

public Pen(Brush);

(3) 用指定的画刷和宽度实例化一支画笔的方法：

public Pen(Brush, float);

(4) 用指定的颜色和宽度实例化一支画笔的方法：

public Pen(Color, float);

实例化画笔的语句格式：

Pen pn=new Pen(Color.Blue,100);　　　　//创建一个 Pen 对象，使其颜色为蓝色，宽度为 100

**2. Brush 类**

Brush 类是画刷对象，主要用于填充几何图形。Brush 类是一个抽象的基类，不能被实例化，如果要创建一个画笔对象，需要使用从 Brush 派生的类，如 SolidBrush 类等。

SolidBrush 类定义单色画笔，该画笔用于填充图形形状，如矩形、椭圆、扇形、多边形和封闭路径等。

例如：

```
//使用SolidBrush类的构造函数实例化一个Brush对象,将画笔的颜色设置为红
Brush MyBs=new SolidBrush(Color.Red);
```

### 12.1.3 Font 类

Font 类为字体对象,Font 类定义特定文本格式,包括字体、字号和字形属性。Font 类的常用构造函数是:

```
public Font(string 字体名, float 字号, FontStyle 字形)
```

下面是定义一个 Font 对象的例子代码:

```
FontFamily fontFamily=new FontFamily("Arial");
Font font=new Font(fontFamily,16,FontStyle.Regular,GraphicsUnit.Pixel);
```

字体常用属性如表 12.3 所示。

表 12.3 字体的常用属性

| 属性 | 说明 | 属性 | 说明 |
| --- | --- | --- | --- |
| Bold | 是否为粗体 | SizeInPoints | 获取此 Font 对象的字号,以磅为单位 |
| FontFamily | 字体成员 | Strikeout | 是否有删除线 |
| Height | 字体高度 | Style | 字体类型 |
| Italic | 是否为斜体 | Underline | 是否有下划线 |
| Name | 字体名称 | Unit | 字体尺寸单位 |
| Size | 字体尺寸 | | |

### 12.1.4 Bitmap 类

Bitmap 为位图对象,它封装了 GDI+的位图,该位图由图形图像及其属性的像素数据组成。Bitmap 对象是用于处理由像素数据定义的图像的对象,Bitmap 类的常用属性和方法如表 12.4 所示。

表 12.4 Bitmap 类的属性和方法

| 属性 | 说明 |
| --- | --- |
| Height | 获取 Bitmap 的高度(以像素为单位) |
| Size | 获取 Bitmap 图像的以像素为单位的宽度和高度 |
| Width | 获取 Bitmap 的宽度(以像素为单位) |
| 方法 | 说明 |
| GetPixel | 获取 Bitmap 中指定像素的颜色 |
| Save | 将 Bitmap 保存到指定的文件或流 |
| SetPixel | 设置 Bitmap 中指定像素的颜色 |

例如：

```
//使用图片"test.jpg"实例化一个Bitmap位图对象
Bitmap myBitmap=new Bitmap("test.jpg");
```

## 12.2 图形的绘制

Graphics 是图像处理必不可少的核心。所有绘制图形的方法都位于 Graphics 中，使用 Graphics 可以方便地绘制常见形状，例如：直线、矩形、曲线、多边形、椭圆等。

### 12.2.1 直线的绘制

直线的绘制使用 DrawLine 方法来实现，该方法为重载方法，其常用的两种重载形式如下。

方法一：绘制一条连接两个 Point 结构的线。

```
public void DrawLine(Pen pen, Point StartPoint, Point EndPoint)
```

方法二：绘制一条连接由坐标指定的两个点的线。

```
public void DrawLine(Pen pen, int x1, int y1, int x2, int y2)
```

**例 12.1** 创建一个 Windows 窗体应用程序，向窗体中添加两个 Button 控件，分别使用两种方法创建两条直线。

(1) 向新建的 Windows 窗体中添加 Button 控件。
(2) 实例化 Graphics 类、Pen 类和 Point 类。
(3) 每个按钮分别调用 DrawLine 方法绘制直线。
(4) 代码编写如下：

```
//添加命名空间引用
using System.Drawing;
private void button1_Click(object sender,EventArgs e)
{
    Graphics g=this.CreateGraphics();            //实例化一个Graphics类
    Pen redPen=new Pen(Color.Red,3);             //实例化一个Pen类
    Point startPoint=new Point(10,10);           //实例化一个Point类
    Point endPoint=new Point(100,200);
    g.DrawLine(redPen,startPoint,endPoint);      //调用DrawLine方法绘制直线
}

private void button2_Click(object sender,EventArgs e)
{
    Graphics g=this.CreateGraphics();            //实例化一个Graphics类
    Pen bluePen=new Pen(Color.Blue,5);           //实例化一个Pen类
    g.DrawLine(bluePen,270,10,150,200);          //调用DrawLine方法绘制直线
}
```

(5) 运行结果如图 12.1 所示。

### 12.2.2 曲线的绘制

曲线的绘制使用 Graphics 类中的 DrawCurve()方法和 DrawClosedCurve()方法绘制自定义的开口曲线和封闭曲线。该方法有两种构造函数形式如下。

方法一：使用默认弯曲强度 0.5 进行绘图。

```
public void DrawCurve(Pen pen, Point[] points)
```

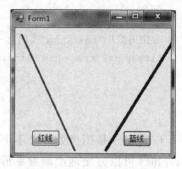

图 12.1　例 12.1 运行结果

方法二：指定弯曲强度进行绘图。

```
public void DrawCurve(Pen pen, Point[] points, float tension)
```

其中，tension 参数指定弯曲强度，取值范围为 0.0～1.0f，超出其范围将产生异常，取值为 0 时，绘制直线。

**例 12.2**　创建一个 Windows 窗体应用程序，分别画出弯曲度不同的开口曲线和封闭曲线。

(1) 编写窗体的 Paint 事件。
(2) 实例化 Graphics 类、Pen 类和 Point 类。
(3) 分别调用 DrawCurve 方法和 DrawClosedCurve 方法绘制开口曲线和封闭曲线。
(4) 代码编写如下：

```csharp
//添加命名空间引用
using System.Drawing;
private void Form1_Paint(object sender,PaintEventArgs e)
{
    Graphics g=e.Graphics;              //实例化一个 Graphics 类
    Pen pen1=new Pen(Color.Blue,3);     //实例化一个 Pen 类
    //实例化 Point 有序对
    Point[] points1=
    {
        new Point(20,190),
        new Point(60,50),
        new Point(100,180),
        new Point(140,60),
        new Point(180,170),
        new Point(220,70),
        new Point(260,160)
    };
    //绘制一条弯曲度为 0.5 的开口曲线
    g.DrawCurve(pen1,points1);
    Pen pen2=new Pen(Color.Red,3);
    Point[] points2=
    {
```

```
            new Point (40,370),
            new Point (80,230),
            new Point (120,360),
            new Point (160,240),
            new Point (200,350),
            new Point (240,250),
            new Point (280,340)
    };
    //绘制一个弯曲度为0.9的封闭曲线
    g.DrawClosedCurve(pen2,points2,
    0.9f,System.Drawing.Drawing2D.FillMode.Winding);
}
```

(5) 运行结果如图 12.2 所示。

## 12.2.3 矩形的绘制

矩形的绘制使用 Graphics 类中的 DrawRectangle 方法实现,该方法为重载方法,其常用的两种重载方法如下。

方法一：绘制由 Rectangle 结构指定的矩形。

```
public void DrawRectangle(Pen pen,
    Rectangle rect)
```

方法二：绘制矩形的 Rectangle 结构。

```
public void DrawRectangle(Pen pen, int x, int
y, int width, int height)
```

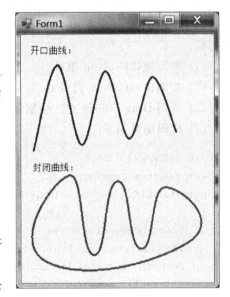

图 12.2  例 12.2 运行结果

**例 12.3**  建立一个项目,在窗体上画一个线条宽度为6,颜色为绿色的矩形。

(1) 编写窗体的 Paint 事件。
(2) 实例化 Graphics 类、Pen 类和 Rectangle 类。
(3) 调用 DrawRectangle 方法绘制矩形。
(4) 代码编写如下：

```
//添加命名空间引用
using System.Drawing;
private void Form1_Paint(object sender,PaintEventArgs e)
{
    Graphics g=e.Graphics;                              //实例化 Graphics 类
    Pen greenPen=new Pen(Color.Green,6);                //实例化 Pen 类
    Rectangle rect=new Rectangle(30,10,220,180);        //实例化 Rectangle 类
    //调用 Graphics 对象的 DrawRectangle 方法,绘制矩形
    g.DrawRectangle(greenPen,rect);
}
```

(5) 运行结果如图 12.3 所示。

### 12.2.4 椭圆的绘制

椭圆的绘制使用 Graphics 类中的 DrawEllipse 方法实现,该方法为重载方法,常用的两种重载方法如下。

方法一:绘制边界由 Rectangle 结构指定的椭圆。

```
public void DrawEllipse(Pen pen, Rectangle rect)
```

方法二:绘制一个由边框(该边框由一对坐标、高度和宽度指定)指定的椭圆。

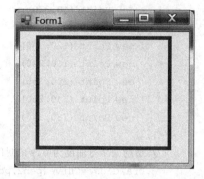

图 12.3 例 12.3 运行结果

```
public void DrawEllipse(Pen pen, int x, int y, int width, int height)
```

**例 12.4** 创建一个 Windows 应用程序,在窗体上绘制一个线条宽度为 5,颜色为紫色的椭圆。

(1) 编写窗体的 Paint 事件。
(2) 实例化 Graphics 类、Pen 类和 Rectangle 类。
(3) 调用 DrawEllipse 方法绘制椭圆。
(4) 代码编写如下:

```
//添加命名空间引用
using System.Drawing;
private void Form1_Paint(object sender,PaintEventArgs e)
{
    Graphics g=e.Graphics;                          //创建 Graphics 对象
    Pen purplePen=new Pen(Color.Purple,5);          //创建 Pen 对象
    Rectangle rect=new Rectangle(30,30,220,100);    //创建 Rectangle 对象
    g.DrawEllipse(purplePen,rect);                  //调用 DrawEllipse 方法绘制椭圆
}
```

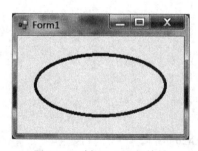

图 12.4 例 12.4 运行结果

(5) 运行结果如图 12.4 所示。

### 12.2.5 圆弧的绘制

圆弧的绘制使用 Graphics 类中的 DrawArc 方法实现,该方法为重载方法,常用的两种重载方法如下。

方法一:绘制一段弧线,表示由 Rectangle 结构指定的椭圆的一部分。

```
public void DrawArc(Pen pen, Rectangle rect,
float startAngle, float sweepAngle)
```

方法二:绘制一段弧线,表示由一对坐标、宽度和高度指定的椭圆部分。

```
public void DrawArc(Pen pen, int x, int y, int width, int height, int startAngle, int sweepAngle)
```

其中,startAngle 表示从 x 轴到弧线的起始点沿顺时针方向度量的角(以度为单位);sweepAngle 表示从 startAngle 参数到弧线的结束点沿顺时针方向度量的角(以度为单位)。

**例 12.5**　创建一个 Windows 窗体应用程序,使用在 Form1 类中重载 OnPaint 函数的方法,画一个宽度为 6,颜色为暗红色的弧形。

(1) 在 Form1 类中重载 OnPaint 函数。

(2) 实例化 Graphics 类、Pen 类和 Rectangle 类。

(3) 调用 DrawArc 方法绘制圆弧。

(4) 代码编写如下:

```
protected override void OnPaint(PaintEventArgs e)
{
    Graphics g=e.Graphics;                        //实例化 Graphics 类
    Pen redPen=new Pen(Color.DarkRed,5);          //实例化一个 Pen 类
    Rectangle rect=new Rectangle(30,30,220,100);  //实例化一个 Rectangle 类
    g.DrawArc(redPen,rect,12,220);                //调用 DrawArc 类绘制一个圆弧
}
```

(5) 运行结果如图 12.5 所示。

图 12.5　例 12.5 运行结果

## 12.2.6　文本的绘制

文本的绘制使用 Graphics 类中的 DrawString 方法实现,用指定的 Brush 和 Font 对象绘制指定的文本字符串。DrawString 方法的构造函数如下:

```
public void DrawString(String s, Font font, Brush brush, PointF point)
```

其中,参数 s 为要绘制的字符串,point 是 PointF 结构,指定所绘制文本的左上角。

**例 12.6**　创建一个 Windows 窗体应用程序,选择某一按钮,在 Form1 上绘制不同效果的文本。

(1) 在 Form1 类中设置 4 个 Button 控件。

(2) 分别实例化 Graphics 类、Brush 类和 Font 类。

(3) 分别调用 DrawString 方法绘制文本。

(4) 代码编写如下:

```
Graphics g;                           //创建 Graphics 对象
Font font;                            //创建 Font 对象
Brush brush;                          //创建 Brush 对象
string fontString="";                 //要显示的文本
//宋体,14号,蓝色,正常
private void button1_Click(object sender,EventArgs e)
{
    g=this.CreateGraphics();
    font=new Font("宋体",14);
```

```
        brush=new SolidBrush(Color.Blue);
        fontString="宋体,14号,蓝色,正常";
        g.DrawString(fontString,font,brush,20,10);
    }
    //宋体,14号,红色,加粗
    private void button2_Click(object sender,EventArgs e)
    {
        g=this.CreateGraphics();
        fontString="宋体,14号,红色,加粗";
        font=new Font("宋体",14,FontStyle.Bold);
        brush=new SolidBrush(Color.Red);
        g.DrawString(fontString,font,brush,20,50);
    }
    //隶书,16号,绿色,下划线
    private void button3_Click(object sender,EventArgs e)
    {
        g=this.CreateGraphics();
        fontString="隶书,16号,绿色,下划线";
        font=new Font("隶书",16,FontStyle.Underline);
        brush=new SolidBrush(Color.Green);
        PointF p=new PointF(20,90);
        g.DrawString(fontString,font,brush,p);
    }
    //黑体,20号,灰色,倾斜
    private void button4_Click(object sender,EventArgs e)
    {
        g=this.CreateGraphics();
        fontString="黑体,20号,灰色,倾斜";
        font=new Font("隶书",20,FontStyle.Italic);
        brush=new SolidBrush(Color .Gray);
        PointF p=new PointF(20,130);
        g.DrawString(fontString,font,brush,p);
    }
```

(5) 运行结果如图12.6所示。

### 12.2.7 图像的绘制

图像的绘制使用 DrawImage 方法来实现，该方法为重载方法，常用的两种重载方法如下。

方法一：在指定的位置按原始大小绘制指定的 Image 图像。

```
public void DrawImage(Image image, Point point)
```

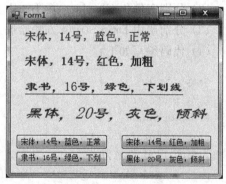

图12.6 例12.6运行结果

方法二：在指定位置并且按指定大小绘制指定的 Image 图像。

```
public void DrawImage(Image image, int x, int y, int width, int height)
```

**例 12.7**　创建一个 Windows 应用程序，向窗体中添加 Button 控件，调用 DrawImage 方法绘制指定大小的图像。

(1) 在 Form1 类中设置三个 Button 控件。

(2) 分别实例化 Graphics 类、Image 类。

(3) 分别调用 DrawImage 方法绘制图像。

(4) 代码编写如下：

```
Graphics g;                                        //创建 Graphics 对象
Image myImage=Image.FromFile("house.jpg");         //创建图像对象
//图像大小为 240*140
private void button1_Click(object sender,EventArgs e)
{
    g=this.CreateGraphics();
    g.Clear(this.BackColor);                       //清除整个绘图面,颜色为窗体背景色
    g.DrawImage(myImage,30,30,240,140);
}
//图像大小为 300*200
private void button2_Click(object sender,EventArgs e)
{
    g=this.CreateGraphics();
    g.Clear(this.BackColor);
    g.DrawImage(myImage,10,10,300,200);
}
//图像大小为 100*50
private void button3_Click(object sender,EventArgs e)
{
    g=this.CreateGraphics();
    g.Clear(this.BackColor);
    g.DrawImage(myImage,90,90,100,50);
}
```

(5) 运行结果如图 12.7 所示。

## 12.2.8　画刷填充图形

Brush 类型是一个抽象类，所以它不能被实例化，也就是不能直接应用，但是可以利用它的派生类，如 HatchBrush、SolidBrush 和 TextureBrush 等。画刷类型一般在 System.Drawing 命名空间中，如果应用 HatchBrush 和 GradientBrush 画刷，需要在程序中引入 System.Drawing.Drawing2D 命名空间。

图 12.7　例 12.7 运行结果

**1. SolidBrush（单色画刷）**

它是一种一般的画刷，通常只用一种颜色去填充 GDI＋图形。

**例 12.8** 创建一个 Windows 应用程序，在窗体中绘制各种图形，使用不同的颜色填充。

(1) 在 Form1 类中重载 OnPaint 函数。

(2) 实例化 Graphics 类、Brush 类和 Rectangle 类。

(3) 代码编写如下：

```
protected override void OnPaint(PaintEventArgs e)
{
    Graphics g=e.Graphics;                              //创建 Graphics 类
    SolidBrush sdBrush1=new SolidBrush(Color.Red);      //创建 Brush 类
    SolidBrush sdBrush2=new SolidBrush(Color.Green);
    //红色椭圆
    g.FillEllipse(sdBrush1,20,40,60,70);
    //绿色矩形
    Rectangle rect=new Rectangle(20,150,200,100);
    g.FillRectangle(sdBrush2,rect);
}
```

图 12.8　例 12.8 运行结果

(4) 运行结果如图 12.8 所示。

**2. HatchBrush（阴影画刷）**

HatchBrush 类位于 System. Drawing. Drawing2D 命名空间中。阴影画刷有两种颜色：前景色和背景色，以及 6 种阴影。前景色定义线条的颜色，背景色定义各线条之间间隙的颜色。HatchBrush 类有两个构造函数：

(1) public HatchBrush(HatchStyle，Color forecolor)

(2) public HatchBrush(HatchStyle，Color forecolor，Color backcolor)

其中，HatchStyle 枚举值指定可用于 HatchBrush 对象的不同图案。

**例 12.9** 创建一个 Windows 窗体应用程序，在窗体中绘制各种图形，使用不同的阴影效果填充。

(1) 代码编写如下：

```
private void Form1_Paint(object sender,PaintEventArgs e)
{
    Graphics g=e.Graphics;                //实例化 Graphics 类
    //实例化 HatchBrush 类
    HatchBrush hBrush1=
        new HatchBrush(HatchStyle.DiagonalCross,Color.Chocolate,Color.Red);
    HatchBrush hBrush2=
        new HatchBrush(HatchStyle.DashedHorizontal,Color.Green,Color.Black);
    HatchBrush hBrush3=
        new HatchBrush(HatchStyle.Weave,Color.BlueViolet,Color.Blue);
    //阴影椭圆
    Rectangle rect=new Rectangle(20,80,100,200);
```

```
            g.FillEllipse(hBrush1,rect);
            //阴影扇形
            g.FillPie(hBrush2,150,30,200,240,0.0f,-150.0f);
            //阴影多边形
            PointF point1=new PointF(100.0f,400.0f);
            PointF point2=new PointF(150.0f,260.0f);
            PointF point3=new PointF(200.0f,140.0f);
            PointF point4=new PointF(250.0f,380.0f);
            PointF point5=new PointF(350.0f,260.0f);
            PointF[] curvePoints={ point1,point2,point3,point4,point5 };
            g.FillPolygon(hBrush3,curvePoints);
        }
```

（2）运行结果如图 12.9 所示。

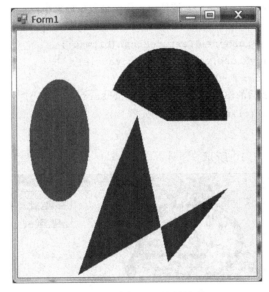

图 12.9　例 12.9 运行结果

### 3．TextureBrush（纹理画刷）

纹理画刷可以设计图案，通常使用它来填充封闭的图形。为了对它初始化，可以使用一个已经存在的设计好了的图案，或使用常用的设计程序设计的图案，同时应该使图案存储为常用图形文件格式，如 BMP 格式文件。

**例 12.10**　创建一个 Windows 窗体应用程序，设置两个 Button 控件，一个用于在窗体显示原始图像的大小，第二个使用纹理画刷显示缩放到当前窗体大小的图像。

（1）代码编写如下：

```
Graphics g;                           //创建 Graphics 类
Bitmap bitmap;                        //创建 Bitmap 类
Size size;                            //图像大小
string sizeStr="";                    //输出字符串
//显示图像原始大小
```

```
private void button1_Click(object sender,EventArgs e)
{
    g=this.CreateGraphics();
    //根据文件名创建原始大小的 bitmap 对象
    bitmap=new Bitmap(@"cake.jpg");
    g.DrawImage(bitmap,0,0,bitmap.Width,bitmap.Height);
    size=bitmap.Size;                    //读取图像原始大小
    sizeStr="原图像的大小为："+size.ToString()+"；\n";
}
//将其缩放到当前窗体大小
private void button2_Click(object sender,EventArgs e)
{
    //清除整个绘图画面,并以窗体背景色填充
    g.Clear(this.BackColor);
    //通过 ClientRectangle.Size 控件的工作区设置矩形大小
    bitmap=new Bitmap(bitmap,this.ClientRectangle.Size);
    TextureBrush myBrush=new TextureBrush(bitmap);
    g.FillEllipse(myBrush,this.ClientRectangle);
    size=bitmap.Size;
    sizeStr +="缩放后的图像大小为："+size.ToString()+"。";
    MessageBox.Show(sizeStr);
}
```

(2) 运行结果如图 12.10 所示。

(a) 图像正常大小

(b) 缩放成窗体大小

图 12.10  例 12.10 运行结果

## 12.3　C♯图像处理基础

本节主要介绍C♯图像处理基础知识以及对图像的基本处理方法和技巧,主要包括图像的加载、变换和保存三个操作。

### 12.3.1　C♯图像处理概述

**1. 图像文件的类型**

GDI+支持的图像格式有BMP、GIF、JPEG、EXIF、PNG、TIFF、ICON、WMF、EMF等,几乎涵盖了所有的常用图像格式,使用GDI+可以显示和处理多种格式的图像文件。

**2. 图像类**

GDI+提供了Image、Bitmap和Metafile等类用于图像处理,为用户进行图像格式的加载、变换和保存等操作提供了方便。

1) Image 类

Image类是为Bitmap和Metafile的类提供功能的抽象基类。

2) Metafile 类

定义图形图元文件,图元文件包含描述一系列图形操作的记录,这些操作可以被记录(构造)和被回放(显示)。

3) Bitmap 类

封装GDI+位图,此位图由图形图像及其属性的像素数据组成,Bitmap是用于处理由像素数据定义的图像的对象,它属于System.Drawing命名空间。Bitmap类常用方法和属性如表12.5所示。

表12.5　Bitmap 的常用属性和方法

| 属　　性 | 说　　明 |
| --- | --- |
| Height | 获取Image对象的高度 |
| RawFormat | 获取Image对象的格式 |
| Size | 获取Image对象的宽度和高度 |
| Width | 获取Image对象的宽度 |
| 方　　法 | 说　　明 |
| GetPixel | 获取Bitmap中指定像素的颜色 |
| MakeTransparent | 使默认的透明颜色对此Bitmap透明 |
| RotateFlip | 旋转、翻转或者同时旋转和翻转Image对象 |
| Save | 将Image对象以指定的格式保存到指定的Stream对象 |
| SetPixel | 设置Bitmap对象中指定像素的颜色 |
| SetPropertyItem | 将指定的属性项设置为指定的值 |
| SetResolution | 设置Bitmap的分辨率 |

Bitmap 类有多种构造函数,因此可以通过多种方法建立 Bitmap 对象。

方法一:从指定的现有图像建立 Bitmap 对象。

```
Bitmap box1=new Bitmap(pictureBox1.Image);
```

方法二:从指定的图像文件建立 Bitmap 对象。

```
Bitmap box2=new Bitmap("C:\\MyImages\\TestImage.bmp");
//"C:\MyImages\TestImage.bmp"是已存在的图像文件
```

方法三:从现有的 Bitmap 对象建立新的 Bitmap 对象。

```
Bitmap box3=new Bitmap(box1);
```

### 12.3.2 图像的输入和保存

**1. 图像的输入**

在窗体或图形框内输入图像有以下两种方法。

方法一:在窗体设计时使用图形框对象的 Image 属性输入,这种方法在第 5 章常用控件 PictureBox 中已经介绍,这里不再赘述。

方法二:在程序中通过"打开"对话框输入。

**2. 图像的保存**

保存图像可以使用"保存"对话框,选择保存文件的路径,将图像文件保存至该路径。

**例 12.11** 创建一个 Windows 窗体应用程序,通过"打开"对话框和图像框实现图像的输入,通过"另存为"对话框,将图像保存到相应位置。

(1) 在新建窗体上,建立一个图形框对象(pictureBox1)和两个命令按钮(button1、button2)。
(2) 实例化 OpenFileDialog 类和 Bitmap 类。
(3) 在 PictureBox1 的 Image 属性中加载图像。
(4) 代码编写如下:

```
//打开图像
private void button1_Click(object sender,EventArgs e)
{
    //创建"打开"对话框
    OpenFileDialog openFileDialog1=new OpenFileDialog();
    //设置打开文件的类型
    openFileDialog1.Filter="所有合适文件(*.bmp/*.jpg/*.gif)|" +
        "*.*|Bitmap 文件(*.bmp)|*.bmp|Jpeg 文件(*.jpg)|*.jpg";
    openFileDialog1.FilterIndex=2;              //设置对话框中筛选器的索引
    openFileDialog1.RestoreDirectory=true;
    if (openFileDialog1.ShowDialog()==DialogResult.OK)
    {
        Bitmap image=new Bitmap(openFileDialog1.FileName);
        pictureBox1.Image=image;
    }
}
//保存图像
```

```
private void button2_Click(object sender,EventArgs e)
{
    string str;
    Bitmap box1=new Bitmap(pictureBox1.Image);   //创建 Bitmap 对象
    //创建"另存为"对话框
    SaveFileDialog savaFileDialog1=new SaveFileDialog();
    savaFileDialog1.Filter="所有合适文件(*.bmp/*.jpg/*.gif)|" +
    "*.*|Bitmap 文件(*.bmp)|*.bmp|Jpeg 文件(*.jpg)|*.jpg";
    savaFileDialog1.ShowDialog();
    str=savaFileDialog1.FileName;
    box1.Save(str);                              //将 pictureBox1 中的图像保存到指定位置
}
```

(5) 运行结果如图 12.11 所示。

(a) 打开图像并显示在图像框控件

(b) 通过"另存为"对话框设置文件保存的位置

图 12.11 例 12.11 运行结果

**3. 图像格式的转换**

使用 Bitmap 对象的 Save 方法,可以把打开的图像保存为不同的文件格式,从而实现图像格式的转换。Save 方法的构造函数如下:

```
public void Save(string filename, ImageFormat format)
```

其中,Bitmap 对象的 Save 方法中的第二个参数指定了图像保存的格式。

双击例 12.11 中的"保存图像"命令按钮,编辑其相应代码如下:

```
//保存图像
private void button2_Click(object sender,EventArgs e)
{
    string str;
    Bitmap box1=new Bitmap(pictureBox1.Image);           //创建 Bitmap 对象
    //创建"另存为"对话框
    SaveFileDialog savaFileDialog1=new SaveFileDialog();
    savaFileDialog1.Filter="所有合适文件(*.bmp/*.jpg/*.gif)|" +
        "*.*|Bitmap 文件(*.bmp)|*.bmp|Jpeg 文件(*.jpg)|*.jpg";
    savaFileDialog1.ShowDialog();
    str=savaFileDialog1.FileName;
    //将 pictureBox1 中的图像以指定格式保存到指定位置
    box1.Save(str,System.Drawing.Imaging.ImageFormat.Gif);
}
```

Bitmap 对象的 Save 方法中的第二个参数指定了图像保存的格式。

### 12.3.3 彩色图像处理

**1. 图像的分辨率**

所谓分辨率就是指画面的解析度,由多少像素构成,数值越大,图像也就越清晰。通常所看到的分辨率都以乘法形式表现的,例如 800×600,其中"800"表示屏幕上水平方向显示的点数,"600"表示垂直方向的点数。图像分辨率越大,越能表现更丰富的细节。图像的分辨率决定了图像与原物的相似程度,对同一大小的图像,其像素数越多,即将图像分割得越细,图像越清晰,称之为分辨率高,反之为分辨率低。分辨率的高低取决于采样操作。例如,对于一幅 256×256 分辨率的图像,采用变换的方法可以实现不同分辨率显示。

**例 12.12**  创建一个 Windows 窗体应用程序,将 256×256 分辨率的图像变换为 64×64 分辨率。

(1) 将 256×256 分辨率的图像变换为 64×64 分辨率的方法是将源图像分成 4×4 的子图像块,然后将该 4×4 子图像块的所有像素的颜色按 F(i,j) 的颜色值进行设定,达到降低分辨率的目的。

(2) 在新建的窗体上设计一个按钮控件和两个图像框控件。

(3) 代码编写如下:

```
//分辨率由 256*256 变换成 64*64
private void button1_Click(object sender,EventArgs e)
```

```csharp
{
    Color color=new Color();
    //把图片框中的图片给一个Bitmap类型
    Bitmap box1=new Bitmap(pictureBox1.Image);
    Bitmap box2=new Bitmap(pictureBox1.Image);
    int r,g,b,size,k1,k2,xres,yres,i,j;
    xres=pictureBox1.Image.Width;                    //图像的原始宽度
    yres=pictureBox1.Image.Height;                   //图像的原始高度
    size=4;
    for (i=0; i<xres -1; i +=size)
    {
        for (j=0; j<yres -1; j +=size)
        {
            color=box1.GetPixel(i,j);                //获取指定像素的颜色
            //指定像素的颜色
            r=color.R;
            g=color.G;
            b=color.B;
            //用FromArgb把整型转换成颜色值
            Color cc=Color.FromArgb(r,g,b);
            for (k1=0; k1<=size -1; k1++)
            {
                for (k2=0; k2<=size -1; k2++)
                {
                    if (i+k1<xres && j+k2<yres)
                        box2.SetPixel(i+k1,j+k2,cc); //设置指定像素的颜色
                }
            }
        }
    }
    pictureBox2.Refresh();                           //刷新
    pictureBox2.Image=box2;                          //图片赋值到图片框中
}
```

(4) 运行结果如图12.12所示。

图12.12 例12.12运行结果

### 2. 彩色图像变换灰度图像

1) 彩色位图图像的颜色

图像像素的颜色是由三种基本色颜色,即红(R)、绿(G)、蓝(B)有机组合而成的,称为三基色。每种基色可取 0~255 的值,因此由三基色可组合成 1677 万(256×256×256)种颜色,每种颜色都有其对应的 R、G、B 值。

2) 彩色图像颜色值的获取

在使用 C# 系统处理彩色图像时,使用 Bitmap 类的 GetPixel 方法获取图像上指定像素的颜色值,格式为:

```
Color c=new Color();
c=box1.GetPixel(i,j);
```

其中,(i,j)为获得颜色的坐标位置。GetPixel 方法取得指定位置的颜色值并返回一个长整型的整数。例如,求 pictureBox1 中图像在位置(i,j)的像素颜色值 c 时,可写为:

```
Color c=new Color();
c=box1.GetPixel(i,j);
```

3) 彩色位图颜色值分解

像素颜色值 c 是一个长整型的数值,占 4 个字节,最上位字节的值为"0",其他 3 个下位字节依次为 B、G、R,值为 0~255。

从值分解出 R、G、B 值可直接使用:

```
Color c=new Color();
c=box1.GetPixel(i,j);
r=c.R;
g=c.G;
b=c.B;
```

4) 图像像素颜色的设定

设置像素可使用 SetPixel 方法。用法如下:

```
Box2.SetPixel(i+k1,j+k2,c1);
```

**例 12.13** 创建一个 Windows 窗体应用程序,将彩色图像转换成灰度图像。

(1) 将彩色图像像素的颜色值分解为三基色 R、G、B,求其和的平均值,然后使用 SetPixel 方法以该平均值参数生成图像。

(2) 在新建窗口中设置一个按钮控件,用于将彩色图像设置成灰度图像。

(3) 代码编写如下:

```
//灰度化图像
private void button1_Click(object sender,EventArgs e)
{
    Color c=new Color();
    //把图片框 1 中的图片给一个 Bitmap 类型
    Bitmap b=new Bitmap(pictureBox1.Image);
```

```
Bitmap b1=new Bitmap(pictureBox1.Image);
int rr,gg,bb,cc;
for (int i=0; i<pictureBox1.Width; i++)
{
    for (int j=0; j<pictureBox1.Height; j++)
    {
        c=b.GetPixel(i,j);                    //获取指定像素的颜色
        //获取指定像素的 R、G、B 值
        rr=c.R;
        gg=c.G;
        bb=c.B;
        //取得三基色 R、G、B,求其和的平均值
        cc=(int)((rr+gg+bb)/3);
        if (cc<0) cc=0;
        if (cc>255) cc=255;
        //用 FromArgb 把整型转换成颜色值
        Color c1=Color.FromArgb(cc,cc,cc);
        b1.SetPixel(i,j,c1);
    }
}
pictureBox2.Refresh();                        //刷新
pictureBox2.Image=b1;                         //图片赋给图片框 2
}
```

(4) 运行程序,程序运行结果如图 12.13 所示。

图 12.13　例 12.13 运行结果

**3. 灰度图像处理**

**例 12.14**　创建一个 Windows 窗体应用程序,通过按钮控件,改善图像的对比度。

(1) 根据特定的输入输出灰度转换关系,增强了图像灰度,处理后图像的中等灰度值增大,图像变亮。

(2) 在窗体上添加一个"对比度"命令按钮。
(3) 代码编写如下：

```csharp
//对比度处理
private void button1_Click(object sender,EventArgs e)
{
    Color c=new Color();
    Bitmap box1=new Bitmap(pictureBox1.Image);
    Bitmap box2=new Bitmap(pictureBox1.Image);
    int rr,x,m,lev,wid;
    int[] lut=new int[256];
    int[,,] pic=new int[600,600,3];
    double dm;
    //对比度改善的输入、输出灰度值对应关系
    lev=80;
    wid=100;
    for (x=0; x<256; x +=1)
    {
        lut[x]=255;
    }
    for (x=lev; x<(lev+wid); x++)
    {
        dm=((double)(x -lev) / (double)wid) * 255f;
        lut[x]=(int)dm;
    }
    for (int i=0; i<pictureBox1.Image.Width -1; i++)
    {
        for (int j=0; j<pictureBox1.Image.Height; j++)
        {
            c=box1.GetPixel(i,j);
            pic[i,j,0]=c.R;
            pic[i,j,1]=c.G;
            pic[i,j,2]=c.B;
        }
    }
    //设置图像的对比度
    for (int i=0; i<pictureBox1.Image.Width -1; i++)
    {
        for (int j=0; j<pictureBox1.Image.Height; j++)
        {
            m=pic[i,j,0];
            rr=lut[m];
            Color c1=Color.FromArgb(rr,rr,rr);
            box2.SetPixel(i,j,c1);
        }
```

```
            }
            pictureBox2.Refresh();                    //刷新
            pictureBox2.Image=box2;                   //图片赋值到图片框中
}
```

(4)运行程序,运行结果如图12.14所示。

图12.14　例12.14运行结果

## 小　　结

本章主要讲述了C♯下的图形图像基础知识,对图形的绘制、图像的处理和音频视频等多媒体的使用方法进行了介绍;在图片处理方面.NET提供了一个GDI+,功能十分强大,能完成对图像的全方位处理。重点介绍了在C♯中如何实现图形的处理技术,特别要求掌握绘制矢量图形的基本工具和基本方法。本章需要掌握的知识点和难点如下。

(1)了解.NET Framework对于GDI+图形图像编程的支持情况。

(2)掌握主要绘图的工具类,如Pen、Brush等的使用方法和技巧。

(3)掌握绘制图形的基本方法。

(4)掌握C♯图像处理关于图像的输入、保存及格式转换。

(5)了解彩色图像处理的基本技术。

# 第 13 章　Windows 应用程序的部署

当 Windows 应用程序开发好以后，需将它部署到目标环境中，才能被用户使用。目前有很多工具可以实现应用程序的部署。例如 Windows Installer、Advanced Installer 等都是很著名的部署工具。本章将分别介绍它们和 Visual Studio 2010 结合在一起，如何对 Windows 应用程序进行部署，以及部署过程中的一些实用技巧和方法。

## 13.1　应用程序部署概述

应用程序部署就是将应用程序分发到要安装的计算机上的过程。对于控制台应用程序或者基于 Windows 窗体的窗体应用程序，有两种部署选项可供选择：一种是 ClickOnce 方式，一种是 Windows Installer 方式。

### 13.1.1　Visual Studio 2010 提供的应用程序部署功能

Visual Studio 2010 中的部署工具是建立在 Windows Installer 基础上的，用它可以实现快速地部署和维护 Windows 应用程序。Windows Installer 2.0 可以安装和管理公共语言运行库程序集。Windows Installer 开发人员可以将程序集安装到全局程序集缓存中，也可以安装到特定的位置上。Windows Installer 具有以下支持公共语言运行库程序集的功能。

（1）安装、修复和删除程序。
（2）回滚安装失败的程序集、修复和删除。
（3）修补程序。
（4）指向程序的快捷方式。

### 13.1.2　ClickOnce 部署和 Windows Installer 部署的比较

ClickOnce 部署是使用 ClickOnce 技术从本地计算机外部存储媒体上发布的 Windows 窗体或控制台应用程序。可以采用三种不同方式发布 ClickOnce 应用程序：从网页上发布、从网络文件共享平台发布或从媒体（如 CD-ROM）上发布。ClickOnce 应用程序由用户从下载安装到本地计算机运行应用程序，或采用联机运行模式，而不在用户计算机上留下永久安装内容。

Windows Installer 将应用程序打包创建成安装程序包，并分发给用户；用户通过向导来运行安装程序包、执行安装步骤，以安装应用程序。

ClickOnce 部署的功能和 Windows Installer 部署的功能主要差别在于以下几点。

（1）ClickOnce 部署的应用程序安装后，可以在"添加/删除程序"中实现回滚。而 Windows Installer 部署的应用程序则无此功能。

（2）ClickOnce 部署的应用程序安装时仅授予应用程序所必需的权限，而 Windows Installer 部署的应用程序默认授予完全权限，相比而言 ClickOnce 部署更安全。

(3) Windows Installer 部署的应用程序安装时需要管理员权限。

(4) Windows Installer 部署的应用程序安装时可以访问注册表,而 ClickOnce 部署需使用完全权限才能访问注册表。

## 13.2 使用 ClickOnce 部署应用

ClickOnce 部署结构基于两个清单文件:一个应用程序清单和一个部署清单。应用程序清单描述应用程序本身,包括程序集、组成应用程序的依赖项和文件、所需的权限以及提供更新的位置。部署清单描述如何部署应用程序,包括应用程序清单的位置以及客户端应运行的应用程序的版本。

ClickOnce 技术可以创建自动更新的基于 Windows 的应用程序。这些应用程序可以通过用户交互来安装和运行。ClickOnce 部署克服了部署中所存在的三个主要问题:更新应用程序的困难、对用户的计算机的影响和安全权限。

### 13.2.1 将应用程序发布到 Web 服务器

ClickOnce 是 .NET Framework 中的一组重要功能,它是 Visual Studio 2010 中集成 design-time support 功能的组合。ClickOnce 是 Visual Studio 2010 中包含的全新的 Windows 窗体部署技术。

**例 13.1** 新建一个 Windows 窗体应用程序,设置 DataGridView 控件的 DataSource 属性显示 JBQK 表中的所有数据,并能够实现对数据按照某个字段的排序以及完成数据的更新。使用 ClickOnce 将应用程序发布到 Web 服务器。

(1) 在"解决方案资源管理器"中右击应用程序项目 useDataBase,在弹出的快捷菜单中选择"发布"命令。

(2) 弹出"发布向导"对话框,如图 13.1 所示,在文本框中输入网站地址,如默认的地址是"http://localhost/useDataBase"。

图 13.1 指定发布应用程序的位置

(3) 单击"下一步"按钮,进入"应用程序是否脱机使用"界面。如果应用程序可以联机或脱机使用,将会在"开始"菜单中添加快捷方式,应用程序可通过"添加/删除程序"卸载,如图13.2所示。

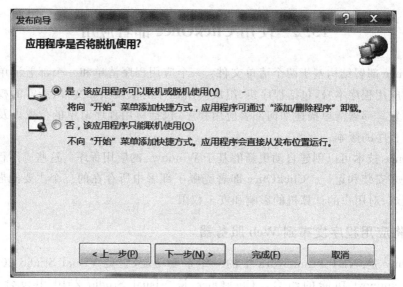

图 13.2  "应用程序是否可以脱机使用"界面

(4) 单击"下一步"按钮,进入"发布准备就绪"界面,如图13.3所示。单击"完成"按钮开始进行发布,发布状态会显示在状态栏的状态通知区域。

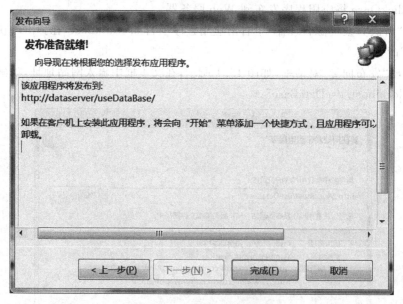

图 13.3  "发布准备就绪"界面

(5) 发布完成后,会自动在应用程序的Debug文件夹下产生app.publish文件夹,该文件夹下有一个publish.htm网页文件。打开该文件,如图13.4所示。

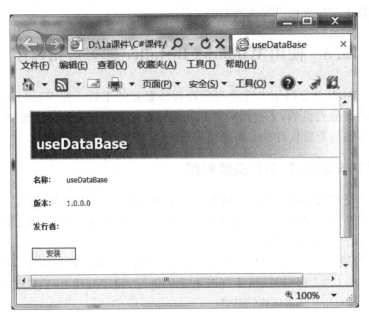

图 13.4 Web 安装界面

（6）单击"安装"按钮，弹出"正在启动应用程序"的提示，如图 13.5 所示。

图 13.5 "正在启动应用程序"界面

（7）安装结束后，会自动运行应用程序。此时，在操作系统的"开始"→"所有程序"中可以找到刚安装的应用程序项目；在控制面板的"添加/删除应用程序"窗口中也可以找到此项目，并且可以在此进行卸载操作。

## 13.2.2 将应用程序发布到共享文件夹

将应用程序发布到文件夹的方法和发布到 Web 上是一样的，只是在如图 13.1 所示的"指定发布应用程序的位置"处，使用格式"\\计算机名\路径或应用程序名称"输入一个有效的文件路径就可以了。

## 13.2.3 将应用程序发布到 CD-ROM 光盘

（1）在"发布向导"对话框中，在弹出的"要在何处发布应用程序"对话框中，输入发布应用程序的文件路径或 FTP 位置，例如"D:\Demo"。

（2）单击"下一步"按钮，在"用户如何安装应用程序"对话框中，选择"从 CD-ROM 或 DVD-ROM"单选按钮，然后单击"下一步"按钮，进入"检查更新"界面，默认为不更新。

（3）单击"下一步"按钮，出现准备对话框，再单击"完成"按钮，开始发布。发布完成后，会在指定的文件夹下生成光盘安装所需的文件。

## 13.3 使用 Windows Installer 部署应用程序

Windows Install 是专门用来管理和配置软件服务的工具。在 Windows 操作系统中，它是作为额外的产品提供的，不过用户可以通过 Microsoft 公司的网站免费得到它。它允许用户有效地安装与配置软件产品与应用程序。

### 13.3.1 使用"安装向导"制作安装程序

下面以一个完整的实例来演示如何在 Visual Studio 2010 中为 Windows 应用程序创建一个可执行的安装包。它的功能包括：文件关联、快捷方式、添加注册表、显示自定义对话框和检查 Installer Explore 的版本。

**例 13.2** 使用 Windows 窗体应用程序，设计实现一个银行取款程序，程序模拟实现多人（如 5 人）在多台（如 5 台）提款机上同时取款的情况，程序利用 lock 实现线程中的同步。使用 Windows Installer 发布该应用程序。

（1）设计完成该银行取款程序 Bank，双击 Bank 项目的解决方案文件，进入 Visual Studio 2010 集成开发环境。

（2）在解决方案资源管理器中右击"解决方案"选项，在弹出的快捷菜单中选择"添加"→"新建项目"命令，或选择菜单栏中的"文件"→"添加"→"新建项目"命令，打开"添加新项目"对话框，选择"其他项目类型"→"安装和部署"→"安装向导"选项。其设置如图 13.6 所示。

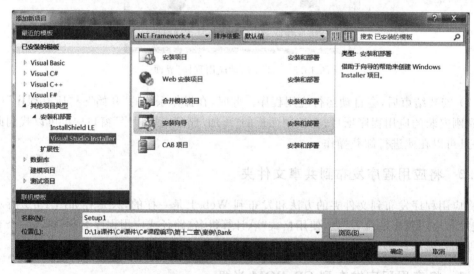

图 13.6 "添加新项目"对话框

（3）单击"确定"按钮，弹出"欢迎使用安装项目向导"对话框，如图 13.7 所示。

（4）单击"下一步"按钮，在弹出的对话框中选择原项目的类型。因为 Bank 项目是 Windows 应用程序，所以选择"为 Windows 应用程序创建一个安装程序"单选项，如图 13.8 所示。

（5）单击"下一步"按钮，在弹出的对话框的"要包括哪些项目输出组"列表中选择"主输

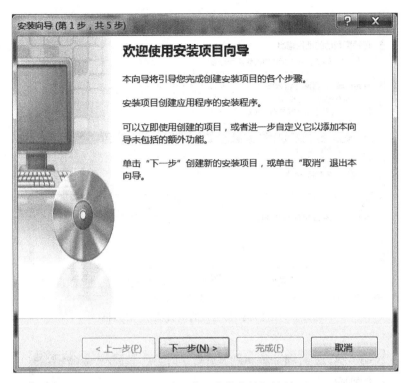

图 13.7 "欢迎使用安装向导"对话框

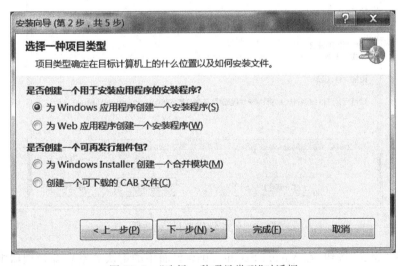

图 13.8 "选择一种项目类型"对话框

出来自 Bank"复选项,如图 13.9 所示。

(6) 单击"下一步"按钮,在弹出的对话框中单击"添加"按钮可以添加其他文件到安装程序中。

(7) 本例中没有附加其他文件,所以直接单击"下一步"按钮,最后弹出安装向导的最后一步:"创建项目"对话框。显示安装向导创建的安装程序的摘要内容,如图 13.10 所示。

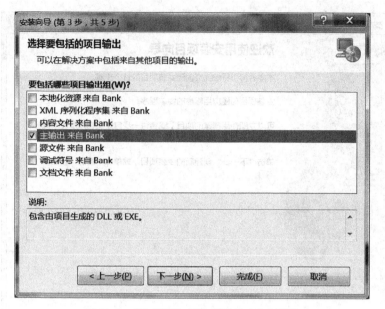

图 13.9 "选择要包括的项目输出"对话框

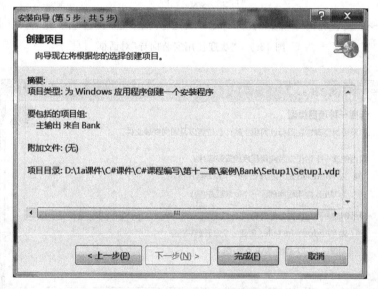

图 13.10 "创建项目"对话框

(8) 单击"完成"按钮,在 Visual Studio 2010 界面中的解决方案资源管理器中多了一个 Setup1 项目,在界面左侧显示的是"文件系统"列表。单击"文件系统"列表下的"应用程序文件夹"节点,可在中间一栏中看到"主输出来自 Bank"的条目,如图 13.11 所示。

(9) 修改安装属性:根据需要设置部署项目的相关属性,例如应用程序的作者名、安装程序的标题等。单击解决方案资源管理器中的 Setup1 项目名,在"视图"→"属性窗口"中会出现该部署项目的常用属性。例如,把属性 Manufacturer 的值改为"SoftWareInformation"(默认为系统制造商名)。

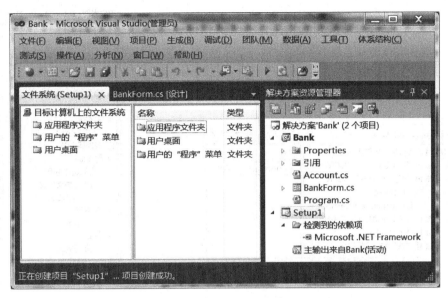

图 13.11　安装向导完成后界面

(10) 添加快捷方式：首先单击"文件系统"选项卡下的"应用程序文件夹"，然后右击中间一栏中的"主输出来自 Bank(活动)"条目，在弹出的快捷选项中选择"创建主输出来自 Bank(活动)的快捷方式"，此时界面中间一栏中会增加一个名为"创建主输出来自 Bank(活动)的快捷方式"的条目，然后右击该项目，选择"重命名"选项，将其改名为"BankSetup 快捷方式"，最后将该条目拖放至界面左侧"文件系统"列表下的"用户桌面"文件夹节点下，如图 13.12 所示。

图 13.12　创建快捷方式

(11) 添加注册表项：将注册表项及相应信息添加到注册表中，以便程序运行时从注册表中检索用户及程序的特定信息。首先在解决方案资源管理器中右击安装项目 Setup1，选择"视图"→"注册表"选项，此时界面左侧一栏会出现"注册表"选项卡。然后在该选项卡中依次展开 HKEY_CURRENT_USER/Software 节点，右击注册表项[Manufacturer]进行重命名为"SoftWareInformation"，与部署项目的 Manufacturer 一致。接着，右击命名好的注册表项 SoftWareInformation，选择"新建"→"字符串值"选项，即可为注册表项添加并初始化一个值，如图 13.13 所示。

(12) 编辑安装程序的界面。单击解决方案资源管理器面板上方的"用户界面编辑器"按钮，此时在界面右侧显示"用户界面(Setup1)"选项卡，如图 13.14 所示。

(13) 通过"文件类型编辑器"、"自定义操作编辑器"和"启动条件编辑器"还可以添加相关联的文件类型，设置安装条件(如目标计算机某些条件符合设置则停止安装)，定义特殊操作等。

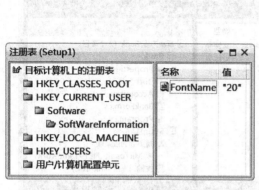
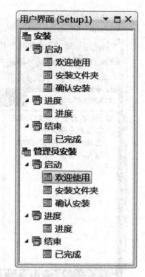

图 13.13 修改注册表项　　　　　　　图 13.14 "用户界面"选项卡

（14）生成安装程序。在解决方案资源管理器中，右击安装项目 Setup1，选择"生成"选项，即可生成安装程序。生成完成后，在该项目 Setup1 文件夹下的 Debug 目录下会出现两个安装文件，一个是 setup.exe，一个是 Setup1.msi 文件。

### 13.3.2　部署应用程序

（1）双击 setup.exe 或 Setup1.msi 文件，弹出安装对话框。

（2）单击"下一步"按钮，打开"选择安装文件夹"对话框，从中可以单击"浏览"按钮选择安装路径。默认安装路径为"C:\Program Files（x86）\SoftWareInformation\Setup1\"，如图 13.15 所示。

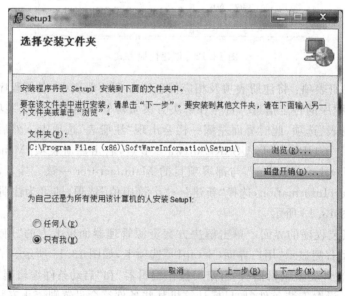

图 13.15　"选择安装文件夹"对话框

(3) 设置完安装路径之后，单击"下一步"按钮，打开"确认安装"对话框。
(4) 单击"下一步"按钮，打开"正在安装"对话框，如图13.16所示。

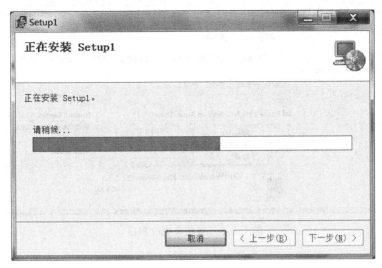

图13.16 "正在安装"对话框

(5) 安装完成后弹出"安装完成"对话框，单击"关闭"按钮，完成安装。应用程序安装完成后，自动在系统桌面上创建一个快捷方式，双击这个快捷方式可运行程序，如图13.17所示。

 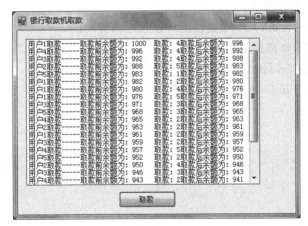

图13.17 安装成功运行结果

## 13.3.3 卸载应用程序

安装好的应用程序会出现在系统的控制面板的"添加/或删除程序"窗口中。如果需要卸载，只需选中该应用程序，单击"删除"按钮即可自动完成，如图13.18所示。

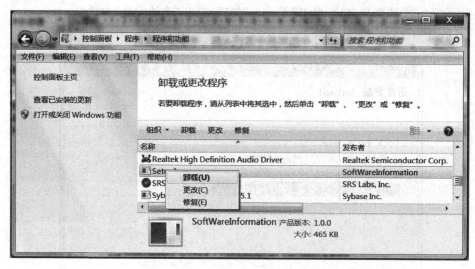

图 13.18　卸载或更改程序

## 小　　结

本章主要介绍了部署 Windows 应用程序的两种不同的策略——ClickOnce 和 Windows Installer，程序管理人员应根据不同的应用，选择不同的部署策略。

本章重点内容如下。

（1）Visual Studio 2010 提供的应用程序部署功能。

（2）如何选择部署策略。

（3）使用 ClickOnce 部署 Windows 应用程序的三种方式。

（4）使用 Windows Installer 部署 Windows 应用程序。

# 参 考 文 献

[1] 王贤明,谷琼,胡智文. C#程序设计[M]. 北京:清华大学出版社,2012.
[2] 蔡朝晖,安向明,张宇. C#程序设计案例教程[M]. 北京:清华大学出版社,2012.
[3] 耿肇英,周真真,耿燚. C#应用程序设计教程[M]. 北京:人民邮电出版社,2010.
[4] 于国防,李剑. C#语言Windows程序设计[M]. 北京:清华大学出版社,2010.
[5] 徐安东,叶元卯,谷伟,等. Visual C#程序设计基础[M]. 北京:清华大学出版社,2012.
[6] 王华秋. Visual C#.NET实验与案例教程[M]. 北京:清华大学出版社,2011.
[7] 明日科技,王小科,梁冰. 视频学C#[M]. 北京:人民邮电出版社,2012.
[8] [美]Daniel M. Solis. C# 4.0图解教程[M]. 苏林,朱晔译. 北京:人民邮电出版社,2011.
[9] 李斌. C#标准教程[M]. 北京:化学工业出版社,2011.
[10] 汪维华,汪维清,胡章平. C#.NET程序设计实用教程[M]. 北京:清华大学出版社,2011.
[11] 崔建江,贾同,张云洲,等. C#编程和.NET框架[M]. 北京:机械工业出版社,2012.
[12] 宋学江,赵兰. C#轻松入门[M]. 北京:人民邮电出版社,2009.
[13] Karli Watson,Christian Nagel. C#入门经典(第5版)[M]. 齐立波,黄静译. 北京:清华大学出版社,2010.
[14] John Sharp. Visual C# 2010从入门到精通:Step by Step[M]. 周靖译. 北京:清华大学出版社,2010.
[15] 明日科技. C#从入门到精通(第3版)[M]. 北京:清华大学出版社,2012.
[16] Christian Nagel,Bill Evjen,Jay Glynn,et al. C#高级编程(第8版)[M]. 北京:清华大学出版社,2013.
[17] 王小科,王军,等. C#开发实战1200例(第1卷)[M]. 北京:清华大学出版社,2011.
[18] 徐安东,谭浩强. Visual C#程序设计基础[M]. 北京:清华大学出版社,2012.
[19] Andrew Troelsen. 精通C#(第6版)[M]. 姚琪琳,朱晔,肖逵译. 北京:人民邮电出版社,2013.
[20] Jon Skeet. 深入理解C#(第2版)[M]. 周靖,朱永光,姚琪琳译. 北京:人民邮电出版社,2012.
[21] Daniel M Solis. C# 4.0图解教程[M]. 苏林,朱晔等译. 北京:人民邮电出版社,2011.
[22] 明日科技. C#项目开发案例全程实录(第2版)[M]. 北京:清华大学出版社,2011.
[23] 王小科,等. C#开发实战宝典[M]. 北京:清华大学出版社,2010.
[24] 软件开发技术联盟. C#开发实战[M]. 北京:清华大学出版社,2013.
[25] 马骏. C#程序设计及应用教程(第2版)[M]. 北京:人民邮电出版社,2009.
[26] 明日科技,王小科,赵会东. C#全能速查宝典[M]. 北京:人民邮电出版社,2012.
[27] 陆敏技. 编写高质量代码:改善C#程序的157个建议[M]. 北京:机械工业出版社,2013.
[28] 明日科技. 软件工程师典藏:C#开发技术大全[M]. 北京:人民邮电出版社,2011.
[29] 顾洪,李慧. C#语言程序设计[M]. 南京:东南大学出版社,2013.
[30] 秦婧,石叶平,等. 精通C#与.NET 4.0数据库开发:基础、数据库核心技术、项目实战[M]. 北京:清华大学出版社,2011.
[31] Vidya Vrat Agarwal. C# 2012数据库编程入门经典(第5版)[M]. 沈刚,谭明红译. 北京:清华大学出版社,2013.
[32] Anders Hejlsberg,Mads Torgersen,Scott Wiltamuth,et al. C#程序设计语言(第4版)[M]. 陈宝国,黄俊莲,马燕新译. 北京:机械工业出版社,2011.
[33] 王骞,陈宇,管马舟. C#程序设计经典300例[M]. 北京:电子工业出版社,2013.

[34] 王小科,等. C#程序开发参考手册[M]. 北京:机械工业出版社,2013.

[35] 王小科,李继业. C#开发宝典(程序员开发宝典系列)[M]. 北京:机械工业出版社,2013.

[36] 王小科,赵会东. 软件工程师典藏:C#程序开发范例宝典(第3版)[M]. 北京:人民邮电出版社,2012.

[37] 丁士锋,等. C#典型模块与项目实战大全[M]. 北京:清华大学出版社,2012.

[38] 程序员专业开发资源库编委会. 程序员专业开发资源库:C#[M]. 北京:人民邮电出版社,2013.

[39] 梁敬东,钱晓军,朱毅华,等. C#实用教程[M]. 北京:电子工业出版社,2008.

[40] 崔建江. C#编程和 .NET 框架[M]. 北京:机械工业出版社,2012.

[41] 车战斌. C#应用程序开发[M]. 北京:科学出版社,2013.

[42] 刘昌明,郑卉. 基于 C#的 Windows 应用程序设计项目教程[M]. 北京:中国人民大学出版社,2011.

[43] 谷涛. C#程序设计实用教程(第2版)[M]. 北京:人民邮电出版社,2013.

[44] Harvey M Deitel,Paul J Deitel. Visual C# 2010 大学教程(第4版)[M]. 张思宇等译. 电子工业出版社,2011.

[45] Ying Bai,施宏斌. C#数据库编程实战经典[M]. 北京:清华大学出版社,2011.